中国区域生态资源资产研究

深圳市宝安区水资源资产负债表研究与实践

主　编　叶有华　陈　龙
副主编　张　燚　陈　礼　李光德
深圳市环境科学研究院

科学出版社

北　京

内 容 简 介

本书属于"中国区域生态资源资产研究"系列丛书。全书共分为8章，主要内容有宝安区概况和水资源摸底调查、水资源资产负债表框架体系构建、水资源资产实物量和质量核算、两河一库水资源资产负债表编制、水资源资产管理研究和保护工作实绩考核。从水资源资产负债表框架构建、数据填报与核算，到资产管理，再到工作实绩考核，形成了一个有效的闭环系统，既展示了笔者在水资源资产负债表编制方面的最新成果，又包含了必要的基础知识，以便读者更加清楚、全面地了解水资源资产负债表的编制。

本书可供水资源资产管理相关的政府部门、企事业单位、科研院所和高等院校，以及从事生态资源研究、自然资源资产核算、自然资源资产管理、生态经济研究等工作的管理人员和研究人员阅读使用。

图书在版编目（CIP）数据

深圳市宝安区水资源资产负债表研究与实践 / 叶有华，陈龙主编 . —北京：科学出版社，2019.3

（中国区域生态资源资产研究）

ISBN 978-7-03-060184-1

Ⅰ.①深… Ⅱ.①叶… ②陈… Ⅲ.①水资源管理-资金平衡表-研究-宝安区 Ⅳ.①TV213.4②F231.1

中国版本图书馆CIP数据核字（2018）第292056号

责任编辑：朱 瑾 闫小敏 白 雪 / 责任校对：郑金红
责任印制：吴兆东 / 整体设计：铭轩堂

科 学 出 版 社 出版

北京东黄城根北街16号
邮政编码：100717
http://www.sciencep.com

北京虎彩文化传播有限公司印刷

科学出版社发行 各地新华书店经销

*

2019年3月第 一 版 开本：B5（720×1000）
2019年3月第一次印刷 印张：16 3/4
字数：337 000

定价：150.00元

（如有印装质量问题，我社负责调换）

"中国区域生态资源资产研究"丛书
领导小组

"中国区域生态资源资产研究"丛书
编委会

《深圳市宝安区水资源资产负债表研究与实践》
编委会

"中国区域生态资源资产研究"
丛书序

  党的十八届三中全会通过的《中共中央关于全面深化改革若干重大问题的决定》首次提出要："紧紧围绕建设美丽中国深化生态文明体制改革，加快建立生态文明制度，健全国土空间开发、资源节约利用、生态环境保护的体制机制，推动形成人与自然和谐发展现代化建设新格局。""健全自然资源资产产权制度和用途管制制度。对水流、森林、山岭、草原、荒地、滩涂等自然生态空间进行统一确权登记，形成归属清晰、权责明确、监管有效的自然资源资产产权制度。""探索编制自然资源资产负债表，对领导干部实行自然资源资产离任审计。建立生态环境损害责任终身追究制。"此后，党中央、国务院又相继印发了《关于加快推进生态文明建设的意见》《党政领导干部生态环境损害责任追究办法（试行）》《开展领导干部自然资源资产离任审计试点方案》《编制自然资源资产负债表试点方案》等一系列文件，进一步提出要对自然资源算总账、算长远账、算系统账，通过对自然资源资产总体存量及其变化利用情况的核算与审计及生态环境损害责任追究来实现保护资源环境的目标。这是党中央、国务院关于生态文明建设的一次重大战略部署和制度创新，将会对未来资源环境保护和经济社会发展产生深远影响。"中国区域生态资源资产研究"丛书正是在此背景下，编写组结合前期已有的研究成果编写而成。

  "中国区域生态资源资产研究"丛书研究内容涵盖自然资源资产、生态审计、生态资源评估、城市 GEP 核算、绿色 GDP 核算等方面，既有典型区域综合性的自然资源资产负债表研究成果，如"深圳模式""西北模式""东南模式"的自然资源资产负债表，也有专项资源资产负债表，如典型工业发展区（宝安区）水资源资产负债表、广东省国有林场和城市森林公园林业资源资产负债表等；既有以综合区域为尺度范围的领导干部自然资源资产审计，也有以行业部门为主的领导干部自然资源资产审计；既有离任审计，也有任中审计；既有长期以来的生态资源的动态变化研究成果分析，也有典型区域基准年的详查资料；既有以 GDP 为基础的绿色 GDP 核算，也有从生态系统维度提出的城市 GEP 理论及其核算；既有理论的创新探索，也有信息管理平台的建设，更有实践应用和经验总结。

该丛书以生态学原理为基础，围绕生态资源、自然资源资产，从相关概念入手，融合生态学、资源学、统计学、审计学、环境科学、管理学、会计学、经济学等多学科领域的内容，从多个层面、多个维度进行探索，兼顾横向和纵向，分析了典型区域生态资源的动态变化，提出了自然资源资产负债表概念和基本特征、城市 GEP 概念等，在国内率先建立了区域自然资源资产负债表体系、自然资源资产核算体系、城市 GEP 核算体系，设计了自然资源资产审计制度，开发了与自然资源资产、GEP 相关的信息管理平台，形成了一系列多学科交叉融合的理论、方法和技术。

该丛书的出版将对当前我国生态文明建设有关体制改革政策落实、学科理论探索、技术方法建立和管理应用实践具有重要意义。政策层面：该丛书开展了生态资源、自然资源资产、绿色 GDP、城市 GEP 等研究，符合我国生态文明建设的政策要求，这些工作是深入贯彻落实我国生态文明建设精神的区域重要实践。理论层面：该丛书系统性地提出了自然资源资产负债表、城市 GEP 的概念和理论框架，搭建了相应的核算指标体系和核算管理平台及可视化系统，建立了自然资源资产审计制度，丰富和完善了我国生态资源理论的不足。技术层面：该丛书在探索研究基础上提出了自然资源资产核算技术、自然资源资产信息化管理技术、城市 GEP 核算技术、绿色 GDP 核算技术等系列技术方法，为自然资源资产化、资产资本化提供了技术手段；应用层面：相关成果可应用于各级政府对自然资源资产调查登记、监测预警、评估考核、离任审计、赔偿追责和生态文明建设等方面的有效管理。

该丛书的研究内容多为我国近年来生态文明建设中遇到的问题，希望编写组在今后的研究与实践中能继续丰富和完善有关理论、方法和实践，为我国生态文明建设提供更好的技术支持和示范借鉴作用。

中国工程院 院士
国际欧亚科学院 院士　　金鉴明

2016 年 12 月 25 日

前　言

党的十八届三中全会提出了"探索编制自然资源资产负债表"的任务要求；十九届三中全会审议通过了《中共中央关于深化党和国家机构改革的决定》和《深化党和国家机构改革方案》，明确将组建"自然资源部"。由此可见，开展自然资源资产负债表编制和应用研究已由党的主张变为国家意志。如何构建一个基于数量变化和质量变化的科学核算技术体系，用于客观评估自然资源资产价值变化情况是决定自然资源资产负债表能否落地应用的关键问题。当前，我国自然资源资产负债表编制工作尚处于探索阶段，仍未形成一个标准的规范样式，自然资源资产负债表的实践更是滞后于理论的发展，亟待开展自然资源资产负债表从理论核算到考核管理整套体系的研究。

宝安区作为深圳市的西部工业基地，快速的经济发展、高密度的城市人口及高强度的城市建设给宝安区的资源环境带来巨大压力，宝安区如今面临的诸多生态环境问题，严重影响和制约经济社会的可持续发展。为此，深圳市政府将宝安区作为全市自然资源资产管理改革试点区，要求宝安区探索一条在工业高度发达地区编制与应用自然资源资产负债表的道路，全力打造可借鉴、可复制、可推广的改革样本，力求能为全国的自然资源资产负债表编制和应用提供"宝安模式"。

本书是在深圳市自然资源资产负债表核算理论基础上，结合宝安区近3年的实践探索，提出了一套完整的水资源资产负债表编制与管理体系，范围涵盖了从水资源资产负债表框架构建、数据填报与核算，到资源资产管理，再到工作实绩考核，形成了一个有效的闭环系统，能为改善水资源资产状况提供多一条路径选择。全书共8章。其中，第1章主要介绍了本书研究的背景、目的及技术框架等。第 2 章、第 3 章分别介绍了宝安区概况和各类水资源资产现状。第 4 章介绍了宝安区水资源资产负债表的框架体系构成，并从水资源实物量评价、质量评价、价值核算体系与数据采集技术等方面介绍了宝安区景观水、饮用水、近岸海域和地下水 4 类水资源资产的核算技术。第 5 章、第 6 章核算了 2011～2016 年宝安区水资源资产实物量和质量家底情况，并以宝安区茅洲河、西乡河和长流陂水库为试点，全面核算了两河一库的实物量、质量、价值、负债和净资产状况。第 7 章、第 8 章分别从水资源资产管理和保护工作实绩考核两个方面，提出了整套的工作方案和对策建议，确保宝安区水资源资产负债表能够落地应用。

由于国内外对水资源资产进行核算与管理尚未有一套统一、成熟的体系方法，本书在研究内容、模型构建、参数设计等方面存在欠缺，加之作者水平有限，不足之处在所难免，恳请广大读者批评指正，鞭策编者团队在后续研究中更改完善。

编 者

2018 年 3 月

目　　录

第 1 章

绪 论

1.1　研究背景

自党的十八届三中全会提出"探索编制自然资源资产负债表，对领导干部实行自然资源资产离任审计。建立生态环境损害责任终身追究制。"后，中央先后印发了一系列政策文件要求开展自然资源资产负债表编制研究工作。探索编制自然资源资产负债表，是贯彻落实习近平同志有关重要论述、推进生态文明制度建设、加快转变经济发展方式、实现经济社会与资源环境协调发展的重要举措。

2014 年，宝安区在充分利用已累积 8 年的生态资源测算成果的基础上，在国内率先明确区域性自然资源资产的属性，选取城市绿地、近岸海域、饮用水等 10 项一级指标，以资产负债表为模板，以生态系统和生物多样性经济学为理论基础，遵从负债表的勾稽关系，对自然资源资产的价值和负债分别列表，构建了自然资源资产负债表的框架系统，被国家级自然资源资产研究团队的专家赞誉为"第一个吃螃蟹的区域，是目前为止最符合中央意思的一个自然资源资产负债表"。同年，宝安区根据我国相关审计法律法规，结合宝安区政府职能机构和自然资源资产现状，研究编制了《宝安区领导干部自然资源资产责任审计制度（送审稿）》，不仅明确了审计主体、审计客体和审计内容，而且对领导干部职责及应承担的后果进行了划分，对领导干部自然资源资产管理行为具有极强的约束性。在国内外，尚属首次系统建立的一套完整的自然资源资产责任审计制度，为传统审计开拓了新领域。

宝安区在开展自然资源资产负债表的编制工作过程中发现，自然资源资产负债表是一套复杂的表系统，在国内外可供借鉴的经验不多，很多数据不在当前统计范围之内，工作推行难度大，且需要投入大量的研究经费，其建设与实施很难一步到位。

为确保自然资源资产负债表在宝安区自然资源资产管理中能够尽快落地实施，宝安区秉着"小步快走"的原则，决定分阶段实施自然资源资产负债表，由易而难逐步推进。因此，2015 年宝安区以"控制城市开发强度、突出污染治理和强化现有自然资源的保护"为目的，在已搭建的自然资源资产负债表框架体系基础上，编制了 6 个街道和 8 个职能机构的第一阶段负债表体系并进行了实物核算，初步摸清了宝安区自然资源资产家底；同时，以城市绿地为例，初步核算出 2014 年宝安区城市绿地自然资源资产价值总量约为 323 亿元，占当年宝安区GDP 的 13.64%。同年，宝安区审计局以开展石岩街道原中国共产党工作委员会书记、办事处主任曾令云同志自 2013 年 5 月至 2014 年 5 月经济责任审计为契机，采用与经济责任审计相结合的方式，成功试点开展了领导干部自然资源资产责任审计工作。

水污染问题是宝安区当前最为突出的环境问题，如何将水污染治理与自然资源资产负债表紧密联系起来，不仅关系到自然资源资产负债表能否落地，也关系到宝安区水环境质量能否提升。为此，2016年宝安区以"创新水环境综合治理模式"作为八大重点推进的改革事项之一，要求开展宝安区水资源资产负债表编制研究工作，以西乡河、茅洲河及长流陂水库为试点，单独建立资产负债表，全面核算其实物量、质量和价值，从2016年开始对上述试点对象开展水资源资产保护工作实绩考核。

1.2 研究目的与意义

本研究通过构建宝安区水资源资产负债表框架体系，全面摸清了辖区内水资源资产实物量和质量家底，以茅洲河、西乡河两条河流及长流陂水库为试点，开展水资源资产价值核算研究，同时开展水资源资产保护工作实绩考核和水资源资产管理对策建议研究，是深入贯彻落实中央系列重要文件精神的重要行动，是改善宝安区水环境的重要举措。

同时，从研究本身来看，从水资源资产负债表框架构建、数据填报与核算，到资产管理，再到工作实绩考核形成了一个有效的闭环系统，能为改善宝安区当前水资源资产状况提供多一条路径选择，也可为全国的水资源资产负债表编制研究工作提供示范借鉴。

1.3 研究时限与内容

1.3.1 研究时限

综合考虑研究目的，以及宝安区能够提供的数据资料的全面性，确定实物量和质量的研究时间段为2011～2016年；确定茅洲河、西乡河及长流陂水库这两河一库单独编制水资源资产负债表的时间节点为2016年。

1.3.2 研究内容

主要研究内容包括以下五个方面。

（1）编制水资源资产负债表

以深圳市自然资源资产负债表框架体系为基础，结合宝安区实际情况，对饮用水、景观水、近岸海域和地下水 4 种水资源进行具体研究，编制宝安区水资源资产负债表，为单项自然资源资产负债表的编制提供实践性的经验。

（2）核查辖区内水资源资产实物量和质量

根据编制的宝安区水资源资产负债表，对水资源数据进行现场监测，部分实物量数据需要通过对遥感数据解译获得，具体包括：①铁岗、石岩、长流陂和罗田共 4 座饮用水源水库的实物量和质量数据；②景观水分为河流和水库，其中河流包括辖区范围内 66 条河流的实物量和质量数据，水库为剔除 4 座饮用水源水库外的 9 座小（2）型以上水库的实物量和质量数据；③近岸海域实物量和质量数据；④地下水实物量和质量数据。根据获取的现状数据，对辖区内水资源资产实物量和质量进行核算，以直接客观地反映宝安区水资源资产情况。

（3）开展两河一库水资源资产负债表编制核算试点

以茅洲河、西乡河两条河流及长流陂水库为试点，单独建立水资源资产负债表，全面核算其实物量、质量、价值、负债和净资产状况，为 2016 年这两条河流和一座水库开展水资源资产保护工作实绩考核提供数据支持。

（4）水资源资产管理对策建议

收集国内外有关水资源资产管理的理论研究和实践操作进展，结合当前宝安区水资源资产现状、资产管理可行性分析及存在的问题等基础性研究，从宏观层面，搭建水资源资产管理框架体系，包括初始水权分配、定价策略研究、交易市场建立及运营体制搭建，明晰其具体实施路径，提出针对性的政策建议，为宝安区乃至全国实现水资源资产管理提供方法支撑。

（5）开展水资源资产保护工作实绩考核研究

根据市、区两级生态文明建设考核实施方案，并结合宝安区水资源的实际情况，编制水资源资产保护工作实绩考核方案，明确考核机构、考核对象、考核内容等与考核相关的信息，利用水资源资产负债表统筹全区水资源资产管理工作。

1.4　研究思路与技术路线

1.4.1　研究思路

本研究在深圳市已搭建的自然资源资产负债表总体框架体系下，结合宝安区已搭建的自然资源资产负债表框架和第一阶段自然资源资产负债表成果,首先开展宝安区饮用水、景观水、近岸海域和地下水的水资源资产负债表编制工作;然后根据制定的水资源资产负债表,全面核查辖区内水资源资产实物量和质量情况,基本摸清宝安区水资源资产家底情况;再以西乡河、茅洲河两条河流及长流陂水库为试点,单独建立资产负债表,全面核算其实物量、质量、价值、负债和净资产状况;最后从考核与管理两个方面,开展水资源资产保护工作实绩考核与水资源资产管理对策建议专题研究,为宝安区水资源资产管理提供有效的技术支撑。

1.4.2　技术路线

宝安区水资源资产负债表研究与实践技术路线见图 1-1。

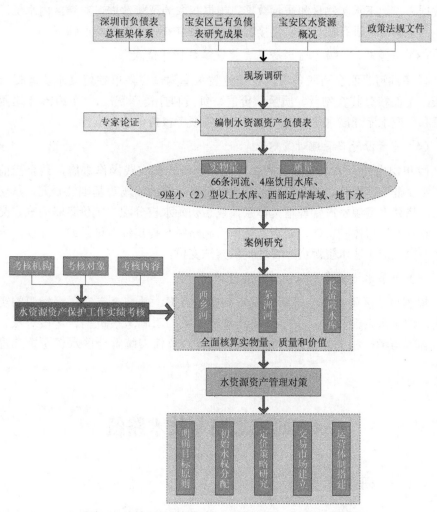

图 1-1　宝安区水资源资产负债表研究与实践技术路线

第 2 章

宝安区概况

2.1　地　理　位　置

宝安区位于 22°32′ ～ 22°51′N，113°44′ ～ 114°07′E。地处深圳市西北部、珠江口东岸，北连东莞市和光明新区，东濒龙华新区，南接南山区和前海，临望香港新界和元朗。下辖新安、西乡、航城、福永、福海、沙井、新桥、燕罗、松岗和石岩 10 个街道办事处，陆地总面积为 392.14km²。

2.2　地　形　地　貌

宝安区地形、地貌以低丘台地为主，总的地势是东北高、西南低，东北部主要为低山丘陵地貌，西南部地区多为海滩冲积平原，地形平坦，山地较少。

宝安区地貌单元属深圳市西北部台地丘陵区和丘陵谷地区，主要地貌类型为花岗岩和变质岩组成的台地丘陵和冲、海积平原，地势错综复杂，类型颇多，山地、丘陵、台地、阶地、平原相间分布，该区域按地势高低可分为两个区。

台地平原区：该区位于宝安区的西部，呈弧形分布，除罗田一带分布有高程 45 ～ 80m 的高台地外，其余为两级和缓的低台地，第一级为 5 ～ 15m，第二级为 20 ～ 25m。河谷下游分布着冲积平原，沿海分布着海积平原，这些平原为 5m 以下的地形面。

丘陵地区：该区位于宝安区的东部，区内主要分布有低丘陵和高台地。低丘陵代表高程为 100 ～ 150m；高台地代表高程为 40 ～ 80m。高丘陵主要分布在河流两侧。

区域内主要山系为羊台山系，位于本区的中部，由横坑、羊台山、仙人塘、油麻山、黄旗岭、凤凰岭、大茅山、企坑山等组成，从观澜一直延伸到西乡大茅山、铁岗一带，主峰海拔 587m。

2.3　社会经济概况

（1）人口和经济

宝安区 2016 年常住人口 301.71 万人，其中户籍人口 50.62 万人，占常住人口比例为 16.78%。

2016年全区GDP为3003.44亿元,自2012年以来GDP总量首次突破3000亿元,超过分设龙华区前水平,比上年增长8.8%。其中,第一产业增加值0.92亿元,下降29.4%;第二产业增加值1495.01亿元,增长7.1%;第三产业增加值1507.51亿元,增长10.4%。三次产业比重为0.02:49.78:50.19。2016年全年实现两税收入552.58亿元,增长17.6%,公共财政预算收入217.66亿元,增长16.2%。

（2）城市建设

2016年全区林地面积达到11.94万亩[①],森林覆盖率为23.8%;城市绿化覆盖率为46.8%;公园总数171座,人均公园绿地面积15.8m²;建成绿道总里程411km,绿道总里程超过全市的17%;提升改造了203座垃圾中转站和132座市政公厕,全区城市生活垃圾无害化处理率达到100%;全区共计创建垃圾分类与减量达标小区88个,垃圾分类与减量达标小区覆盖率达到22%。

2.4　气象气候

宝安区属南亚热带海洋性季风气候区,气候温和湿润,雨量充沛。由于区域内地理条件不一,降雨量时空分配极不平衡,易形成局部暴雨和洪涝灾害;夏季常受台风侵袭,往往造成灾害性天气。

对深圳市气象局资料统计分析,宝安区多年平均气温为22.3℃,极端最高气温为38.7℃,极端最低气温为0.2℃,日最高气温大于30℃的天数多年平均为132天;多年平均相对湿度为79%。

宝安区降雨丰沛,根据对区域内各降雨站多年降雨数据的分析可知,多年平均降雨量为1606mm。降雨年际变化较大,最大年降雨量为2080mm,最小年降雨量为780mm;降雨年内分配极不均匀,汛期（4～10月）降雨量大而集中,约占全年降雨总量的80%,且降雨强度大,多以暴雨形式出现,易形成洪涝灾害。全区多年平均降雨日数为140天,多年平均蒸发量为1522mm。

宝安区常年盛行风向为南东东和北北东,夏季盛行东南风和西南风,冬季盛行东北风。多年平均风速为2.6m/s,最大实测风速达40.0m/s,风力超过12级。台风是造成本区域灾害性天气的主要因素。

---

① 1亩≈666.67m²

第 3 章

宝安区水资源摸底调查

为全面掌握宝安区水资源资产基本情况，对宝安区 66 条河流、9 座小（2）型（库容 ≥ 10 万 m³）以上水库、4 座饮用水源水库、西部近岸海域和地下水等水资源资产进行了现场实地调研，掌握了宝安区水资源资产种类和开发管理现状，摸清了其生态系统服务功能价值类型，为搭建水资源资产负债表框架体系奠定了基础，并为水资源资产生态系统服务功能价值评估指标构建提供了指导和建议。

3.1   景观水资源状况

3.1.1   河流资源状况

对宝安区现有 66 条河流进行分片区调研，主要分为茅洲河片区（19 条）、大空港片区（21 条）、前海湾片区（12 条）和铁岗石岩水库水源保护区（14 条）4 个片区。对每条河流沿河两岸进行全程调查，在每条河流的河源、上游、中游、下游及河口处进行水文监测，并调研每条河流是否具有供水、休闲娱乐、内陆航运、养殖捕捞、捞沙等功能。根据对宝安区 66 条河流现场调研的情况，结合宝安区河流先天条件和近年来人类对河流的开发利用及综合治理，总结出的河流特点如下。

（1）河流水量年内分布极为不均，旱季基流小，雨季易受涝

宝安区河流属于雨源型河流，径流主要依靠降雨补给，枯水期依靠地下水和基岩裂隙水补给，无上游水源补充。河流的天然径流量变化与降雨密切相关，径流量年内分配与降雨量年内分配相对应，全年径流量主要集中在 4 ～ 10 月。由于降雨时空分布不均，干旱和洪涝常交替出现。枯水期地表径流小，部分河流不下雨时径流基本由生产生活污水组成，导致一些小型河道水量较小甚至出现枯竭现象。

宝安区暴雨主要为台风雨和锋面雨，4 ～ 6 月洪水主要由锋面雨造成，7 ～ 10 月洪水主要由台风雨造成。多数河流上游以山地丘陵为主，具有明显的山溪性河流特点，河床纵比降较大，加之降雨集中，降雨强度大，汇流面积小，汇流时间短，致使河流极易形成洪峰高尖，洪水暴涨暴落。下游地势平缓，加之多数河流为感潮河道，洪潮相遇，常形成内涝。总体来看，区域内水系较为发达，河流密度很大，洪水影响较强，防洪压力大，尤其在台风季节，暴雨暴潮往往相继发生，造成严重的洪涝灾害。

（2）水体污染严重

宝安区内河流水质基本属于劣 V 类，黑臭现象严重，主要污染物为氨氮、

总磷和阴离子表面活性剂。

大部分河流达不到规定的水质标准，通过城镇的河段，水污染尤为严重。每到汛期，大量雨污合流管道中的污水随雨水一起排出，大量面源污染经雨水冲入河中。分析河流污染的原因，主要有以下 4 点。

一是点面源污染。随着工业的发展，宝安区人口高度密集，大量生活污水、工业废水、废物未经处理直接排入下水道、河道，造成水质污染日益严重。根据 2012 年深圳市水利普查成果，宝安区入河、湖排污口共计 71 个，其中规模以上排污口 51 个，包括工业排污口 1 个，生活排污口 1 个，混合排污口 49 个，均为未登记或批准的排污口。污水管网建设滞后，导致点面源污染长期未得到有效控制。

二是内源污染。进入河流的营养物质通过各种物理、化学和生物作用，逐渐沉降至河流底质表层，在一定的环境条件下，可从底泥中释放出来而重新进入水中，加重水体污染负荷。即使已经完善沿河截排并向河道中补充再生水，受到底泥的内源污染影响，水体也仍会重新被污染。

三是河流感潮。受上游河道生态水量不足、潮位顶托、河流纵坡小等因素制约，河网水系水动力不足；同时珠江口自身水环境质量较差，外部交换水体本身受到污染，外江污染回溯，加剧河道水体污染。

四是河流自净能力很弱。如前述，宝安区河流属于雨源型河流，旱季基流小，水体自净能力很弱，水体自身难以净化进入河道的大量污染物。

（3）河流用地空间有限

受高强度的建设用地开发影响，河道干流过流断面缩窄、支流系统被覆盖。现阶段河流用地空间有限主要表现为两点，一是河岸或河道空间被侵占，二是河流被覆盖。

在宝安区，临河建房、侵占河道现象普遍存在。部分河道两旁大量建筑物距离河道仅数步之遥甚至紧靠河道。更有甚者，将房屋基础架建在河道内。如此种种，侵占河道断面，严重影响行洪，同时也破坏了河道两旁河岸带原有的小型生态环境。

宝安区的 66 条河流中近 40 条河流部分或全部河道被改造成了暗涵。由于河道水质恶化、土地资源稀缺等，河道上方的空间也成为可利用的资源，通过暗涵化处理，成为可开发利用的土地。河道上方筑马路或搞建筑和"美化"工程，城市环境的美化和生态化导致人类失去了最宝贵的资源，大多暗渠变成臭水渠，经济效益提高的同时，带来的是暗涵淤堵、排洪不畅，河流生态退化，任意排污导致水体污染日趋恶化。

根据此次现场调研结果，结合以往统计资料，宝安区 66 条河流暗涵化统计情况如表 3-1 所示。

表 3-1　宝安区河流暗涵化情况统计表

序号	河流	河长 /km	暗涵长 /km	暗涵率 /%	暗涵段断面结构形式
1	茅洲河	31.29	0	0	
2	罗田水	15.03	0	0	
3	龟岭东水	4.00	1.37	34.3	浆砌石矩形
4	老虎坑水	5.19	0	0	
5	塘下涌	4.30	0	0	
6	沙浦西排洪渠	2.37	0	0	
7	沙井河	5.93	0.22	3.7	
8	潭头河	4.60	0.63	13.7	
9	潭头渠	5.25	2.69	51.2	浆砌石矩形
10	东方七支渠	2.02	1.96	97.0	
11	松岗河	9.86	1.02	10.3	
12	道生围涌	2.23	2.23	100.0	浆砌石矩形
13	共和村排洪渠	1.33	0	0	
14	排涝河	13.95	0	0	
15	新桥河	6.20	0	0	
16	上寮河	7.20	1.58	21.9	浆砌石矩形
17	万丰河	3.46	1.59	46.0	
18	石岩渠	3.02	1.91	63.2	
19	衙边涌	2.83	0.49	17.3	
20	德丰围涌	2.24	1.07	47.8	
21	石围涌	1.67	0	0	
22	下涌	4.28	0	0	
23	沙涌	3.77	0	0	
24	南环河	2.52	0	0	
25	和二涌	3.67	0.31	8.4	
26	沙福河	12.91	4.02	31.1	浆砌石矩形
27	塘尾涌	5.04	2.09	41.5	自然断面
28	和平涌	2.16	0	0	
29	玻璃围涌	3.71	0.78	21.0	自然断面
30	四兴涌	2.39	/	/	自然断面
31	坳颈涌	5.25	1.39	26.5	浆砌石矩形
32	灶下涌	1.55	0	0	
33	虾山涌	1.32	0.51	38.6	箱涵
34	孖庙涌	1.98	1.41	71.2	自然断面
35	福永河	7.80	2.92	37.4	箱涵
36	机场北排水渠	1.77	1.77	100.0	
37	机场内排水渠	5.47	1.17	21.4	浆砌石

序号	河流	河长/km	暗涵长/km	暗涵率/%	暗涵段断面结构形式
38	机场外排水渠	8.81	1.99	22.6	
39	三支渠	2.59	0.59	22.8	
40	钟屋排洪渠	3.51	0	0	
41	新涌	2.37	0.75	31.6	
42	铁岗水库排洪河	6.95	0	0	
43	九围河	6.91	0.16	2.3	
44	黄麻布河	2.72	0	0	
45	南昌涌	1.34	0	0	
46	固戍涌	1.11	0.61	55.0	浆砌石矩形
47	共乐涌	4.12	3.85	93.4	浆砌石矩形
48	西乡大道分流渠	4.79	4.79	100.0	
49	西乡河	7.24	0	0	
50	西乡咸水涌	6.06	2.37	39.1	
51	新圳河	7.80	1.27	16.3	
52	双界河	4.45	1.05	23.6	
53	石岩河	6.47	0	0	
54	沙芋沥	3.40	0	0	
55	樵窝坑（塘坑河）	3.80	0	0	
56	龙眼水	3.69	0.66	17.9	浆砌石矩形
57	田心水	2.28	1.33	58.3	浆砌石矩形及梯形
58	上排水	2.98	1.28	43.0	浆砌石
59	王家庄河	0.77	0	0	
60	深坑沥（上屋水）	2.76	1.50	54.3	
61	天圳河	3.05	0.83	27.2	
62	水田支流	1.79	0	0	
63	石龙仔	1.89	0.92	48.7	
64	应人石河	5.56	0	0	
65	石陂头支流	0.67	0	0	
66	塘头地下河	1.23	1.23	100	浆砌石矩形

（4）河流渠道化

　　以往在对河流的规划和治理中，片面强调防洪安全，未将低冲击开发的理念放到较高层面上，导致河道在人为修整改建中存在诸多不合理现象，如将河流渠道化，包括：将蜿蜒曲折的天然河流改造成直线或折线形的人工河流；将自然河流的复杂形状改造成梯形、矩形等规则几何断面；采用混凝土、砌石等硬质材料将河岸、河床硬质化。

河流的渠道化改变了河流蜿蜒的基本形态,急流、缓流、弯道及浅滩相间的格局消失,而横断面的几何规则化,改变了深潭、浅滩交错的形式,两者生境的异质性降低,水域生态系统结构与功能随之发生变化,特别是生物群落多样性随之降低,可能引起淡水生态系统退化。大量采用的混凝土、浆砌石等硬质材料,隔断了河坡的水–气交换,植物无法生长,动物无处生存,不仅景观单调,而且生态与环境脆弱,隔断了河流固有的循环功能,降低了其自净能力。

(5)河道淤积较为严重

宝安区多数河流下游比降小,感潮,水动力不足。一方面流域内的建设开发引起水土流失,大量泥沙进入河道,另一方面海域内泥沙随潮水回溯,再加上对河流管理不足,存在人为向河道倾倒垃圾的现象,导致各河段均有不同程度的淤积,淤积物主要有卵石、泥沙、弃土、生活垃圾、建筑垃圾、水草或它们的组合物,平均深度 0.1 ~ 1.5m。河道淤积不仅降低了河流对洪水的滞蓄能力和防洪减灾的能力,造成河道行洪等水利功能的失衡,还对水体生物的生长造成不利的影响。

3.1.2 小(2)型以上水库资源状况

对宝安区 9 座小(2)型以上水库进行现场调研,主要核查水库类型、建成时间、位置、大坝类型、坝顶高、坝顶长度、最大坝高、集雨面积、总库容、正常库容、防洪库容、入库水类型、入库口数、水库功能等参数及水库是否具有养殖、休闲娱乐等功能。

目前宝安区 9 座小(2)型以上水库总集雨面积为 18.39km^2,总库容为 2274.82 万 m^3,其中小(1)型 6 座,小(2)型 3 座。宝安区 9 座小(2)型以上水库中除老虎坑水库由城管部门管理外,其他水库均由所在街道管理。

3.2 饮用水源水库资源状况

对宝安区铁岗水库、石岩水库、罗田水库、长流陂水库 4 座饮用水源水库进行现场调研,主要核查水库类型、建成时间、大坝类型、坝顶高、坝顶长度、最大坝高、集雨面积、总库容、正常库容、防洪库容、防洪标准、入库水水质、水库功能、出库水、供水情况、养殖类型等参数。

目前宝安区 4 座饮用水源水库总集雨面积为 136.8km^2,总库容为 16 795.1 万 m^3,其中铁岗水库、石岩水库和罗田水库为中型水库,长流陂水库为小(1)

型水库。铁岗水库和石岩水库由深圳市水务局管理，罗田水库和长流陂水库由宝安区环境保护和水务局管理。

2016年宝安区4座饮用水源水库供水量为45 836.5万m³，饮用水源水质达标率为100%，水库水质保持稳定。2015年宝安区4座饮用水源水库年末蓄水量为6381.8万m³，同比增加1298.8万m³（表3-2）。

表3-2　宝安区2016年饮用水源水库供水量和蓄水量表　　（单位：万m³）

序号	水库名称	2016年末蓄水量	2015年末蓄水量	蓄水量变化
1	铁岗水库	3491.0	3458.0	33.0
2	石岩水库	1260.0	1236.0	24.0
3	罗田水库	1553.0	234.0	1319.0
4	长流陂水库	77.8	155.0	−77.2
	合计	6381.8	5083.0	1298.8

3.3　近岸海域资源状况

宝安区近岸海域属珠江口海域，近岸海域面积为66.4km²，海岸线长45.3km，包括南头关界东宝河口养殖风景旅游区、深圳河口–东角头下工业用水区和东角头下–南头关界工业用水区。对近岸海域进行现场调研，从大铲湾码头出发，沿着西部近岸海域，一直到茅洲河入海口，对沿途近岸海域供水、休闲娱乐、养殖捕捞等功能进行核查。

2016年西部近岸海域海水水质劣于Ⅳ类标准，主要污染物为无机氮和活性磷酸盐，而造成西部近岸海域海水水质较差的原因较多，如近海岸周边工业区的污染、港口码头的污染等。

3.4　地下水资源状况

深圳市水务局2016年发布的《深圳市水资源公报》数据显示，2016年宝安区地下水量为9989.39万m³，占深圳市地下水总量的17.01%，在深圳10个区（新区）中排在第二位，仅次于龙岗区。

为了全面掌握宝安区地下水资源状况，对宝安区地下水资源进行现场调研，对地下水井的用途、概况等进行调查，对井的直径、井深、埋深等进行现场测量，并随后对水质指标进行监测，全面掌握宝安区地下水资源状况。地下水调研点位的布设主要考虑以下 4 点。

1）水样的选取覆盖宝安区的 10 个街道，以全面反映整个区的地下水在空间上的分布特征。

2）监控存在较大污染隐患的工业区地下水重点污染区及可能产生污染的地区，监视污染源对地下水的污染程度及其动态变化，以反映该区域地下水的污染特征。

3）考虑到调研结果的代表性和实际采样的可行性、方便性及资金投入，本次调研主要选取机井及民井，包括林场、农田及社区生活用水井。

4）考虑到同一街道地下水井较多，且供水量不同，选取具有代表性的用水量较大的井。

第 4 章

宝安区水资源资产负债表框架体系构建

4.1　水资源资产负债表编制的理论基础

4.1.1　相关概念的提出

（1）自然资源资产

联合国环境规划署（UNEP）提出"自然资源是指在一定时间、地点条件下，能够产生经济价值的、可提高人类当前和未来福利的自然环境因素与条件的总称"。《综合环境与经济核算体系 2003》（SEEA 2003）将资产定义为所有权由法人单位单独或集体行使，所有者可以在一个时期内拥有或使用它们而从中获得经济收益的物质和能量。《国民账户体系 2008》（SNA 2008）将资产定义为一种价值贮备，即一段时期内所有者通过持有或使用该实体所获取的一次性或连续性经济利益，是价值从一个核算期转移至另一个核算期的载体。SEEA 和 SNA 均主张将能够带来经济利益的自然资源确认为资产并对其进行价值核算（耿建新等，2015）。国内学者在 SNA 2008 和 SEEA 2003 关于资产定义的基础上，对自然资源资产的概念进行了一些理论探讨。操建华和孙若梅（2015）将自然资源资产定义为自然资源生态系统服务功能价值总和，具体包括产品供给服务价值、生态调节服务价值和社会文化服务价值。谷树忠（2016）对自然资源资产的内涵、属性和分类进行了探讨，从基本内涵出发，给出自然资源资产的定义是以自然资源形态存在的物质资产。高吉喜（2016）从有用性、稀缺性和产权方面界定了自然资源资产的概念，认为自然资源是指自然环境中能为人类提供福利的一切自然资源，指具有使用价值、稀缺、有产权归属并且能带来收益的自然资源，包括有形和无形资产。李金华（2016）将自然资源资产定义为在一定时间和地点条件下，归属于所有者，能为人类带来经济利益、产生社会价值，存在于陆地和海洋的全部物质和能量。蒋洪强等（2014）认为，自然资源要素对于经济体系具有资源功能、受纳功能和生态服务功能，这些功能汇集起来，是经济体系赖以存在的基础，借用经济学和经济核算的术语，就是自然资源资产。景佩佩（2016）以产权为视角，立足自然资源属性，将自然资源资产定义为当代自然资源资产使用权主体通过过去获得自然资源资产使用权而拥有的，预期能够为其带来经济利益的自然资源。

不难发现，目前学术界对自然资源资产的内涵尚无统一界定。尽管概念尚未统一，多是表述上和范围上的差别，但在本质上形成了很多共识，如都认为自然资源资产应具备稀缺性、有用性和明确的所有权性（金艺冉，2016）。本研究认为自然资源资产是指自然资源资产管理主体拥有或控制的，能带来经济效益、生态效益或社会效益的稀缺性自然资源。根据宝安区自身城市生态系统的特点，结合已累积 8 年的生态资源测算成果，选择林地、农用地、城市绿地、饮用水、湿地、景观水、近岸海域、环境空气、储备用地和古树名木作为宝安区自然资源资产核算范围。

（2）自然资源资产负债

对于自然资源资产负债，大多学者确认其存在，但自然资源资产负债到底是什么，有多种观点，包括环保投入、资源耗减、环境损害和生态破坏损失、应付而未付的生态环保成本、应付超载补偿成本等。

有学者认为，自然资源是一个复杂的系统，可将其资产总量视作一个定量，而人类开发利用、自然灾害所导致的资源耗减流失，对于这一系统或总体而言，均视为一种负债。例如，胡文龙和史丹（2015）认为自然资源资产负债是会计主体在某一时点上应该承担的自然资源"现实义务"，该"现实义务"是人类在利用自然资源过程中所承担的能以货币计量、需以资产或劳务偿还的责任。陈艳利等（2015）认为自然资源资产负债是指由自然资源资产权益主体过去的不当行为造成的，预期自然资源在开发和使用时出现的损失及为弥补损失付出代价的现时义务。王姝娥和程文琪（2014）认为自然资源资产负债表中的资源资产负债反映企业为取得和消耗资源应付而未付的购买成本、环境成本和环境责任权支出。张友棠等（2014）认为自然资源资产负债是指政府过去决策对自然资源开发产生的破坏而导致现有自然资源的净损失或净牺牲，是恢复原有生态的价值补偿。

一些学者认为，自然资源资产负债是人类经济活动对资源的"超采"，即超出了资源可持续开采量限度的过度开采量，是对资源未来的负债，对环境未来的负债。肖序等（2015）认为自然资源资产负债指的是由社会生产活动导致的自然资源过度消耗使环境遭到破坏后，需要进行资源恢复和环境治理所付出的代价。高敏雪（2016）认为应将资源可持续利用理念和对应的管理工具引入负债研究，重点关注经济活动过程中的资源消耗，尤其是过度消耗，将资源过度消耗视为"欠账"，进而定义为未来的"负债"，以此为核心形成自然资源资产负债表。姚霖（2016）认为负债是集生态自然资源的损耗量，以及由自然资源开发利用导致的环境代价与超出资源管理红线的过度量为一体的信息账户。商思争（2016）认为当开采的自然资源会影响后代人享受这种自然资源时，应该确定资源合理开采量或者均衡线作为红线，超量开采部分即为负债。

本研究认为自然资源是支持经济社会发展的基础，且部分自然资源其本身具有一定的生态弹性，在保障可持续利用的前提条件下，合理范围内的自然资源耗减不应视为负债。

（3）自然资源净资产

自然资源净资产是指自然资源资产扣除自然资源资产负债后的剩余。在我国，自然资源属于国家或集体所有，但在法律上国有自然资源资产产权仍然缺乏明确的主体代表，所以不存在"所有者权益"的概念（封志明等，2015）。投入经济生产中的自然资源以复杂的方式混合在一起，难以辨别出经济体的"所有者"是谁，也无法直接计算出经济的"所有者"投入了多少"资本"，又有多少"留存收益"，因此自然资源的净资产只能通过"资产－负债＝净资产"的间接计算方式才能确定（李伟等，2015；郝亚平，2016；盛明泉和姚智毅，2017）。

4.1.2 自然资源资产核算的理论基础

（1）产权理论

对产权的研究源于外部性问题。1937 年科斯发表《企业的性质》一文，标志着西方产权理论的系统提出。1968 年哈丁的"公地悲剧"触发了资源环境管理制度的研究，之后，学术界开始探讨用产权形式来解决资源环境问题。

《中华人民共和国宪法》《中华人民共和国物权法》等相关法律规定，大部分自然资源归全民所有，这是自然资源资产所有权在法律意义上的明晰化。但是所有权作为一种法权，概括不了经济生活中事实上达成的权利安排和权利结构。因此，自然资源产权在经济意义上的明晰性需要进一步厘定。鉴于自然资源资产所有者是一个很大的共同体，权利的执行成本过高，政府凭借其职能属性自然成为其代理人，实质上是自然资源资产所有权的人格主体。政府依据总量控制原则对自然资源资产使用权进行配置，自然资源产权发生分离。此时，自然资源资产所有权在经济意义上成为形式，而自然资源资产使用权成为与自然资源资产相关的权、责、利的发生起点。因此，自然资源产权在经济意义上的明晰化是指对自然资源资产使用权的界定与核算（景佩佩，2016）。

（2）可持续发展理论

可持续发展是指既满足当代人的需要，又不损害后代人满足需要的能力的发展。1987 年，联合国世界环境与发展委员会（WCED）提出《我们共同的未来》报告书，该报告书正式提出了可持续发展的核心思想。1994 年，我国政府制定《中国 21 世纪议程》，也将可持续发展作为社会经济发展的基本战略。

可持续发展的核心是代际公平，反映在自然资源资产使用权上，即自然资源资产使用权具有代际上的可分割性。但是，由于后代主体缺失（尚未出生），其自然资源资产使用权往往不被体现。自然资源资产负债表的一项重要任务就是要对这部分自然资源资产使用权进行确认、计量并披露。

（3）环境经济核算体系

《2012 年环境经济核算体系中心框架》（SEEA 2012）是首个环境经济核算体系的国际统计标准。在该体系中，自然资源账户是从物质循环角度进行全链条计量记录的，主要焦点是利用物理单位记录出入经济体的物资和能源流量及经济体内部的物质与能源流量，从而使得 SEEA 中的自然资源环境核算比 SNA 中的自然资源环境核算更加系统和全面。

　　具体而言，SEEA 2012 在明确各类自然资源资产定义和分类的基础上，设置了 7 组自然资源资产账户。这些资产账户包含实物量与价值两大类核算表格，基本反映了自然资源在生态与经济循环中的流转模式，即"期初存量—本期存量增加—本期存量减少—本期实物量与价格调整—期末存量"。与此同时，SEEA 2012 还对两类主要环境活动（资源管理和环境保护）以账户形式进行了系统核算。SEEA 2012 将单个自然资源资产的来源和用途以"资产来源＝资产使用（占用）"的形式反映出来，已经具有资产负债表"来源＝使用"的功能属性；SEEA 2012 中环境活动及其相关流量账户对环境活动的支出和收入进行了账户核算，其本质是对"环境债务"的处理和偿还进行计量记录。

　　SEEA 2012 中上述资产和活动账户将水资源、能源、矿物、木材、鱼类、土壤、土地和生态系统、污染和废物、生产、消费和积累信息放在单一计量体系中，并为每个领域指定了具体且详细的计量办法。因此，以 SEEA 2012 中单项自然资源资产核算、环境活动及其相关流量核算为理论基础和现实依据，可以提出自然资源资产负债表的会计要素和列报科目（胡文龙和史丹，2015）。

4.2　水资源指标体系的选择

　　在 2014 年搭建的宝安区自然资源资产负债表框架体系，以及 2015 年开展的宝安区第一阶段自然资源资产拥有量核算研究中，水资源资产涵盖饮用水、景观水和近岸海域三种。本研究在宝安区负债表框架体系和第一阶段负债表的基础上，结合宝安区水资源现场踏勘调研成果，进一步深入研究水资源资产负债表，将研究对象除包括饮用水、景观水和近岸海域三种地表水资源外，扩展到地下水资源。因此，宝安区水资源资产负债表编制研究指标体系的构建涵盖饮用水、景观水、近岸海域和地下水 4 个一级指标（表 4-1）。

表 4-1　宝安区水资源资产负债表研究指标体系

序号	一级指标	二级指标
1	景观水	河流
2		小（2）型以上水库
3	饮用水	饮用水源水库
4	近岸海域	近岸海域
5	地下水	地下水

4.3 水资源资产负债表框架体系

为了既能全面反映各类水资源资产总量，又能详尽反映单一种类水资源资产的价值构成，采用"总表＋分表"编制方案，构建水资源资产负债表框架体系。用总表反映水资源资产总量，用分表反映各类水资源资产的价值构成和存量情况。

从表的形式上来看，宝安区水资源资产负债表体系主要由5张表组成：实物量表、质量表、价值表、流向表和负债表，全面反映水资源资产的量（实物量）、质（质量）、值（价值）。

4.3.1 实物量表

水资源资产实物量核算是其价值评估的前提（封志明等，2014），实物量表就是以账户的形式反映地区自然资源的存量状况。宝安区水资源资产实物量表如表 4-2 所示，纵列为宝安区的各类水资源资产，横列展示每类水资源的期初、期末值及变化情况。

表 4-2　宝安区水资源资产实物量表（1）

编制单位：　　　　　　　　　　　　　　　　　　　　　　　　　　　　　　　　年　　月

水资源资产指标		实物量指标	自然资源资产实物量		变化量	变化率 /%
			期初量	期末量		
饮用水	4 座饮用水源水库	正常库容 / 万 m³				
		总库容 / 万 m³				
景观水	9 座小（2）型以上水库	正常库容 / 万 m³				
		总库容 / 万 m³				
	66 条河流	河长 /km				
		河流水域面积 /km²				
近岸海域	西部近岸海域	海岸线长度 /km				
		近岸海域面积 /km²				

表 4-2　宝安区水资源资产实物量表（2）

编制单位：　　　　　　　　　　　　　　　　　　　　　　　　　　　　　　　　年　　月

水资源资产指标		实物量指标	自然资源资产实物量		变化量	变化率 /%
			期初量	期末量		
来水分析	降雨量	降雨量 /mm				
	水资源量	地表水资源量 / 万 m³				
		地下水资源量 / 万 m³				
		水资源总量 / 万 m³				

续表

水资源资产指标	实物量指标	自然资源资产实物量		变化量	变化率 /%
		期初量	期末量		
蓄水动态	供水水库年末蓄水量	铁岗水库 / 万 m³			
		石岩水库 / 万 m³			
		罗田水库 / 万 m³			
		五指耙水库 / 万 m³			
		长流陂水库 / 万 m³			
		屋山水库 / 万 m³			
		立新水库 / 万 m³			
		九龙坑水库 / 万 m³			
供水量		本地自产水 / 万 m³			
		区外调水 / 万 m³			
		地下水源 / 万 m³			
		其他水源 / 万 m³			
水面动态		水域面积 /km²			
		水面覆盖率 /%			

4.3.2 质量表

自然资源资产质量表可为自然资源资产价值核算和自然资源资产负债核算提供基础数据支撑。宝安区水资源资产质量表具体分为饮用水资源资产质量表、景观水资源资产质量表、近岸海域资源资产质量表和地下水资源资产质量表等。

4.3.2.1 饮用水资源资产质量表

考虑到国家已经颁发相关标准，因此宝安区饮用水资源资产质量表直接参照《地表水环境质量标准》（GB 3838—2002）Ⅲ类标准进行编制，如表 4-3 所示。

表 4-3 宝安区饮用水资源资产质量表　　　　（单位：mg/L）

编制单位：　　　　　　　　　　　　　　　　　　　　　　　　　　　　年　月

分类项目	《地表水环境质量标准》（GB 3838—2002）Ⅲ类标准	期初值	期末值	同比变化幅度 /%
pH（无量纲）	6～9			
溶解氧≥	5			
高锰酸盐指数≤	6			
化学需氧量（COD）≤	20			
五日生化需氧量（BOD₅）≤	4			
氨氮（NH₃-N）≤	1.0			
总磷（以 P 计）≤	0.05			

续表

分类项目	《地表水环境质量标准》（GB 3838—2002）Ⅲ类标准	期初值	期末值	同比变化幅度 /%
总氮（湖、库，以N计）≤	1.0			
铜≤	1.0			
锌≤	1.0			
氟化物（以F⁻计）≤	1.0			
硒≤	0.01			
砷≤	0.05			
汞≤	0.000 1			
镉≤	0.005			
铬（六价）≤	0.05			
铅≤	0.05			
氰化物≤	0.2			
挥发酚≤	0.005			
石油类≤	0.05			
阴离子表面活性剂≤	0.2			
硫化物≤	0.2			
粪大肠菌群 /（个 /L）≤	10 000			
水质评价结果（平均综合污染指数）				

4.3.2.2 景观水资源资产质量表

1. 小（2）型以上水库资源资产质量表

考虑到宝安区将所有小（2）型以上非饮用水源水库都当作备用水源，因此小（2）型以上水库资源资产质量表直接参照《地表水环境质量标准》（GB 3838—2002）Ⅲ类标准进行编制，如表4-4所示。

表4-4　宝安区小（2）型以上水库资源资产质量表　　（单位：mg/L）

编制单位：　　　　　　　　　　　　　　　　　　　　　　　　　　　　　　年　月

分类项目	《地表水环境质量标准》（GB 3838—2002）Ⅲ类标准	期初值	期末值	同比变化幅度 /%
pH（无量纲）	6～9			
溶解氧≥	5			
高锰酸盐指数≤	6			
化学需氧量（COD）≤	20			
五日生化需氧量（BOD₅）≤	4			
氨氮（NH₃-N）≤	1.0			
总磷（以P计）≤	0.05			
总氮（湖、库，以N计）≤	1.0			

续表

分类项目	《地表水环境质量标准》（GB 3838—2002）Ⅲ类标准	期初值	期末值	同比变化幅度 /%
铜≤	1.0			
锌≤	1.0			
氟化物（以 F⁻ 计）≤	1.0			
硒≤	0.01			
砷≤	0.05			
汞≤	0.000 1			
镉≤	0.005			
铬（六价）≤	0.05			
铅≤	0.05			
氰化物≤	0.2			
挥发酚≤	0.005			
石油类≤	0.05			
阴离子表面活性剂≤	0.2			
硫化物≤	0.2			
粪大肠菌群 /（个 /L）≤	10 000			
水质评价结果（平均综合污染指数）				

2. 河流资源资产质量表

宝安区河流资源资产质量表如表 4-5 所示，纵列为 66 条河流名称，横列为每条河流期初、期末的水质类别，以及期初、期末的平均综合污染指数。

表 4-5　宝安区河流资源资产质量表

编制单位：　　　　　　　　　　　　　　　　　　　　　　　　　　　　　年　月

序号	河流名称	水质类别		平均综合污染指数	
		期初值	期末值	期初值	期末值
1	茅洲河				
2	西乡河				
3	新圳河				
...	...				

4.3.2.3　近岸海域资源资产质量表

宝安区近岸海域水质目标为达到Ⅲ类功能区要求，因此宝安区近岸海域资源资产质量表直接参照《海水水质标准》（GB 3097—1997）Ⅲ类标准进行编制，如表 4-6 所示。

表 4-6 宝安区近岸海域资源资产质量表   （单位：mg/L）

编制单位：   年 月

分类项目	《海水水质标准》（GB 3097—1997）Ⅲ类标准	期初值	期末值	同比变化幅度 /%
pH	6.8 ～ 8.8			
溶解氧≥	4			
悬浮物≤	100			
化学需氧量（COD）≤	4			
五日生化需氧量（BOD₅）≤	4			
活性磷酸盐≤	0.030			
非离子氨≤	0.020			
无机氮≤	0.40			
铜≤	0.050			
锌≤	0.100 0			
砷≤	0.050			
汞≤	0.000 2			
镉≤	0.010			
铅≤	0.010			
石油类≤	0.30			
粪大肠菌群 /（个 /L）≤	10 000			
水质评价结果（最大因子评价法）				

4.3.2.4 地下水资源资产质量表

宝安区地下水资源资产质量表如表 4-7 所示，纵列为 13 个地下水水质监测井序号，横列为监测井所在社区、经纬度、井深、水井用途、管理单位、水质类别和综合污染指数。

表 4-7 宝安区地下水资源资产质量表

编制单位：   年 月

序号	社区	经纬度	井深 /m	水井用途	管理单位	水质类别		综合污染指数	
						期初值	期末值	期初值	期末值
1	罗田								
2	溪头								
3	潭头								
4	上寮								
5	黄埔								
6	桥头								
7	凤凰								
8	罗租								

续表

序号	社区	经纬度	井深 /m	水井用途	管理单位	水质类别		综合污染指数	
						期初值	期末值	期初值	期末值
9	塘头								
10	黄麻布								
11	钟屋								
12	上合								
13	布心								

4.3.3　价值表

核算水资源资产价值是编制水资源资产负债表的目标，以货币为衡量标准对水资源资产进行价值计算，能够将不同性质的各类自然资源资产进行统一度量和比较。目前，自然资源资产价值核算仍处于探索阶段，没有形成统一的标准和系统的核算程序（赵军和杨凯，2006；陈玥等，2015；孙玥璠和徐灿宇，2006）。宝安区水资源资产价值包括实物资产价值和生态系统服务功能价值。

4.3.3.1　饮用水资源资产价值表

宝安区饮用水资源资产价值包括实物资产价值和生态系统服务功能价值，实物资产价值包含供水、水产品生产及其他实物资产价值，如表4-8所示；生态系统服务功能价值包含涵养水源、调蓄洪水、固碳、释氧、水质净化、调节小气候、生物多样性维持等价值，如表4-9所示。宝安区4个饮用水源水库生态系统服务功能价值评估指标详见表4-10，各指标计算方法见表4-11。

表 4-8　宝安区饮用水源水库实物资产价值表

编制单位：　　　　　　　　　　　　　　　　　　　　　　　　　　　年　月

序号	分类	物质量 /t		平均价格 /（元 /kg）		价值 / 万元	
		期初值	期末值	期初值	期末值	期初值	期末值
1	供水						
2	水产品生产						
3	其他						
	合计			/	/		

表 4-9　宝安区饮用水源水库生态系统服务功能价值表

（单位：万元）

年　月

编制单位：

饮用水源	涵养水源		调蓄洪水		固碳		释氧		水质净化		调节小气候		生物多样性维持		总价值	
	期初值	期末值	期初值	期末值	期初值	期末值	期初值	期末值	期初值	期末值	期初值	期末值	期初值	期末值	期初值	期末值
铁岗水库																
石岩水库																
罗田水库																
长流陂水库																

表 4-10　宝安区饮用水源水库生态系统服务功能价值评估指标统计表

序号	饮用水源	涵养水源	调蓄洪水	固碳	释氧	水质净化	调节小气候	生物多样性维持
1	铁岗水库	√	√	需实测	需实测	√	√	√
2	石岩水库	√	√	需实测	需实测	√	√	√
3	罗田水库	√	√	需实测	需实测	√	√	√
4	长流陂水库	√	√	需实测	需实测	√	√	√

表 4-11　宝安区饮用水源水库价值核算方法汇总

价值类型	研究方法	所需数据、资料	数据获取方式
实物资产	市场价值法	供水量、年捕捞量、市场单价	《宝安区水资源公报》、广东省价格监测中心网站、深圳市宝安区统计局
涵养水源	替代工程法	单位库容造价成本、正常蓄水库容	市场调查、区环境保护和水务局
调蓄洪水	替代工程法	单位库容造价成本、总库容、防洪库容	市场调查、区环境保护和水务局
固碳	碳税法	水库水域面积、固碳价格、单位面积固碳量	遥感数据解译、市场调查、实地监测
释氧	生产成本法	水库水域面积、氧气价格、单位面积释氧量	遥感数据解译、市场调查、实地监测
水质净化	替代成本法	水库库容、污染物去除的单位成本、降解系数	实地监测、市场调查、区环境保护和水务局
		水库库容、污染物浓度、污染物去除率、污染物去除的单位成本	实地监测、市场调查、区环境保护和水务局
		入库污染物总量、出库污染物总量、当年与前一年水库污染物总量的变化量、污染物去除的单位成本	实地监测、市场调查
调节小气候	替代工程法	单位面积水域从环境中吸收的热量、水域面积、空调使用时间等	实地监测、遥感数据解译、《深圳高温补贴标准》
生物多样性维持	机会成本法	水库面积、单位面积生态效益	遥感数据解译、文献资料

1. 实物资产

（1）供水

宝安区水按用途分为农业用水、城市工业用水、城市居民生活用水、城市公共用水和生态环境用水 5 种，计算公式如下：

$$V_W = \sum Q_i \times P_i \tag{4-1}$$

式中，V_W 为宝安区饮用水源水库供水总价值，单位为万元/年；Q_i 为第 i 种供水的供水量，单位为万 t/年；P_i 为第 i 种供水的市场价格，单位为元/t。

（2）水产品生产

将水产品分为淡水贝类、淡水虾类和淡水鱼类 3 种，计算公式如下：

$$V_S = \sum Q_i \times P_i \qquad (4\text{-}2)$$

式中，V_S 为水产品总价值，单位为万元 / 年；Q_i 为第 i 类水产品的年捕捞量，单位为 t/ 年；P_i 为第 i 类水产品的市场单价，单位为万元 /t。

2. 涵养水源

涵养水源价值评估采用替代工程法，用水利工程成本或造价来替代涵养水源的价值，计算公式如下：

$$U_{涵} = C_{库} \times Q \qquad (4\text{-}3)$$

式中，$U_{涵}$ 为涵养水源价值，单位为万元 / 年；$C_{库}$ 为单位库容造价成本，单位为元 /m³；Q 为正常蓄水库容，单位为万 m³。

3. 调蓄洪水

调蓄洪水价值评估采用替代工程法，用水利工程成本或造价来替代调蓄洪水的价值，计算公式如下：

$$U_{调} = C_{库} \times (Q_{总} - Q_{防}) \qquad (4\text{-}4)$$

式中，$U_{调}$ 为调蓄洪水价值，单位为万元 / 年；$C_{库}$ 为单位库容造价成本，单位为元 /m³；$Q_{总}$ 为总库容，单位为万 m³；$Q_{防}$ 为防洪库容，单位为万 m³。

4. 固碳

固碳价值评估采用碳税法，计算公式如下：

$$U_{碳} = A \times C_{碳} \times Q_{碳} \qquad (4\text{-}5)$$

式中，$U_{碳}$ 为固碳价值，单位为万元 / 年；A 为水库水域面积，单位为万 m²；$C_{碳}$ 为固碳价格，单位为元 /t；$Q_{碳}$ 为单位面积水库固碳量，单位为 t/(m² · 年)。

5. 释氧

释氧价值评估采用生产成本法，计算公式如下：

$$U_{氧} = A \times C_{氧} \times Q_{氧} \qquad (4\text{-}6)$$

式中，$U_{氧}$ 为释氧价值，单位为万元 / 年；A 为水库水域面积，单位为万 m²；$C_{氧}$ 为氧气价格，单位为元 /t；$Q_{氧}$ 为单位面积水库释氧量，单位为 t/(m² · 年)。

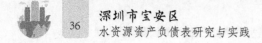

6. 水质净化

水质净化价值评估采用替代成本法，选取的污染因子为 COD、总氮和总磷，具体计算公式有如下 3 种。

1）降解系数法。该方法适用于各种功能区划范围内的湿地，如自然保护区、水源地等。计算公式为

$$U_净 = \sum W_i \times Q \times K_i \tag{4-7}$$

式中，$U_净$ 为水质净化价值，单位为元 / 年；W_i 为净化单位体积中第 i 种污染物的价格，单位为元 /($m^3 \cdot$ 年)；Q 为水库库容，单位为 m^3；K_i 为第 i 种污染物的降解系数，单位为 / 年。

降解系数计算公式为（或直接参考文献）

$$K_i = \sum 86.4 \times (\ln C_1 - \ln C_2) \times U/L \tag{4-8}$$

式中，C_1、C_2 分别为相邻上、下游断面的第 i 种污染物浓度，单位为 mg/L；U 为平均流速，单位为 m/s；L 为上、下断面间距，单位为 km。

2）模拟实验法。计算公式为

$$U_净 = \sum S_i \times x_i \times Q \times C_{净 i} \times 10^{-6} \tag{4-9}$$

式中，$U_净$ 为水质净化价值，单位为万元 / 年；S_i 为第 i 种污染物的浓度，单位为 mg/L；x_i 为第 i 种污染物去除率；Q 为水库库容，单位为 m^3；$C_{净 i}$ 为净化第 i 种污染物的单位成本，单位为万元 /t。

3）差值法。计算公式为

$$U_净 = \sum (Q_1 - Q_2 - \Delta S) \times C_净 \tag{4-10}$$

式中，$U_净$ 为净化水质价值，单位元 / 年；Q_1 为入库第 i 种污染物的总量，单位为 t/ 年，$Q_1 = Q_降 + Q_调 + Q_污$，其中 $Q_降$ 为降雨带来第 i 种污染物的量，$Q_调$ 为调水带来第 i 种污染物的量，$Q_污$ 为下雨天污水排入带来第 i 种污染物的量；Q_2 为出库第 i 种污染物的总量，单位为 t/ 年；ΔS 为当年与前一年第 i 种污染物总量的变化量，单位为 t/ 年，$\Delta S = V \times \Delta c$，其中 V 为水库库容，单位为 m^3，Δc 为当年与前一年第 i 种污染物浓度的差值，单位为 10^{-6} mg/L；$C_净$ 为净化第 i 种污染物的单位成本，单位为元 /t。

7. 调节小气候

调节小气候价值评估采用替代工程法，具体计算公式如下：

$$W_g = A \times n \times t \times E \times F + \alpha \times Q \times F \qquad (4\text{-}11)$$

式中，W_g 为调节小气候价值，单位为万元；A 为水库水域面积，单位为万 m^2；n 为单位面积空调的数量，单位为台 $/m^2$；t 为空调使用时间，单位为 h；E 为空调功率，单位为 kW；F 为深圳市电价，单位为元 $/(kW \cdot h)$；α 为 $1m^3$ 水蒸发耗电量（市场常见加湿器功率为 32W，将 $1m^3$ 水转化为蒸汽耗电量约为 $125kW \cdot h$），单位为 $kW \cdot h$；Q 为水面蒸发的水量，单位为万 m^3。

8. 生物多样性维持

生物多样性维持价值评估采用机会成本法，计算公式如下：

$$V_a = M_a \times S_a \qquad (4\text{-}12)$$

式中，V_a 为生物多样性维持价值，单位为万元；M_a 为单位面积生态效益，单位为万元 $/hm^2$；S_a 为河流面积，单位为 hm^2。

4.3.3.2 景观水资源资产价值表

（一）小（2）型以上水库资源资产价值表

宝安区景观水资源资产价值表，包括小（2）型以上水库水资源资产价值表和河流水资源资产价值表。小（2）型以上水库资源资产价值包括实物资产价值和生态系统服务功能价值，如表 4-12 和表 4-13 所示。小（2）型以上水库生态系统服务功能价值评估指标详见表 4-14，各指标计算方法见表 4-15。

表 4-12 宝安区小（2）型以上水库实物资产价值表

编制单位：　　　　　　　　　　　　　　　　　　　　　　　　　　　　　　　年　月

序号	分类	物质量 /t		平均价格 /（元 /kg）		价值 /万元	
		期初值	期末值	期初值	期末值	期初值	期末值
1	供水						
2	水产品生产						
3	其他						
	合计			/	/		

表 4-13　宝安区小（2）型以上水库生态系统服务功能价值表

（单位：万元）

编制单位：　　　　　　　　　　　　　　　　　　　　　　　　　　　　　　　　　　　　年　月

水库名称	涵养水源		调蓄洪水		固碳		释氧		水质净化		调节小气候		休闲娱乐		生物多样性维持		总价值	
	期初值	期末值	期初值	期末值	期初值	期末值	期初值	期末值	期初值	期末值	期初值	期末值	期初值	期末值	期初值	期末值	期初值	期末值
九龙坑水库																		
七沥水库																		
屋山水库																		
立新水库																		
五指耙水库																		
老虎坑水库																		
担水河水库																		
石陂头水库																		
牛牯斗水库																		

表 4-14　宝安区小（2）型以上水库生态系统服务功能价值评估指标统计表

序号	水库名称	涵养水源	调蓄洪水	固碳	释氧	水质净化	调节小气候	休闲娱乐	生物多样性维持
1	老虎坑水库	√	√	需实测	需实测	√	√		√
2	五指耙水库	√	√	需实测	需实测		√		√
3	立新水库	√	√	需实测	需实测	√	√	√	√
4	七沥水库	√	√	需实测	需实测	√	√		√
5	屋山水库	√	√	需实测	需实测		√	√	√
6	九龙坑水库	√	√	需实测	需实测		√		√
7	担水河水库	√	√	需实测	需实测		√		√
8	牛牯斗水库		√	需实测	需实测		√		√
9	石陂头水库	√	√	需实测	需实测		√		√

表 4-15　宝安区小（2）型以上水库资产价值核算方法汇总

价值类型	研究方法	所需数据、资料	数据获取方式
实物资产	市场价值法	供水量、年捕捞量、市场单价	《宝安区水资源公报》、广东省价格监测中心网址、深圳市宝安区统计局
涵养水源	替代工程法	单位库容造价成本、正常蓄水库容	市场调查、区环境保护和水务局
调蓄洪水	替代工程法	单位库容造价成本、总库容、防洪库容	市场调查、区环境保护和水务局
固碳	碳税法	水库水域面积、固碳价格、单位面积固碳量	遥感数据解译、市场调查、实地监测
释氧	生产成本法	水库水域面积、氧气价格、单位面积释氧量	遥感数据解译、市场调查、实地监测
水质净化	替代成本法	水库库容、污染物去除的单位成本、降解系数、污染物浓度、污染物去除率、污染物去除的单位成本	实地监测、市场调查、区环境保护和水务局
		入库污染物总量、出库污染物总量、当年与前一年水库污染物总量的变化量、污染物去除的单位成本	实地监测、市场调查
调节小气候	替代工程法	单位面积水域从环境中吸收的热量、水域面积、空调使用时间等	实地监测、遥感数据解译、《深圳高温补贴标准》
休闲娱乐	条件价值法	最高支付意愿平均值、常住人口数量	问卷调查、统计年鉴
生物多样性维持	机会成本法	水库面积、单位面积生态效益	遥感数据解译、文献资料

1. 实物资产

（1）供水

宝安区水按用途分为农业用水、城市工业用水、城市居民生活用水、城市公共用水和生态环境用水 5 种，计算公式见式（4-1）。

（2）水产品生产

将水产品分为淡水贝类、淡水虾类和淡水鱼类 3 种，计算公式见式（4-2）。

2. 涵养水源

涵养水源价值评估采用替代工程法，用水利工程成本或造价来替代涵养水源的价值，计算公式见式（4-3）。

3. 调蓄洪水

调蓄洪水价值评估采用替代工程法，用水利工程成本或造价来替代调蓄洪水的价值，计算公式见式（4-4）。

4. 固碳

固碳价值评估采用碳税法，计算公式见式（4-5）。

5. 释氧

释氧价值评估采用生产成本法，计算公式见式（4-6）。

6. 水质净化

水质净化价值评估采用替代成本法，计算公式见式（4-7）～式（4-10）。

7. 调节小气候

调节小气候价值评估采用替代工程法，计算公式见式（4-11）。

8. 休闲娱乐

休闲娱乐价值评估采用条件价值法（CVM），计算公式如下：

$$W_q = CVM \times P \qquad\qquad (4\text{-}13)$$

式中，W_q 为休闲娱乐价值，单位为万元／年；CVM 为最高支付意愿平均值，单位为元／（年·人）；P 为宝安区常住人口数量，单位为万人。

9. 生物多样性维持

河流生物多样性维持价值评估采用机会成本法，计算公式见式（4-12）。

（二）河流资源资产价值表

河流资源资产价值包括实物资产价值和生态系统服务功能价值，如表 4-16 和表 4-17 所示。河流生态系统服务功能价值评估指标详见表 4-18，各指标计算方法见表 4-19。

表 4-16 宝安区河流实物资产价值表

编制单位：   年　月

序号	分类	物质量/t		平均价格/(元/kg)		价值/万元	
		期初值	期末值	期初值	期末值	期初值	期末值
1	供水						
2	水产品生产						
3	其他						
	合计			/	/		

表 4-17 宝安区河流生态系统服务价值表

（单位：万元）

编制单位：   年　月

河流名称	内陆航运		贮水		河流输沙		调蓄洪水		水质净化		气候调节		休闲娱乐		生物多样性维持		总价值	
	期初值	期末值	期初值	期末值	期初值	期末值	期初值	期末值	期初值	期末值	期初值	期末值	期初值	期末值	期初值	期末值	期初值	期末值
茅洲河																		
西乡河																		
……																		

表 4-18   宝安区 66 条河流生态系统服务功能价值评估指标统计表

序号	河流名称	内陆航运	贮水	河流输沙	调蓄洪水	水质净化	气候调节	休闲娱乐	生物多样性维持
1	茅洲河	√	√	√	√	需实测	√	√	√
2	罗田水		√	√	√	需实测	√		√
3	龟岭东水		√		√	需实测			
4	老虎坑水		√		√	需实测			
5	塘下涌		√		√	需实测			
6	沙埔西排洪渠		√		√	需实测	√		
7	沙井河		√	√	√	需实测	√	√	√
8	潭头河		√		√	需实测	√	√	
9	潭头渠		√		√	需实测	√		
10	东方七支渠		√		√	需实测			
11	松岗河		√	√	√	需实测	√	√	√
12	道生围涌		√		√	需实测			
13	共和村排洪渠		√		√	需实测	√		
14	排涝河		√	√	√	需实测	√		√
15	新桥河		√	√	√	需实测	√		√
16	上寮河		√		√	需实测	√		
17	万丰河		√		√	需实测	√		
18	石岩渠		√		√	需实测	√		
19	衙边涌		√		√	需实测	√		
20	德丰围涌		√		√	需实测	√		
21	石围涌		√		√	需实测	√		
22	下涌		√		√	需实测	√		
23	沙涌		√		√	需实测	√		
24	南环河		√		√	需实测	√		
25	和二涌		√		√	需实测	√		
26	沙福河		√		√	需实测	√		
27	塘尾涌		√		√	需实测	√		
28	和平涌		√		√	需实测	√		
29	玻璃围涌		√		√	需实测	√		
30	四兴涌		√		√	需实测	√		
31	坳颈涌		√		√	需实测	√		
32	灶下涌		√		√	需实测	√		
33	虾山涌		√		√	需实测	√		
34	孖庙涌		√		√	需实测	√		

续表

序号	河流名称	内陆航运	贮水	河流输沙	调蓄洪水	水质净化	气候调节	休闲娱乐	生物多样性维持
35	福永河		√		√	需实测	√		
36	机场北排水渠		√		√	需实测			
37	机场内排水渠		√		√	需实测	√		
38	机场外排水渠		√	√	√	需实测	√	√	√
39	三支渠		√		√	需实测	√		
40	钟屋排洪渠		√		√	需实测			
41	新涌		√		√	需实测	√		
42	铁岗水库排洪河		√	√	√	需实测	√		√
43	九围河		√		√	需实测	√		
44	黄麻布河		√		√	需实测	√		
45	南昌涌		√		√	需实测	√		
46	固成涌		√		√	需实测	√		
47	共乐涌		√		√	需实测			
48	西乡大道分流渠		√		√	需实测			
49	西乡河		√	√	√	需实测	√	√	√
50	西乡咸水涌		√	√	√	需实测	√	√	
51	新圳河		√		√	需实测	√		√
52	双界河		√		√	需实测	√	√	
53	石岩河		√	√	√	需实测	√		√
54	沙芋沥		√		√	需实测	√		
55	樵窝坑（塘坑河）		√		√	需实测	√		
56	龙眼水		√		√	需实测	√		
57	田心水		√		√	需实测	√		
58	上排水		√		√	需实测	√		
59	王家庄河		√		√	需实测	√		
60	深坑沥（上屋水）		√		√	需实测	√		
61	天圳河		√		√	需实测	√		
62	水田支流		√		√	需实测	√		
63	石龙仔		√		√	需实测	√		
64	应人石河		√		√	需实测	√		
65	石陂头支流		√		√	需实测	√		
66	塘头地下河		√		√	需实测			

注：1～19属于茅洲河片区，20～40属于大空港片区，41～52属于前海湾片区，53～66属于铁岗石岩水库水源保护区

表 4-19　宝安区河流资产价值核算方法汇总

价值类型	研究方法	所需数据、资料	数据获取方式
实物资产	市场价值法	供水量、年捕捞量、市场单价	《宝安区水资源公报》、广东省价格监测中心网站、深圳市宝安区统计局
内陆航运	市场价值法	货物周转量、旅客周转量、单价	统计年鉴
贮水	替代工程法	多年平均径流、单位库容造价成本	区环境保护和水务局
河流输沙	替代成本法	年均输沙量、人工清理费用	实地监测、市场调查
调蓄洪水	影子工程法	最高最低水位差、河道面积、单位库容造价成本	实地监测、遥感数据解译
水质净化	防治成本法	污染物治理成本、废水排放量、计算水环境容量所需的各种参数	区环境保护和水务局、实地监测
气候调节	替代工程法	水面蒸发所吸收的热量、蒸发水量、水域面积	实地监测、文献资料
休闲娱乐	条件价值法	最高支付意愿平均值、常住人口数量	问卷调查
生物多样性维持	支付意愿法	珍稀物种类别、物种价格	生物多样性调查、文献资料

1. 实物资产

（1）供水

宝安区水按用途分为农业用水、城市工业用水、城市居民生活用水、城市公共用水和生态环境用水 5 种，计算公式见式（4-1）。

（2）水产品生产

将水产品分为淡水贝类、淡水虾类和淡水鱼类 3 种，计算公式见式（4-2）。

2. 内陆航运

根据运输对象，将航运分为货运和客运 2 种，计算公式如下：

$$V_n = (Q_1 P_1 + Q_2 P_2) \times 10^{-4} \tag{4-14}$$

式中，V_n 为内陆航运价值，单位为万元 / 年；Q_1 为内陆航运的货物周转量，单位为 $t \cdot km$ / 年；P_1 为货物水运的单位价值，单位为元 /$(t \cdot km)$；Q_2 为内陆航运的旅客周转量，单位为人 $\cdot km$/ 年；P_2 为旅客水运的单位价值，单位为元 /（人 $\cdot km$）。

3. 贮水

贮水价值评估采用替代工程法进行评估，计算公式如下：

$$V_r = A \times P_c \tag{4-15}$$

式中，V_r 为贮水价值，单位为万元；A 为河流潜在的贮水量（为河流多年平均径流量的 70%），单位为亿 m^3；P_c 为潜在贮水量的获得成本（单位库容造价成本），单位为元 /m^3。

4. 河流输沙

河流输沙价值评估采用替代成本法进行评估，计算公式如下：

$$V_C = Q_C \times P_C \times 10^{-4} \qquad (4\text{-}16)$$

式中，V_C 为河流输沙价值，单位为万元 / 年；Q_C 为河流年均输沙量，单位为 t/ 年；P_C 为人工清理河道成本费用，单位为元 /t。

5. 调蓄洪水

调蓄洪水价值评估采用影子工程法，计算公式如下：

$$V_f = Q \times P_C \qquad (4\text{-}17)$$

$$Q = (H_{max} - H_{min}) \times S \qquad (4\text{-}18)$$

式中，V_f 为调蓄洪水价值，单位为元 / 年；Q 为河流调蓄洪水能力，单位为 m^3/ 年；P_C 为单位库容造价成本，单位为元 /m^3；H_{max} 为最高水位，单位为 m；H_{min} 为最低水位，单位为 m；S 为河道面积，单位为 m^2。

6. 水质净化

水质净化价值评估采用防治成本法，选取的污染因子为 COD、总氮和总磷。

1）如果河流水环境质量达标，计算公式如下：

$$V_P = \sum Q_i \times P_i \qquad (4\text{-}19)$$

式中，V_P 为水质净化价值，单位为万元 / 年；Q_i 为排入河流中的工业废水量和生活废水量，单位为万 t/ 年；P_i 为工业废水和生活污水处理费用，单位为元 /t。

2）如果河流水环境质量不达标，计算公式如下：

$$V_P = \sum W_i \times P_i \qquad (4\text{-}20)$$

式中，V_P 为水质净化价值，单位为万元 / 年；W_i 为第 i 种污染物的水环境容量（根据《水域纳污能力计算规程》，结合每条河流的实际情况，选择零维、一维或二维的水质模型计算纳污能力），单位为万 t/ 年；P_i 为第 i 种污染物的处理费用，单位为元 /t。

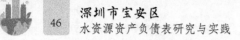

7. 气候调节

气候调节价值评估采用替代工程法，具体计算公式如下：

$$W_g = \frac{Q_1}{3600} \times \frac{F}{\alpha} + \beta \times Q_2 \times F \qquad (4\text{-}21)$$

式中，W_g 为气候调节价值，单位为元；Q_1 为水面蒸发所吸收的热值，单位为 kJ；α 为空调效能比（取值为 3.0）；F 为深圳市电价，单位为元 $/(\text{kW} \cdot \text{h})$；$\beta$ 为 1m^3 水蒸发耗电量（市场常见加湿器功率为 32W，将 1m^3 水转化为蒸汽耗电量约为 $125\text{kW} \cdot \text{h}$），单位为 $\text{kW} \cdot \text{h}$；Q_2 为水面蒸发的水量，单位为万 m^3。

8. 休闲娱乐

休闲娱乐价值评估采用条件价值法，计算公式见式（4-13）。

9. 生物多样性维持

生物多样性维持价值评估采用支付意愿法，计算公式如下：

$$W = M_i \qquad (4\text{-}22)$$

式中，W 为生物多样性维持价值，单位为万元；M_i 为第 i 种物种价格，单位为万元。

4.3.3.3 近岸海域资源资产价值表

宝安区近岸海域资源资产价值包括实物资产价值和生态系统服务功能价值。其中，实物资产价值包括鱼类、甲壳类（虾、蟹）、贝类、藻类、头足类及其他资产价值，如表 4-20 所示；生态系统服务功能价值包括氧气生产、气候调节、废弃物处理、休闲娱乐、科研服务、物种多样性维持、生态系统多样性维持等，如表 4-21 所示。各指标计算方法见表 4-22。

表 4-20 宝安区近岸海域实物资产价值表

编制单位：　　　　　　　　　　　　　　　　　　　　　　　　　　　　　　　　年　月

序号	分类	物质量 /t		平均价格 /（元 /kg）		价值 / 万元	
		期初值	期末值	期初值	期末值	期初值	期末值
1	鱼类						
2	甲壳类（虾、蟹）						
3	贝类						
4	藻类						
5	头足类						
6	其他						
合计			/		/		/

表 4-21 宝安区近岸海域生态系统服务功能价值表

（单位：万元）

编制单位：　　　　　　　　　　　　　　　　　　　　　　　　　　　　　　　　年　月

近岸海域资源	氧气生产		气候调节		废弃物处理		休闲娱乐		科研服务		生态系统多样性维持				总价值	
											物种多样性维持		生态系统多样性维持			
	期初值	期末值	期初值	期末值	期初值	期末值	期初值	期末值	期初值	期末值	期初值	期末值	期初值	期末值	期初值	期末值
西部海域																

表 4-22　宝安区近岸海域资产价值核算方法汇总

价值类型	研究方法	所需数据、资料	数据获取方式
实物资产	市场价值法	各类海产品数量、海产品平均市场价格	统计年鉴、广东价格指数平台
氧气生产	替代成本法	评估海域面积、浮游植物初级生产力、大型藻类干重	遥感数据解译、实地监测
气候调节	替代市场价格法	评估海域面积、浮游植物初级生产力、大型藻类干重	遥感数据解译、实地监测
废弃物处理	替代成本法	废水处理设施运行费用、废水产生量、废水处理率、COD 排放量、氮污染物排放量、磷污染物排放量	统计监测数据
休闲娱乐	旅行费用法 / 收入替代法	旅客旅行费用、旅游总人数	问卷调查、统计年鉴
科研服务	直接成本法	科研论文数量、每篇论文科研经费投入	科技文献检索引擎、国家海洋局部门年度预算
物种多样性维持	条件价值法	支付意愿、城镇人口数	问卷调查、统计年鉴
生态系统多样性维持	条件价值法	支付意愿、城镇人口数	问卷调查、统计年鉴

1. 海产品平均市场价格计算方法

海产品共分为 6 类：鱼类、甲壳类（虾、蟹）、贝类、头足类、藻类和其他，分别计算每类的平均价格。某类水产品平均价格计算方法如下。

1）确定评估海域海产品的主要品种。以鱼类为例，若评估海域鱼类产品共 n 种，先将 n 种鱼的产量从高到低排序，并依次累加。假如前 m 种鱼的累计产量达到鱼类总产量的 70%，则这 m 种鱼即确定为鱼类的主要品种。其他 5 类海产品的主要品种依此法确定。

2）将该类海产品各主要品种的市场价格乘以各自产量占所有主要品种总产量的比例得出该类水产品的平均价格。具体计算公式如下：

$$P=\sum P_i \times k_i \tag{4-23}$$

式中，P 为某类海产品的平均市场价格，单位为元 /kg；P_i 为第 i 个主要品种的年平均单价，单位为元 /kg；k_i 为第 i 个主要品种产量占所有主要品种总产量的比例。

3）年平均单价的计算方法推荐两种，应根据实际情况选用。

第一种方法：以 12 个月的月平均单价计算年平均单价。

第二种方法：每季度选取一个代表月，求 4 个代表月的月平均单价作为年平均单价。宜选取 2 月、5 月、8 月、11 月为代表月。

4）月平均单价的计算方法推荐两种。

第一种方法：采用统计部门、海洋渔业主管部门、价格发布平台或者水产品批发市场提供的月平均单价。

第二种方法：从每月的上、中、下旬各选取一个代表日，计算三个代表日的日平均单价作为月平均单价。宜选取 5 日、15 日、25 日为代表日。

2. 氧气生产

1）氧气产生价值采用替代成本法进行评估，计算公式如下：

$$V_{O_2}=Q_{O_2}\times P_{O_2}\times 10^{-4} \tag{4-24}$$

式中，V_{O_2} 为氧气生产价值，单位为万元 / 年；Q_{O_2} 为氧气的生产量，单位为 t/ 年；P_{O_2} 为人工生产氧气的单位成本，单位为元 /t。

人工生产氧气的单位成本宜采用评估年份钢铁业采用液化空气法制造氧气的平均生产成本，主要包括设备折旧费用、动力费用、人工费用等，也可根据评估海域实际情况进行调整。

2）氧气的生产量应采用海洋植物通过光合作用过程产生氧气的数量进行评估，包括两个部分，分别是浮游植物初级生产提供的氧气量和大型藻类初级生产提供的氧气量。

$$Q_{O_2}=Q'_{O_2}\times S\times 365\times 10^{-3}+Q''_{O_2} \tag{4-25}$$

式中，Q_{O_2} 为氧气的生产量，单位为 t/ 年；Q'_{O_2} 为单位时间单位面积水域浮游植物产生的氧气量，单位为 mg/(m^2·天）；S 为评估海域的水域面积，单位为 km^2；Q''_{O_2} 为大型藻类生产的氧气量，单位为 t/ 年。

3）浮游植物初级生产提供的氧气量计算公式如下：

$$Q'_{O_2}=2.67\times Q_{PP} \tag{4-26}$$

式中，Q'_{O_2} 为单位时间单位面积水域浮游植物产生的氧气量，单位为 mg/(m^2·天）；Q_{PP} 为浮游植物的初级生产力，单位为 mg/(m^2·天）。

浮游植物的初级生产力数据宜采用评估海域实测初级生产力数据的平均值。若评估海域初级生产力空间变化较大，宜采用按克里金插值后获得的分区域初级生产力平均值进行分区计算，再进行加总。

4）大型藻类初级生产提供氧气量的计算公式如下：

$$Q''_{O_2}=1.19\times Q_A \tag{4-27}$$

式中，Q''_{O_2} 为大型藻类生产的氧气量，单位为 t/ 年；Q_A 为大型藻类的干重，单位为 t/ 年。

3. 气候调节

1）气候调节价值应采用替代市场价格法进行评估，计算公式如下：

$$V_{CO_2}=Q_{CO_2}\times P_{CO_2}\times10^{-4} \tag{4-28}$$

式中，V_{CO_2} 为气候调节价值，单位为万元 / 年；Q_{CO_2} 为气候调节的物质量，单位为 t/ 年；P_{CO_2} 为 CO_2 排放权的市场交易价格，单位为元 /t。

CO_2 排放权的市场交易价格宜采用评估年份我国环境交易所或类似机构 CO_2 排放权的平均交易价格，也可根据评估海域实际情况进行调整。

2）气候调节的物质量评估有两种方法可以选用。

a. 基于海洋吸收大气 CO_2 的原理计算，适用于有海 - 气界面 CO_2 通量监测数据的大面积海域的评估。气候调节的物质量等于评价海域的水域面积乘以单位面积水域吸收 CO_2 的量。我国各海域每年吸收 CO_2 的量分别是：渤海 36.88t/ km^2，北黄海 35.21t/km^2，南黄海 20.94t/km^2，东海 2.50t/km^2，南海 4.76t/km^2。

b. 基于海洋植物（浮游植物和大型藻类）固定 CO_2 的原理计算，适用于小面积海域的评估，也可用于大面积海域的评估。气候调节的物质量等于评估海域的水域面积乘以单位面积水域浮游植物和大型藻类固定 CO_2 的量。

如果评估海域两种方法都适用，以第一种方法作为仲裁方法。

气候调节的物质量计算公式如下：

$$Q_{CO_2}=Q'_{CO_2}\times S\times365\times10^{-3}+Q''_{CO_2} \tag{4-29}$$

式中，Q_{CO_2} 为气候调节的物质量，单位为 t/ 年；Q'_{CO_2} 为单位时间单位面积水域浮游植物固定的 CO_2 量，单位为 mg/($m^2\cdot$ 天)；S 为评估海域的水域面积，单位为 km^2；Q''_{CO_2} 为大型藻类固定的 CO_2 量，单位为 t/ 年。

浮游植物固定 CO_2 量的计算公式如下：

$$Q'_{CO_2}=3.67\times Q_{PP} \tag{4-30}$$

式中，Q'_{CO_2} 为单位时间单位面积水域浮游植物固定的 CO_2 量，单位为 mg/($m^2\cdot$ 天)；Q_{PP} 为浮游植物的初级生产力，单位为 mg/($m^2\cdot$ 天)。

大型藻类固定 CO_2 量的计算公式如下：

$$Q''_{CO_2}=1.63\times Q_A \tag{4-31}$$

式中，Q''_{CO_2} 为大型藻类固定的 CO_2 量，单位为 t/ 年；Q_A 为大型藻类的干重，单位为 t/ 年。

4. 废弃物处理

1）废弃物处理价值采用替代成本法进行评估，计算公式如下：

$$V_{SW}=Q_{SWT}\times P_W\times 10^{-4} \tag{4-32}$$

式中，V_{SW} 为废弃物处理价值，单位为万元 / 年；Q_{SWT} 为废弃物处理的物质量，单位为 t/ 年；P_W 为人工处理废水（COD、氮、磷等）的单位价格，单位为元 /t。

人工处理废水（COD、氮、磷等）的单位价格宜采用评估海域毗邻行政区评估年份（COD、氮、磷等）处理设施的运行费用除以当年的废水（COD、氮、磷等）处理量得到，计算公式如下：

$$P_W=\frac{Q_{WC}}{Q_{WT}\times\eta} \tag{4-33}$$

式中，P_W 为人工处理废水（COD、氮、磷等）的单位价格，单位为元 /t；Q_{WC} 为评估海域毗邻行政区评估年份废水（COD、氮、磷等）处理设施的运行费用，单位为万元 / 年；Q_{WT} 为评估海域毗邻行政区评估年份废水（COD、氮、磷等）产生量，单位为万 t/ 年；η 为评估海域毗邻行政区评估年份废水（COD、氮、磷等）处理率。

2）废弃物处理的物质量评估有两种方法可以选用。

a. 对于已知环境容量的海域，宜采用环境容量值进行评估，废弃物处理的物质量按 COD、氮、磷等的容纳量计算，也可按排海废弃物的数量进行评估。

b. 对于未知环境容量的海域，宜采用排海废弃物的数量进行评估。排海废弃物主要考虑废水、COD、氮、磷等。

如果全部评估海域已知环境容量，基于环境容量值的计算方法作为仲裁方法。

废弃物处理（考虑排海废水）的物质量计算公式如下：

$$Q_{SWT}=Q_{WW}-Q_{WW}\times W\times 20\% \tag{4-34}$$

式中，Q_{SWT} 为废弃物处理（考虑排海废水）的物质量，单位为 t/ 年；Q_{WW} 为工业和生活废水产生量，单位为 t/ 年；W 为工业和生活废水所含污染物的质量分数（%），$Q_{WW}\times W$ 为工业和生活废水所含的污染物总量，单位为 t/ 年，$Q_{WW}\times W\times 20\%$ 为废水通过河流、沟渠入海过程中滞留在途中的污染物量，单位为 t/ 年，按 20% 的滞留率计算。

废弃物处理（考虑排海 COD、氮、磷等污染物）的物质量计算公式如下：

$$Q_{SWT}=Q_{WW}\times W\times(1-20\%) \tag{4-35}$$

式中，Q_{SWT} 为废弃物处理（考虑排海 COD、氮、磷等污染物）的物质量，单位为 t/年；Q_{WW} 为工业和生活废水产生量，单位为 t/年；W 为工业和生活废水所含污染物的质量分数（%）；（1-20%）为污染物的入海率。

5. 休闲娱乐

休闲娱乐价值评估主要考虑评估海域以自然海洋景观为主体的海洋旅游景区，若旅游人数很少，可不进行该项评估。休闲娱乐价值评估可采用两种方法。

1）若评估海域旅游景区较少（少于 8 个），则休闲娱乐价值宜采用分区旅行费用法或个人旅行费用法进行评估。休闲娱乐价值等于总旅行费用加上总消费者剩余。

2）若评估海域旅游景区较多（多于 8 个），难以针对每个景区开展问卷调查，则休闲娱乐价值宜使用收入替代法进行评估。

基于分区旅行费用法的休闲娱乐价值计算公式如下：

$$V_{ST} = \sum \int_0^Q F(Q) \tag{4-36}$$

式中，V_{ST} 为休闲娱乐价值，单位为万元/年；$F(Q)$ 为将问卷调查数据回归拟合得到的旅游需求函数。

$F(Q)$ 通过旅行费用问卷调查法获得。调查问卷应包括旅行者出发地、旅行次数、旅行费用、家庭收入等调查项目。

基于个人旅行费用法的休闲娱乐价值计算公式如下：

$$V_{ST} = (\overline{TC} + CS) \times P \tag{4-37}$$

式中，V_{ST} 为休闲娱乐价值，单位为万元/年；$\overline{TC}$ 为单个旅客旅行费用的平均值，单位为元/人；CS 为单个旅客的消费者剩余，单位为元/人；P 为旅游景区接待的旅游总人数，单位为万人/年。

$\overline{TC}$ 通过旅行费用问卷调查法获得，CS 通过对旅客旅行次数和旅行费用等进行参数回归分析后得到。

收入替代法的计算公式如下：

$$V_{ST} = \sum_j^m \sum_i^n (V_{Tj} \times F_{ji}) \tag{4-38}$$

式中，V_{ST} 为休闲娱乐价值，单位为万元/年；V_{Tj} 为评估海域毗邻的第 j 个沿海市（县）某年的旅游收入，单位为万元/年；F_{ji} 为评估海域内第 i 个海洋旅游景区对其所在市（县）j 旅游收入的调整系数；m 为评估海域毗邻沿海市（县）个数；n 为评估海域某个沿海市（县）的海洋旅游景区数。

F_{ji} 由景区海岸线长度系数 P_{ji} 和景区级别系数 Q_{ji} 组成，计算公式如下：

$$F_{ji} = \frac{(P_{ji} + Q_{ji})}{2} \qquad (4\text{-}39)$$

式中，P_{ji} 为景区海岸线长度系数；Q_{ji} 为景区级别系数。

景区海岸线长度系数计算公式如下：

$$P_{ji} = \frac{L_i}{\sum_i L_{ji}} \qquad (4\text{-}40)$$

式中，L_i 为评估海域内第 i 个海洋旅游景区的海岸线长度，单位为 km；$\sum_i L_{ji}$ 为第 i 个海洋旅游景区所在市（县）j 的主要海洋旅游景区海岸线长度总和，单位为 km。

景区级别系数计算公式如下：

$$Q_{ji} = \frac{D_i}{\sum_i D_{ji}} \qquad (4\text{-}41)$$

式中，D_i 为评估海域内第 i 个海洋旅游景区的景区级别分值；$\sum_i D_{ji}$ 为第 i 个海洋旅游景区所在市（县）j 的主要海洋旅游景区级别分值总和。

D_i 指根据国家旅游局评定的景区级别，赋以海洋旅游景区一定分值。5A 级景区赋值 6 分，4A 级景区赋值 5 分，依此类推，直到 1A 级景区赋值 2 分，未定景区级别但是在评估海域又相对重要的景区赋值 1 分，其他赋值 0 分。

6. 科研服务

科研服务价值采用直接成本法进行评估，计算公式如下：

$$V_{SR} = Q_{SR} \times P_R \qquad (4\text{-}42)$$

式中，V_{SR} 为科研服务价值，单位为万元 / 年；Q_{SR} 为科研服务的物质量，单位为篇 / 年；P_R 为每篇海洋类科技论文的科研经费投入，单位为万元 / 篇。

每篇海洋类科技论文的科研经费投入数据宜采用国家海洋局科技投入经费总数与同年发表的海洋类科技论文总数之比。

科研服务的物质量宜采用公开发表的以评估海域为调查研究区域或实验场所的海洋类科技论文数量进行评估。评估海域的科技论文数量应通过科技文献检索引擎查询筛选获得。

7. 物种多样性维持

物种多样性维持价值采用条件价值法进行评估。宜采用评估海域毗邻行政区（省、市、县）的城镇人口对该海域内海洋保护物种，以及当地有重要价值的海洋物种的支付意愿来评估物种多样性维持的价值。计算公式如下：

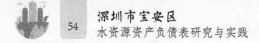

$$V_{SSD}=\sum WTP_j\times\frac{P_j}{H_j}\times\eta \qquad (4\text{-}43)$$

式中，V_{SSD} 为物种多样性维持价值，单位为万元/年；WTP_j 为物种多样性维持支付意愿，即评估海域内第 j 个沿海行政区（省、市、县）以家庭为单位的物种保护支付意愿的平均值，单位为元/(户·年)；P_j 为评估海域内第 j 个沿海行政区（省、市、县）的城镇人口数，单位为万人；H_j 为评估海域内第 j 个沿海行政区（省、市、县）的城镇平均家庭人口数，单位为人/户；η 为被调查群体的支付率。

　　8. 生态系统多样性维持

　　生态系统多样性维持价值采用条件价值法进行评估。宜采用评估海域毗邻行政区（省、市、县）的城镇人口对该海域内海洋自然保护区、海洋特别保护区和水产种质资源保护区的支付意愿来评估生态系统多样性维持的价值。计算公式如下：

$$V_{SED}=\sum WTP_j\times\frac{P_j}{H_j}\times\eta \qquad (4\text{-}44)$$

式中，V_{SED} 为生态系统多样性维持价值，单位为万元/年；WTP_j 为生态系统多样性维持支付意愿，即评估海域内第 j 个沿海行政区（省、市、县）以家庭为单位的保护区保护支付意愿的平均值，单位为元/(户·年)；P_j 为评估海域内第 j 个沿海行政区（省、市、县）的城镇人口数，单位为万人；H_j 为评估海域内第 j 个沿海行政区（省、市、县）的城镇平均家庭人口数，单位为人/户；η 为被调查群体的支付率。

4.3.3.4　地下水资源资产价值表

　　宝安区地下水资源资产价值包括实物资产价值和生态系统服务功能价值，实物资产价值主要指供水价值，如表 4-23 所示；生态系统服务功能价值包括稳定地质环境、保护生物多样性、科研服务等，如表 4-24 所示。各指标计算方法见表 4-25。

表 4-23　宝安区地下水实物资产价值表

编制单位：　　　　　　　　　　　　　　　　　　　　　　　　　　　　　　年　月

分类	物质量/t		平均价格/(元/kg)		价值/万元	
	期初值	期末值	期初值	期末值	期初值	期末值
供水						

表 4-24 宝安区地下水生态系统服务功能价值表 （单位：万元）

编制单位：   年 月

资源	稳定地质环境		保护生物多样性		科研服务		总价值	
	期初值	期末值	期初值	期末值	期初值	期末值	期初值	期末值
地下水								

表 4-25 宝安区地下水资产价值核算方法汇总

价值类型	研究方法	所需数据、资料	数据获取方式
实物资产	市场价值法	供水量、水价	《宝安区水资源公报》、深圳市宝安区水务局
稳定地质环境	治理成本法	单位面积修复费用、破坏面积	相关文献资料、实地丈量或遥感数据解译
保护生物多样性	机会成本法	单位面积年物种损失的机会成本、覆盖投影面积	相关文献研究
科研服务	直接成本法	科研论文数量、每篇论文科研经费投入	科技论文检索引擎、水利和环境保护部门预算

1. 供水

宝安区水按用途分为农业用水、城市工业用水、城市居民生活用水、城市公共用水和生态环境用水 5 种，计算公式见式（4-1）。

2. 稳定地质环境

稳定地质环境价值评估采用治理成本法，计算公式如下：

$$U_{稳}=\sum B_i \times A_i \tag{4-45}$$

式中，$U_{稳}$ 为稳定地质环境价值，单位为万元；B_i 为修复单位面积第 i 种地质破坏类型（如地面沉降、地裂缝、地面塌陷等）所需经费，单位为万元/hm^2；A_i 为第 i 种地质破坏类型面积，单位为 hm^2。

3. 保护生物多样性

保护生物多样性价值评估采用机会成本法，计算公式如下：

$$U_{生}=A \times S_{生} \tag{4-46}$$

式中，$U_{生}$ 为保护生物多样性价值，单位为万元/年；$S_{生}$ 为单位面积年物种损失的机会成本，单位为万元/（$hm^2 \cdot$ 年）；A 为地下水覆盖投影面积，单位为 hm^2。

4. 科研服务

科研服务价值采用直接成本法进行评估，计算公式见式（4-42）。

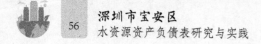

每篇地下水类科技论文的科研经费投入数据宜采用国家有关地下水的科技投入经费总数与同年发表的地下水类科技论文总数之比。

4.3.4 负债表

宝安区水资源资产负债表是一张包含资产、负债和净资产的综合报表，如表 4-26 所示。资产包括水资源资产和递延资产，由于污染治理或者生态恢复工程在资金投入的当期往往无法及时产生效益，因此需要将该部分资金按年摊销，这样所形成的待摊销资产称为递延资产。根据资金用途，宝安区水资源资产负债项包括污染治理成本、生态恢复成本和生态维护成本。

表 4-26 宝安区水资源资产负债表

编制单位：   年 月

资产	行次	期末值	期初值	负债和净资产	行次	期末值	期初值
实物资产：	1			负债：	1		
饮用水	2			污染治理成本：	2		
景观水	3			饮用水	3		
近岸海域	4			景观水	4		
地下水	5			近岸海域	5		
无形资产：	6			地下水	6		
饮用水生态系统服务功能价值	7			生态恢复成本：	7		
景观水生态系统服务功能价值	8			饮用水	8		
近岸海域生态系统服务功能价值	9			景观水	9		
地下水生态系统服务功能价值	10			近岸海域	10		
递延资产	11			地下水	11		
				生态维护成本：	12		
				饮用水	13		
				景观水	14		
				近岸海域	15		
				地下水	16		
				负债合计	17		
水资源资产总计	12			净资产	18		

4.3.5　流向表

水资源资产流向表主要用于解释水资源资产变化的原因，将其分为人为干扰原因和自然干扰原因，如表 4-27 所示。人为干扰原因包括政策法规、规划计划、应急管理等，自然干扰原因包括气象灾害、海洋灾害、地质灾害、洪水灾害、地震灾害和森林火灾等。其中人为干扰原因又分为本级干扰和上级干扰，因上级干扰导致的水资源资产变化，在进行领导干部自然资源资产责任审计时，本级政府不需承担这部分责任。

表 4-27　宝安区水资源资产流向表

编制单位：　　　　　　　　　　　　　　　　　　　　　　　　　　　　　　　年　月

水资源资产指标	期初值	期末值	人为干扰				自然干扰	
			本级		上级		上升量及其原因	下降量及其原因
			上升量及其原因	下降量及其原因	上升量及其原因	下降量及其原因		
饮用水								
景观水								
近岸海域								
地下水								

注：本级指因本级政府及下级政府行为导致某项自然资源的升降；上级指因上级政府行为导致某项自然资源的升降

4.4　水资源资产负债表的编制说明

4.4.1　勾稽关系说明

所谓勾稽关系是指自然资源资产负债表中各指标之间的等式关系。宝安区水资源资产负债表中的勾稽关系包括下列内容。

1）水资源资产＝实物资产＋无形资产＋递延资产。

2）实物资产＝各类水资源实物资产之和。

3）无形资产＝各类水资源生态系统服务功能价值之和。

4）负债＝污染治理成本＋生态恢复成本＋生态维护成本。

5）净资产＝自然资源资产－负债。

6）变化量＝期末值－期初值。

7）变化率＝（期末值－期初值）/期初值。

8）同比变化幅度＝（期末值－期初值）/期初值。

4.4.2 生态系统服务功能指标体系编制说明

在依据国家已经出台的有关生态系统服务功能价值评估技术规范的基础上，首先开展大量相关文献调研工作，编写宝安区河流、饮用水、水库、近岸海域和地下水生态系统服务功能价值评估指标初稿；然后邀请国内权威专家召开研讨会，根据专家意见修改完善各类生态系统服务功能价值评估指标；最后根据河流、饮用水和水库的现场调研结果，针对宝安区 66 条河流、4 座饮用水源水库和 9 座小（2）型以上水库，单独构建生态系统服务功能价值评估指标体系，技术路线如图 4-1 所示。

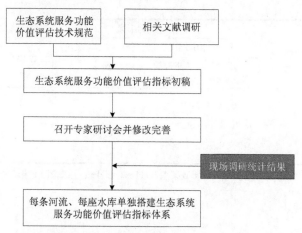

图 4-1　宝安区水资源资产生态系统服务功能价值评估指标构建技术路线

4.4.2.1　河流资源

当前，国家已经出台了涉及森林、海洋、荒漠等生态系统服务功能价值评估的规范技术导则，但有关河流的生态系统服务功能价值评估，尚未印发相关标准。在此情况下，为使宝安区河流生态系统服务功能价值评估指标体系能够更具科学性，相关研究除应结合宝安区实际情况外，还需进行大量的有关文献资料的综合分析。因此，以河流、流域、生态资产、生态系统服务功能、价值评估等关键词在科技文献检索引擎上进行多次相互组合的模糊或精确查询，经过初步筛选，共检索出涉及河流生态系统服务功能价值评估的文献 28 篇。

根据分析文献的下载次数和被引用次数发现，《水生态服务功能分析及其间接价值评估》（欧阳志云等，2004）和《一个基于专家知识的生态系统服务价值化方法》（谢高地等，2008）被引用和参考的频次最多，因此，在构建宝安区河流生态系统服务功能价值评估指标体系时，以宝安区实际情况为基准，以上述两篇文献资料作为主要参考，同时结合其他文献资料。

本研究在开展河流自然资源资产价值评估时，将其分为实物资产评估和生态系统服务功能价值评估。将河流能够直接提供的产品划分为实物资产，因此供水和水产品生产价值评估属于实物资产评估。根据《宝安区河流自然功能现状分析及调整研究报告》及结合大量的实际调研工作可知，宝安区 66 条河流中仅茅洲河具有内陆航运功能。根据对欧阳志云等（2004）和谢高地等（2008）多位权威学者发表的论文研究发现，生物多样性维持和提供生境这两个指标核算存在重叠，在计算河流生态系统服务功能价值时，两个指标只取其一，28 篇文献中选择生物多样性维持指标的次数是 15 次，提供生境的是 10 次（表 4-28），因此在评估宝安区河流生态系统服务功能价值时，选择评估生物多样性维持价值。

综上所述，在评估宝安区河流生态系统服务功能价值时选取的指标有内陆航运、贮水、河流输沙、水质净化、气候调节、调蓄洪水、休闲娱乐、生物多样性维持的价值共 8 个，如表 4-29 所示。宝安区河流各类自然资源资产价值评估方法见表 4-30。

4.4.2.2　饮用水源地资源

与河流一样，国家尚未出台有关饮用水源地生态系统服务功能价值评估的规范。为使宝安区饮用水源地生态系统服务功能价值评估指标体系能够更具科学性，相关研究除应结合宝安区实际情况外，还需进行大量的有关文献资料的综合分析。因此，以饮用水源、水库、生态资产、生态系统服务功能、价值评估等关键词在科技文献检索引擎上进行多次相互组合的模糊或精确查询，经过初步筛选，共检索出涉及饮用水源地生态系统服务功能价值评估的文献 18 篇，如表 4-31 所示。

通过大量的文献分析，并结合宝安区 4 座饮用水源水库的实际情况，构建宝安区饮用水源地生态系统服务功能价值评估指标体系。宝安区 4 座饮用水源水库均在水源保护区内，不对外开放，因此无休闲娱乐价值；4 座饮用水源水库已禁止接受工业污水或生活污水，水库水资源主要来源为降雨（仅铁岗水库有调水），基本无河流输沙价值。

因此，本研究主要选取 7 项水资源生态系统服务功能价值评估指标，主要为涵养水源、调蓄洪水、固碳、释氧、水质净化、调节小气候、生物多样性维持，如表 4-32 所示。结合 4 座水库实物量价值，即水生产品价值及供水功能价值，共同构建成宝安区饮用水源地生态系统服务功能价值评估指标体系。宝安区饮用水源地各类自然资源资产价值评估方法见表 4-33。

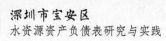

表 4-28　有关河流生态系统服务功能价值评估的指标体系统计分析

序号	作者	指标选择												
		供水	水力发电	内陆航运	水产品生产	休闲娱乐	河流输沙	贮水	水质净化	气候调节	调蓄洪水	生物多样性维持	提供生境	科研服务
1	秦建明 (2010)	√			√				√	√	√	√	√	√
2	谢高地等 (2015)	√			√				√	√		√	√	
3	周儒成等 (2010)	√		√	√		√		√	√		√	√	
4	王原等 (2014)	√		√	√			√	√	√		√	√	
5	朱晓博等 (2015)	√			√				√				√	√
6	郝彩莲 (2011)	√			√				√					
7	接玉梅等 (2012)	√	√		√				√	√	√		√	
8	段锦等 (2012)	√	√	√	√		√	√		√		√	√	
9	张进标 (2007)	√	√	√	√				√	√				
10	赵银军等 (2013)	√		√	√	√				√			√	
11	欧阳志云等 (2004)	√			√	√		√		√	√		√	
12	熊雁晖 (2004)	√		√	√	√				√		√	√	
13	吴迎霞 (2013)	√		√	√				√				√	
14	肖建红等 (2008)	√		√	√	√		√		√			√	
15	郝弟等 (2012)	√			√				√			√	√	
16	王艿慧等 (2015)	√		√		√		√		√		√	√	√
17	袁俊平 (2013)				√					√			√	√
18	张国平 (2006)	√			√				√	√	√		√	√

续表

序号	作者	指标选择												
		供水	水力发电	内陆航运	水产品生产	休闲娱乐	河流输沙	贮水	水质净化	气候调节	调蓄洪水	生物多样性维持	提供生境	科研服务
19	陈吉斌等（2008）	√	√	√	√	√	√	√	√				√	
20	宋伟伟（2014）	√	√		√	√	√	√	√	√			√	
21	王金龙（2013）	√			√	√	√		√	√		√	√	
22	赵良斗等（2015）	√		√	√		√			√	√		√	√
23	桥旭宁等（2011）				√		√	√		√		√		
24	张大鹏（2010）	√			√	√	√				√			
25	肖建红（2007）	√		√	√	√	√	√						
26	栾建国和陈文祥（2004）	√		√	√	√	√		√		√	√		√
27	王欢等（2006）	√	√		√	√	√	√	√		√		√	
28	张振明等（2011）	√	√		√	√	√	√	√			√	√	√
	统计	24	19	10	26	20	16	10	20	11	12	15	10	8

表 4-29　宝安区河流生态系统服务功能价值评估指标体系

序号	指标体系	指标解释
1	内陆航运	水路运输作为河流水资源开发利用的一个重要组成部分,对促进流域经济社会发展具有重要作用;当前,宝安区 66 条河流中,仅茅洲河具有内陆航运功能
2	贮水	河流是一个天然的容器,能起到存贮水源、补充和调节周围湿地径流及地下水水量的作用,减少了许多贮水工程和引水工程的建设
3	河流输沙	泥沙运输是河流中重要的水文现象,河水流动中,能冲刷河床上的泥沙,起到疏通河道的作用,河流水量减少将导致泥沙沉积、河床抬高、湖泊变浅
4	调蓄洪水	宝安区年均降雨分配不均衡,容易产生洪涝灾害,而河流可容纳和运来自陆域的短期积水,为淡水提供出路,延缓洪水对陆域的侵犯,因此调蓄洪水是宝安区河流的首要功能
5	水质净化	河流生态系统能够通过稀释、吸附、过滤、扩散、氧化等物理和生物化学反应来净化由径流带入河流的污染物
6	气候调节	在建设现代化城镇的过程中,人类剧烈地改变地表下垫面的性质,结果地表上的辐射平衡改变了,空气的流动性也受到了影响;同时,机动车大量排热,使城市热岛效应变得越来越明显;河流水体的高热容性、流动性及河道的通风性,对减弱城市热岛效应具有明显的作用
7	休闲娱乐	河流生态系统兼具各生态系统的生态特征,景观独特丰富,具有很好的休闲娱乐功能
8	生物多样性维持	生物多样性是指从分子水平到生态系统水平的各个组织层次上的不同的生命形式,包括物种多样性、遗传多样性、生态系统多样性和景观多样性;河流生态系统是生物多样性的载体之一,为生物进化及生物多样性的产生提供了条件,为天然优良物种的种质保护及改良提供了基因库

表 4-30　宝安区河流自然资源资产价值评估方法

序号	指标体系	评估方法	评估方法选择
1	实物资产	市场价值评估法	根据文献中的评价方法,普遍采用市场价值评估法,方法简单,结果可靠
2	内陆航运	市场价值评估法	根据文献中的评价方法,普遍采用市场价值评估法,方法简单,结果可靠
3	贮水	替代工程法	根据涉及贮水价值评估的 10 篇文献可知,评估河流贮水价值采用的方法都是替代工程法
4	河流输沙	替代成本法	根据涉及河流输沙价值评估的 16 篇文献可知,评估河流输沙价值采用的方法都是替代成本法
5	调蓄洪水	影子工程法	根据涉及调蓄洪水价值评估的 12 篇文献可知,评估方法主要有两种:机会成本法和影子工程法,其中机会成本法基本是通过利用保护耕地避免产生的综合农业损失来计算获得,影子工程法通过计算河道调蓄洪水能力与单位库容造价成本乘积来获得;宝安区是一个高度发达的城市化地区,经现场调研发现沿河两岸没有或者很少有农作物种植,综合考虑宝安区现状及数据的可获得性,研究采用影子工程法
6	水质净化	防治成本法	文献中对水质净化价值评估的方法可主要分为两种,第一种是参考谢高地等(2008)的单位面积河流生态系统服务价值当量进行评估,该方法简单,但结果精确度不高,本研究不予以采用。第二种评估方法统称为防治成本法,根据计算公式,在采用该方法进行评估时可细分两种,一种是如果河流水质达到功能区目标值,则直接以排污总量与污染治理成本相乘获得水质净化价值;另一种则是现状水质不达标,需利用相关水质模型计算获得环境容量,再乘以污染治理成本获得水质净化价值

序号	指标体系	评估方法	评估方法选择
7	气候调节	替代工程法	文献中对气候调节价值评估的方法主要有两种：一种是参考谢高地等（2008）的单位面积气候调节生态系统服务价值当量进行评估，该方法简单，但结果精确度不高，本研究不予以采用。第二种方法为替代工程法，通过河流降低温度的作用可以直接减少空调的使用，增加水汽量，减少加湿器的使用来计算气候调节价值
8	休闲娱乐	支付意愿法	文献中对休闲娱乐价值评估的方法主要有两种：第一种是市场价值法，即以流域内已建水利风景区旅游直接收入作为河流休闲娱乐价值，由于宝安区当前很多河流并未修建水利风景区，因此这一种方法暂不考虑；第二种方法是支付意愿法，通过问卷调查的方式获取游客的支付意愿来估算河流休闲娱乐价值
9	生物多样性维持	支付意愿法	根据对文献的研究，生物多样性维持价值评估的方法主要有三种：第一种是市场价值法，以 Shannon-Wiener 指数等级对应的价值乘以流域面积获得（该方法目前只有理论研究，尚无实践，因为有关水体的生物多样性物种保育价值尚未开展研究，即缺少 Shannon-Wiener 指数等级对应的价值）；第二种是支付意愿法，以对每等级保护物种的支付意愿价格来获取（选择该方法的前提条件是掌握流域所有动植物资源种类）；第三种是机会成本法，以单位面积生物多样性维持价值乘以河流面积获得

4.4.2.3 湖、库资源

当前国家尚未出台有关水库或者湖泊生态系统服务功能价值评估的规范。为使宝安区小水库生态系统服务功能价值评估指标体系能够更具科学性，相关研究除应结合宝安实际情况外，还需进行大量的有关文献资料的综合分析。考虑到目前宝安区 9 座小（2）型以上水库均已无饮用水供给功能，主要功能为防洪和景观，与湖泊的功能较为相似，因此，以饮用水源、水库、湖、生态资产、生态系统服务功能、价值评估等关键词在科技文献检索引擎上进行多次相互组合的模糊或精确查询，经过初步筛选，共检索出涉及小（2）型以上水库生态系统服务功能价值评估的文献 39 篇，如表 4-34 所示。

通过大量的文献分析，并结合宝安区 9 座小（2）型以上水库的实际情况，构建宝安区小水库生态系统服务功能价值评估指标体系。宝安区 9 座小（2）型以上水库水资源主要来源为降雨，基本无河流输沙价值。

因此，本研究主要选取 8 项水资源生态系统服务功能价值评估指标，主要为涵养水源、调蓄洪水、固碳、释氧、水质净化、调节小气候、休闲娱乐、生物多样性维持，如表 4-35 所示。结合 9 座小（2）型以上水库实物量价值，即水生产品价值及供水功能价值，共同构建成宝安区小（2）型以上水库生态系统服务功能价值评估指标体系。宝安区小（2）型以上水库各类自然资源资产价值评估方法见表 4-36。

表 4-31 有关饮用水源地生态系统服务功能价值评估的指标体系统计分析

序号	文献	涵养水源	调蓄洪水	固碳	释氧	水质净化	调节小气候	生物多样性维持	休闲娱乐	河流输沙	科研服务
1	张敏松等（2008）	√		√	√		√		√		√
2	胡艳霞等（2007）	√		√			√				
3	李玉英等（2007）	√	√	√	√	√	√		√		√
4	冯建江等（2010）	√		√	√		√				
5	刘桂环等（2011）	√	√	√							
6	李景保等（2005）	√				√		√	√		√
7	巩杰等（2012）	√		√	√	√	√	√	√		
8	李月臣等（2013）		√	√	√	√		√	√	√	√
9	牛宝昌（2011）	√						√	√		
10	王彤等（2010）	√		√	√	√		√	√		
11	韩慧丽等（2008）		√					√			
12	黄润等（2014）	√	√	√	√	√	√	√	√		
13	孔琼菊等（2008）	√		√	√	√	√	√	√		
14	孙作雷等（2015）	√	√			√		√			
15	徐琳瑜等（2006）	√									
16	李景保等（2005）	√	√								
17	欧阳志云等（2004）	√	√	√	√	√		√		√	√
18	肖飞鹏等（2014）	√						√	√		
	总计	13	12	8	8	10	7	12	9	2	6

表 4-32   宝安区饮用水源地生态系统服务功能价值评估指标体系

序号	指标体系	指标解释
1	涵养水源	涵养水源是水库生态系统为人类提供的重要服务功能之一，饮用水源水库的水能够起到补充和调节河川径流及地下水水量的作用，对维持水生态系统的结构、功能和生态过程具有至关重要的意义
2	调蓄洪水	饮用水源水库是一个天然蓄水库，能够蓄积大量的淡水资源，在洪涝灾害发生时，水库可以削减洪峰、滞后洪水过程，从而均化洪水，减少洪水造成的经济损失；宝安区极易发生洪涝灾害，调蓄洪水是饮用水源水库的主要功能之一
3	固碳	水库中的水生植物都可以通过光合作用和呼吸作用，与大气交换 CO_2 和 O_2，对维持大气中 CO_2 和 O_2 的动态平衡有着重要的作用
4	释氧	水库中的水生植物都可以通过光合作用和呼吸作用，与大气交换 CO_2 和 O_2，对维持大气中 CO_2 和 O_2 的动态平衡有着重要的作用
5	水质净化	饮用水源地生态系统能够通过稀释、吸附、过滤、扩散、氧化等物理和生物化学反应来去除多种排入水体的污染物（COD、总氮、总磷等），达到净化水质的目的
6	调节小气候	水生态系统对稳定区域气候、调节局部气候有显著作用，能够提高湿度、诱发降雨，对温度、降雨和气流产生影响，大片水体的存在，可以使库区及邻近区域的气温变化趋于缓和
7	生物多样性维持	饮用水源地生态系统具有提供栖息地、保护城市生物多样化的重要功能，也是城市中野生生物依赖生存的主要区域之一

表 4-33   宝安区饮用水源自然资源资产价值评估方法

序号	指标体系	评估方法	选择依据
1	涵养水源	替代工程法	根据涉及涵养水源价值评估的 13 篇文献可知，评估水库涵养水源价值采用的方法均为替代工程法
2	调蓄洪水	替代工程法	根据涉及调蓄洪水价值评估的 12 篇文献可知，评估水库调蓄洪水价值采用的方法均为替代工程法
3	固碳	碳税法	根据涉及固碳价值评估的 8 篇文献可知，提及价值评估方法的文献均采用碳税法，且目前国内其他生态系统固碳价值核算大多采用该方法，因此，本研究采用碳税法对固碳价值进行核算
4	释氧	生产成本法	根据涉及释氧价值评估的 8 篇文献可知，提及价值评估方法的文献均采用生产成本法，即采用工业生产氧气的单价及单位面积水库产氧量来核算，且目前国内其他生态系统释氧价值核算大多采用该方法，因此，本研究采用生产成本法对释氧价值进行核算
5	水质净化	替代成本法	根据文献分析，涉及水质净化价值评估的 10 篇文献中，提及价值评估方法的文献均采用替代成本法，即采用污染物的单位处理成本及污染物的处理量来核算
6	调节小气候	替代工程法	根据涉及调节小气候价值评估的 7 篇文献可知，大多数文献均采用替代工程法，为更加准确地评估该项功能的价值，采用现场实地研究，通过现场监测与市场调研相结合的方式，核算调节小气候价值
7	生物多样性维持	机会成本法	根据涉及生物多样性维持价值评估的 13 篇文献可知，评估水库生物多样性维持价值大多采用支付意愿法和机会成本法，由于人们为保护珍稀物种栖息地所付出的或者即将付出的物质投入价值并不能代表该栖息地的真正价值，它受限于人们的支付能力，因此，大多数研究更加倾向于采用机会成本法，本研究选用机会成本法核算生物多样性维持价值

表 4-34 有关小（2）型以上水库生态系统服务功能价值评估的指标体系统计分析

序号	文献	涵养水源	调蓄洪水	固碳	释氧	水质净化	调节小气候	生物多样性维持	休闲娱乐	河流输沙	科研服务
1	谢正宇等（2011）-湖库	√	√	√	√			√	√		√
2	张敬松等（2008）-水库	√	√	√	√	√	√	√	√		√
3	李海丽和赵善伦（2005）-湖库		√	√	√		√	√			
4	胡艳霞等（2007）-水库	√	√		√	√	√	√	√		√
5	张修峰等（2007）-湖库	√	√	√	√			√			
6	李玉英等（2007）-水库	√		√	√	√		√	√		
7	冯建江等（2010）-水库	√	√	√	√			√			
8	李朝霞等（2011）-湖库	√	√	√	√	√		√	√		
9	刘桂环等（2011）-水库		√	√	√	√	√	√			
10	姜昊等（2008）-湖库	√	√	√	√	√	√	√	√		√
11	李亚男（2014）-湖库	√	√	√	√		√	√			
12	李景保等（2005）-水库	√	√	√	√	√	√		√		
13	马占东等（2014）-湖库	√	√	√	√	√	√	√			
14	贾军梅等（2015）-湖库	√	√	√	√	√	√	√	√		√
15	巩杰等（2012）-水库	√	√	√	√	√	√	√			
16	曹生奎等（2013）-湖库	√	√	√	√	√	√	√	√		
17	李月臣等（2013）-水库	√	√	√	√	√	√	√			
18	李景保等（2013）-湖库	√	√	√	√		√	√	√		
19	牛宝昌（2011）-水库	√	√		√	√		√	√		
20	王彤等（2010）-水库	√				√		√			
21	韩慧丽等（2008）-水库	√		√	√	√	√	√	√		√

续表

序号	文献	涵养水源	调蓄洪水	固碳	释氧	水质净化	调节小气候	生物多样性维持	休闲娱乐	河流输沙	科研服务
22	谢放尖等 (2009) - 湖库	✓	✓	✓	✓	✓	✓	✓	✓		✓
23	闫人华等 (2015) - 湖库	✓	✓	✓	✓	✓	✓	✓	✓		✓
24	黄涓等 (2014) - 水库	✓	✓	✓	✓	✓	✓	✓	✓		
25	孔琼菊等 (2008) - 水库	✓	✓	✓	✓	✓	✓	✓	✓		✓
26	孙作雷等 (2015) - 水库	✓	✓	✓	✓	✓	✓	✓	✓		✓
27	王凤珍等 (2010) - 湖库	✓	✓	✓	✓	✓	✓	✓	✓		✓
28	赵秋艳等 (2007) - 湖库		✓	✓		✓		✓	✓		✓
29	封瑛 (2012) - 湖库		✓				✓				
30	胡金杰 (2009) - 湖库	✓	✓	✓	✓	✓	✓	✓	✓		
31	齐静等 (2015) - 水库	✓									
32	徐琳瑜等 (2006) - 水库	✓	✓			✓			✓		✓
33	李景保等 (2005) - 水库				✓						
34	崔丽娟 (2004) - 湖库		✓	✓	✓	✓		✓	✓		
35	孙玉芳和刘维忠 (2008) - 湖库	✓	✓					✓			
36	杜晓宁 (2014) - 水库	✓	✓								
37	欧阳志云等 (2004) - 水	✓	✓	✓	✓	✓		✓	✓	✓	✓
38	肖飞鹏等 (2014) - 水库	✓		✓	✓	✓					
39	周蓓华等 (2011) - 湖库	✓	✓	✓	✓	✓	✓		✓		✓
	合计	28	30	24	22	28	17	31	26	4	19

表 4-35　宝安区小（2）型以上水库生态系统服务功能价值评估指标体系

序号	指标体系	指标解释
1	涵养水源	涵养水源是水库生态系统为人类提供的重要服务功能之一，小（2）型以上水库的水能够起到补充和调节河川径流及地下水水量的作用，对维持水生态系统的结构、功能和生态过程具有至关重要的意义
2	调蓄洪水	小（2）型以上水库是一个天然蓄水库，能够蓄积大量的淡水资源，在洪涝灾害发生时，水库可以削减洪峰、滞后洪水过程，从而均化洪水，减少洪水造成的经济损失；宝安区极易发生洪涝灾害，调蓄洪水是小水库的主要功能之一
3	固碳	小（2）型以上水库中的水生植物都可以通过光合作用和呼吸作用，与大气交换 CO_2 和 O_2，对维持大气中 CO_2 和 O_2 的动态平衡有着重要的作用
4	释氧	小（2）型以上水库中的水生植物都可以通过光合作用和呼吸作用，与大气交换 CO_2 和 O_2，对维持大气中 CO_2 和 O_2 的动态平衡有着重要的作用
5	水质净化	水生态系统能够通过稀释、吸附、过滤、扩散、氧化等物理和生物化学反应来去除多种排入水体的污染物（氨氮、COD、总磷等），达到净化水质的目的
6	调节小气候	水生态系统对稳定区域气候、调节局部气候有显著作用，能够提高湿度、诱发降雨，对温度、降水和气流产生影响。大片水体的存在，可以使得库区及邻近区域的气温变化趋于缓和
7	休闲娱乐	水生态系统长期为人们提供的休闲及生态旅游等活动可以分为两类：一类是依靠水体进行的，如划船、钓鱼、游泳、滑水和漂流等水上活动；另一类是小（2）型以上水库周边的自然景观，给人们创造聚会、游戏和休闲的优美环境，如野营和摄影等
8	生物多样性维持	水生态系统具有提供栖息地、保护城市生物多样化的重要功能，也是城市中野生生物依赖生存的主要区域之一

表 4-36　宝安区小（2）型以上水库自然资源资产价值评估方法

序号	指标体系	评估方法	选择依据
1	涵养水源	替代工程法	根据涉及涵养水源价值评估的 28 篇文献可知，评估小（2）型以上水库涵养水源价值采用的方法均为替代工程法
2	调蓄洪水	替代工程法	根据涉及调蓄洪水价值评估的 30 篇文献可知，评估小（2）型以上水库调蓄洪水价值采用的方法均为替代工程法
3	固碳	碳税法	根据涉及固碳价值评估的 24 篇文献可知，提及价值评估方法的文献均采用碳税法，且目前国内其他生态系统固碳价值核算大多采用该方法，因此，本研究采用碳税法对固碳价值进行核算
4	释氧	生产成本法	根据涉及释氧价值评估的 22 篇文献可知，提及价值评估方法的文献均采用生产成本法，即采用工业生产氧气的单价及单位面积水库产氧量来核算，且目前国内其他生态系统释氧价值核算大多采用该方法，因此，本研究采用生产成本法对释氧价值进行核算
5	水质净化	替代成本法	根据大量文献分析，涉及水质净化价值评估的 28 篇文献中，提及价值评估方法的文献均采用替代成本法，即采用污染物的单位处理成本及污染物的处理量来核算
6	调节小气候	替代工程法	根据涉及调蓄洪水价值评估的 17 篇文献可知，大多数文献均采用替代工程法，为更加准确地评估该项功能的价值，采用现场实地研究，通过现场监测与市场调研相结合的方式，核算调节小气候价值
7	休闲娱乐	条件价值法	根据涉及休闲娱乐价值评估的 26 篇文献可知，休闲娱乐价值较为抽象，无法直接测得，因此，大多采用条件价值法，通过调查问卷的形式评估休闲娱乐价值
8	生物多样性维持	机会成本法	根据涉及生物多样性维持价值评估的 31 篇文献可知，评估生物多样性维持价值大多采用支付意愿法和机会成本法，由于人们为保护珍稀物种栖息地所付出的或者即将付出的物质投入价值并不能代表该栖息地的真正价值，它受限于人们的支付能力，因此，大多数研究更加倾向于采用机会成本法，本研究选用机会成本法核算生物多样性维持价值

4.4.2.4 近岸海域资源

当前国家已经出台《海洋生态资本评估技术导则》（GB/T 28058—2011），为海洋生态系统服务功能价值建立了一套完整的评估体系。因此，开展宝安区近岸海域生态系统服务功能价值评估将采用上述国家标准，具体评估指标体系见表 4-37。

表 4-37　宝安区近岸海域生态系统服务功能价值评估指标体系

序号	指标体系	研究方法
1	氧气生产	替代成本法
2	气候调节	替代市场价格法
3	废弃物处理	替代成本法
4	休闲娱乐	旅行费用法 / 收入替代法
5	科研服务	直接成本法
6	物种多样性维持	条件价值法
7	生态系统多样性维持	条件价值法

4.4.2.5 地下水资源

当前，国家尚未印发有关地下水生态系统服务功能价值评估的相关标准。在此情况下，为使宝安区地下水生态系统服务功能价值评估指标体系能够更具科学性，相关研究除应结合宝安区实际情况外，还需进行大量的有关文献资料的综合分析。因此，以地下水、生态资产、生态系统服务功能、价值评估等关键词在科技文献检索引擎上进行多次相互组合的模糊或精确查询，经过初步筛选，检索出的涉及地下水生态系统服务功能价值评估的文献中主要以研究地下水生态系统服务功能、地下水环境健康与保护及地下水资源价值评估为主，尚无专门研究地下水生态系统服务功能价值评估的文献，如表 4-38 所示。

基于地下水生态系统和地表水体的密切关系，以及生态系统服务功能价值评估方法的相通性，在构建宝安区地下水生态系统服务功能价值评估指标体系时，以宝安区实际情况为基准，地下水生态系统服务功能主要以地下水资源保护和资源资产价值评估研究为主要参考，而具体的价值评估方法及计算公式辅助参考湿地、河流、湖泊和水库生态系统服务功能价值评估的研究文献，同时结合其他文献资料，如表 4-39 所示。宝安区地下水各类资源资产价值评估方法见表 4-40。

表4-38　有关地下水生态系统服务功能价值评估的指标体系统计分析

序号	作者	供水	平衡生态环境	稳定地质	贮水	生物多样性维持	提供生境	科研服务
1	姜纪沂（2007）	✓	✓					
2	李瑜等（2009）	✓	✓					
3	熊雁晖（2004）	✓	✓	✓	✓	✓		✓
4	张光辉等（2006）	✓	✓	✓	✓			
5	Boulton 等（2008）	✓	✓				✓	
6	Griebler 等（2014）		✓				✓	✓
7	门苗（2006）	✓	✓			✓	✓	
8	夏士钧和王庆堂（2000）	✓			✓			
9	叶延琼等（2013）	✓			✓			
10	肖丽英（2004）	✓			✓			
11	陈超（2012）	✓						
12	郝彩莲（2011）	✓				✓		
13	任海军和宋伟（2014）	✓		✓	✓	✓		
14	王凯军（2009）	✓	✓		✓			
15	马成有（2009）	✓	✓		✓			
16	康建明（2005）	✓		✓	✓			
17	王蒿等（2005）	✓	✓					
18	王海宁和薛惠锋（2012）	✓	✓				✓	
19	欧阳志云等（2004）	✓	✓	✓	✓	✓	✓	
20	赵润等（2014）	✓	✓		✓			
21	王战（2015）	✓					✓	
	合计	20	13	5	11	5	6	2

表 4-39　宝安区地下水生态系统服务功能价值评估指标体系

序号	指标体系	指标解释
1	稳定地质环境	地下水对其所赋存的地质环境稳定性具有支撑和保护的作用或效应，如果地下水生态系统的状态发生变化，则地质环境发生相应的改变
2	保护生物多样性	地下水维系着地表水域、湿地等生态系统的良性发展，为各类生物物种的生存和繁衍提供适宜的场所，为生物进化及生物多样性的产生与形成提供条件
3	科研服务	地下水生态系统的科研服务价值主要包括相关的基础科学研究、教学实习、文化宣传等价值

表 4-40　宝安区地下水自然资源资产价值评估方法

序号	指标体系	评估方法	评估方法选择
1	稳定地质环境	治理成本法	根据对已有的提及生态系统服务功能价值评估方法的文献总结可知，评估稳定地质环境价值采用治理成本法
2	保护生物多样性	机会成本法	根据涉及保护生物多样性价值评估的 5 篇文献可知，评估保护生物多样性价值采用的方法都是机会成本法
3	科研服务	科研成本法	根据涉及科研服务价值评估的 2 篇文献及其他生态系统服务功能的文献可知，评估地下水科研服务价值采用科研成本法

本研究在开展地下水自然资源资产价值评估时，将其分为实物资产评估和生态系统服务功能价值评估。根据《宝安区地下水污染防治规划报告》及结合大量的实际调研工作，依据使用功能，可将宝安区地下水分为 4 种，分别为工业用水、农业用水、生活饮用水及特殊用途地下水。将地下水能够直接提供的产品划分为实物资产，因此供水价值评估属于实物资产评估。另外，根据文献分析，地下水普遍具有供水、稳定地质环境、保护生物多样性、科研服务价值。

（1）稳定地质环境

地下水位持续下降，导致含水层出水量骤减，同时会对地下所赋存的地质环境产生巨大影响，主要表现为地面变形，如地面沉降、地裂缝、岩溶地面塌陷等。深层地下水的长期超量开采，导致区域地下水位下降，形成深层地下水位降落漏斗，造成地面沉降、地裂缝等一系列地质灾害，引起海水入侵，污水下移，道路、桥梁基础变形断裂，地下管道与各类建筑物损坏，并且加重了洪涝灾害的损失。地面沉降造成的灾害是严重的。地面沉降使原有的地面高程下降，从而降低了地面防洪、排涝、抵御风暴潮的标准和能力，影响工农业生产和人民生命财产安全；地面沉降使得桥下净空减少，影响正常航运；地面沉降，特别是不均匀沉降，严重危及建筑物和市政设施的安全，造成水库大坝、河堤、楼舍等建筑物产生裂缝甚至溃坝或倒塌。地面塌陷也是一种地面变形灾害，多发生在隐伏岩溶地下水开采区。由于过量开采岩溶地下水，疏干或部分疏干了溶洞，受重力作用，溶洞上面的松散覆盖物塌落，形成地面塌陷。近 50 年来，我国北方地区地下水资源过度开发利用和地表水长期大规模拦蓄，使得不少地区的地下水位持续下降，地下水位降落漏斗范围不断扩大，引发了地面沉降、地裂缝、生态环境退化和咸水入侵等环境问题。

（2）保护生物多样性

地下水维系着地表水域、湿地等生态系统的良性发展，为各类生物物种的生存和繁衍提供适宜的场所，为生物进化及生物多样性的产生与形成提供条件。浅层地下水可以常年或季节性地支持地表上的陆地植物及依靠这些陆地植物而生存的动物群，包括沿海岸生长的灌木林，经地下水补给的湿地中的自然植被，沿河流两岸和平原上生长的植物等。地下水位的下降不仅使土壤水分含量降低，还使其保持高水分的时间缩短，植被生存环境条件恶化，导致植被退化，进而又引起依赖植被生存的动物群落的变化，从而影响生物多样性。

（3）科研服务

地下水生态系统的科研服务价值主要包括相关的基础科学研究、教学实习、文化宣传等价值。

第 5 章

宝安区水资源资产实物量
和质量核算

5.1　宝安区 2011 ~ 2016 年水资源资产实物量表

2013 年，宝安区对 4 座饮用水源水库中的长流陂水库及 9 座小（2）型以上水库实施了除险加固工程，使得 4 座饮用水源水库总库容增加 20.58 万 m³，正常库容维持不变；9 座小（2）型以上水库的总库容减少 3.64 万 m³，正常库容减少 41.12 万 m³。

2011 ~ 2016 年，宝安区 66 条河流总长保持不变，为 251.55km；受降雨影响，河流水域面积增加 0.51km²。

近岸海域海岸线总长度维持不变，为 42.50km；近岸海域面积基本保持不变，为 66.30km² 左右，如表 5-1（1）所示。

2016 年，宝安区水资源总量达到 52 843 万 m³，比 2011 年提高了 27.92%；在供水方面，增加了本地自产水供水量，降低了区外调水、地下水和其他水源供水量；2011 ~ 2016 年，全区水域面积减少了 3.94km²，水面覆盖率下降了 3.85%，如表 5-1（2）所示。

5.2　宝安区 2011 ~ 2016 年水资源资产环境质量表

5.2.1　河流环境质量表

2011 年和 2012 年，宝安区河流水质监测系统不够完善，未对辖区内全部河流进行常规监测。2012 年开始，宝安区印发河长制工作方案，对辖区内全部河流水质进行监测，从 2013 年开始实施河长制考核，实现了全区 66 条河流常规水质监测的全覆盖。因此，本节数据统计年限为 2013 ~ 2016 年。

2013 ~ 2016 年，宝安区 66 条河流中有 64 条河流的水质类别始终为劣Ⅴ类；罗田水的水质类别从 2013 年的劣Ⅴ类提升到 2016 年的Ⅴ类，河流水质有所改善；樵窝坑（塘坑河）水质类别除 2015 年达到Ⅳ类外，其余 3 年均为劣Ⅴ类水体，如表 5-2 所示。

2013 ~ 2016 年，宝安区 66 条河流中有 50 条河流的平均综合污染指数有所降低，16 条河流的平均综合污染指数有所升高，表明宝安区河流水环境质量整体有所改善。

表 5-1　宝安区水资源资产实物量表 (1)

水资源资产指标		实物量指标	2011 年	2012 年	2013 年	2014 年	2015 年	2016 年	2011~2016 年变化量	2011~2016 年变化率 /%
饮用水	4 座饮用水源水库	正常库容 / 万 m³	13 653.4	13 653.4	13 653.4	13 653.4	13 653.4	13 653.4	0	0
		总库容 / 万 m³	17 299.5	17 299.5	17 299.5	17 320.1	17 320.1	17 320.1	20.6	0.12
	9 座小 (2) 型以上水库	正常库容 / 万 m³	1 681.4	1 681.4	1 681.4	1 640.3	1 640.3	1 640.3	-41.1	-2.44
		总库容 / 万 m³	2 256.8	2 256.8	2 256.8	2 253.2	2 253.2	2 253.2	-3.6	-0.16
景观水	66 条河流	河长 /km	251.55	251.55	251.55	251.55	251.55	251.55	0	0
		河流水域面积 /km²	3.82	3.89	4.16	4.26	4.32	4.33	0.51	13.35
近岸海域	西部近岸海域	海岸线长度 /km	42.50	42.50	42.50	42.50	42.50	42.50	0	0
		近岸海域面积 /km²	66.28	66.64	66.49	66.40	66.38	66.31	0.03	0.05

注：水库库容数据来源于《宝安区小型水库除险加固工程初设报告》及《宝安区水库情况汇总表》，河长数据来源于《宝安区河流自然功能现状分析及调整研究报告》，河流水域面积及近岸海域数据来源于 SPOT5 遥感卫星数据解译结果

表 5-1 宝安区水资源资产实物量表 (2)

水资源资产指标	实物量指标	2011 年	2012 年	2013 年	2014 年	2015 年	2016 年	2011～2016 年变化量	2011～2016 年变化率/%
降雨量	降雨量 /mm	1 326	1 632	1 877	1 888	1 505	2 429	1 103	83.18
水资源量	地表水资源量 / 万 m³	41 206	36 391	41 793	40 742	33 307	52 771	11 565	28.07
	地下水资源量 / 万 m³	8 634	6 371	7 892	8 537	6 866	9 989	1 355	15.69
	水资源总量 / 万 m³	41 308	35 863	46 782	40 824	33 378	52 843	11 535	27.92
供水水库年末蓄水量	铁岗水库 / 万 m³	3 836	4 456	4 471	3 769	3 458	3 491	-345	-8.99
	石岩水库 / 万 m³	1 359	1 148	1 185	1 051	1 236	1 260	-99	-7.28
	罗田水库 / 万 m³	69	232	468	388	234	1 553	1 484	2 150.72
	五指耙水库 / 万 m³	48	51	23	24	88	76	28	58.33
	长流陂水库 / 万 m³	235	451	368	377	155	78	-157	-66.81
	屋山水库 / 万 m³	59	136	150	66	/	105	46	77.97
	立新水库 / 万 m³	195	318	242	310	174	170	-25	-12.82
	九龙坑水库 / 万 m³	26	86	148	158	/	167	141	542.31
供水量	本地自产水 / 万 m³	9 180	5 116	13 566	6 252	7 327	18 737	9 557	104.11
	区外调水 / 万 m³	56 935	39 268	30 116	383 56	37 515	25 969	-30 966	-54.39
	地下水源 / 万 m³	346	186	186	148	142	125	-221	-63.87
	其他水源 / 万 m³	2 286	965	965	965	988	1006	-1280	-55.99
水面动态	水域面积 /km²	101.95	102.63	102.50	100.80	98.70	98.01	-3.94	-3.86
	水面覆盖率 /%	26.74	26.92	26.88	26.44	25.89	25.71	-1.03	-3.85

注：数据来源于 2011～2016 年的《宝安区水资源公报》及《宝安区生态资源状况分析》

表 5-2　宝安区 66 条河流水环境质量表

序号	河流名称	河流总长/km	暗涵率/%	2013 年		2014 年		2015 年		2016 年		2013～2016 年平均综合污染指数变化率 /%
				水质类别	平均综合污染指数	水质类别	平均综合污染指数	水质类别	平均综合污染指数	水质类别	平均综合污染指数	
1	新圳河	7.80	16.3	劣V类	0.30	劣V类	0.35	劣V类	0.22	劣V类	0.32	6.67
2	双界河	4.45	23.6	劣V类	0.70	劣V类	1.64	劣V类	1.72	劣V类	2.72	288.57
3	西乡河	7.24	0	劣V类	0.54	劣V类	0.51	劣V类	0.58	劣V类	0.67	24.07
4	西乡咸水涌	6.06	39.1	劣V类	1.69	/	/	劣V类	1.84	劣V类	1.80	6.51
5	西乡大道分流渠	4.79	100.0	劣V类	0.61	劣V类	0.99	劣V类	1.02	劣V类	0.56	-8.20
6	共乐涌	4.12	93.4	劣V类	1.50	劣V类	1.37	劣V类	1.10	劣V类	0.65	-56.67
7	固戍涌	1.11	55.0	劣V类	0.32	劣V类	0.40	劣V类	0.35	劣V类	0.23	-28.13
8	铁岗水库排洪渠	6.95	0	劣V类	2.44	劣V类	2.90	劣V类	1.86	劣V类	1.66	-31.97
9	新涌	2.37	31.6	劣V类	1.37	劣V类	1.87	劣V类	1.74	劣V类	0.85	-37.96
10	南昌涌	1.34	0	劣V类	3.19	劣V类	2.34	劣V类	2.15	劣V类	1.47	-53.92
11	钟屋排洪渠	3.51	0	劣V类	3.66	劣V类	3.92	劣V类	3.90	劣V类	2.59	-29.23
12	三支渠	2.59	22.8	劣V类	2.34	劣V类	2.96	劣V类	2.43	劣V类	1.58	-32.48
13	机场外排水渠	8.81	22.6	劣V类	2.79	劣V类	3.08	劣V类	3.53	劣V类	1.57	-43.73
14	黄麻布涌	2.72	0	劣V类	1.28	劣V类	1.33	劣V类	0.79	劣V类	0.11	-91.41
15	九围河	6.91	2.3	劣V类	2.34	劣V类	2.18	劣V类	3.41	劣V类	1.23	-47.44
16	机场内排渠	5.47	21.4	劣V类	2.87	劣V类	3.19	劣V类	3.09	劣V类	2.08	-27.53
17	机场水河	7.80	37.4	劣V类	1.20	劣V类	1.11	劣V类	0.39	劣V类	1.61	34.17
18	塘尾涌	5.04	41.5	劣V类	2.35	劣V类	2.03	劣V类	2.23	劣V类	1.69	-28.09
19	玻璃围涌	3.71	21.0	劣V类	2.12	劣V类	1.31	劣V类	1.82	劣V类	0.94	-55.66
20	矛庙涌	1.98	71.2	劣V类	2.25	劣V类	1.61	劣V类	3.13	劣V类	2.07	-8.00
21	机场北排水渠	1.77	100.0	劣V类	3.05	劣V类	3.31	劣V类	3.22	劣V类	1.27	-58.36
22	虾山涌	1.32	38.6	劣V类	1.90	劣V类	1.10	劣V类	1.14	劣V类	1.73	-8.95

续表

序号	河流名称	河流总长 /km	暗涵率 /%	2013 年 水质类别	2013 年 平均综合污染指数	2014 年 水质类别	2014 年 平均综合污染指数	2015 年 水质类别	2015 年 平均综合污染指数	2016 年 水质类别	2016 年 平均综合污染指数	2013～2016 年平均综合污染指数变化率 /%
23	灶下涌	1.55	0	劣V类	0.83	劣V类	0.92	劣V类	0.38	劣V类	0.44	-46.99
24	坳颈涌	5.25	26.5	劣V类	1.77	劣V类	2.89	劣V类	2.73	劣V类	1.02	-42.37
25	和平涌	2.16	0	劣V类	0.45	劣V类	0.51	劣V类	0.57	劣V类	0.40	-11.11
26	四兴涌	2.39	/	劣V类	0.47	劣V类	0.54	劣V类	0.42	劣V类	0.32	-31.91
27	茅洲河	31.29	0	劣V类	1.28	劣V类	1.60	劣V类	1.34	劣V类	0.92	-28.13
28	潭头渠	5.25	51.2	劣V类	3.39	劣V类	2.72	劣V类	2.39	劣V类	1.56	-53.98
29	东方七支渠	2.02	97.0	劣V类	2.25	劣V类	2.83	劣V类	2.07	劣V类	0.99	-56.00
30	松岗河	9.86	10.3	劣V类	2.56	劣V类	2.40	劣V类	2.29	劣V类	2.23	-12.89
31	罗田水	15.03	0	劣V类	0.19	劣V类	0.22	劣V类	0.494	V类	0.14	-24.20
32	龟岭东水	4.0	34.3	劣V类	2.43	劣V类	3.15	劣V类	3.42	劣V类	0.46	-81.07
33	老虎坑水	5.19	0	劣V类	3.79	劣V类	8.31	劣V类	2.08	劣V类	1.83	-51.72
34	塘下涌	4.30	0	劣V类	2.81	劣V类	2.64	劣V类	3.10	劣V类	1.69	-39.86
35	沙涌西排洪渠	2.37	0	劣V类	4.20	劣V类	2.77	劣V类	3.26	劣V类	1.72	-59.05
36	潭头河	4.60	13.7	劣V类	2.55	劣V类	2.76	劣V类	2.17	劣V类	1.60	-37.25
37	衙边涌	2.83	17.3	劣V类	3.18	劣V类	2.26	劣V类	1.34	劣V类	1.93	-39.31
38	德丰围涌	2.24	47.8	劣V类	1.74	劣V类	1.79	劣V类	1.36	劣V类	1.17	-32.76
39	石围涌	1.67	0	劣V类	1.51	劣V类	1.28	劣V类	1.46	劣V类	1.15	-23.84
40	下涌	4.28	0	劣V类	2.61	劣V类	2.86	劣V类	3.43	劣V类	2.33	-10.73
41	沙涌	3.77	0	劣V类	2.51	劣V类	2.10	劣V类	2.23	劣V类	2.52	0.40
42	和二涌	3.67	8.4	劣V类	2.26	劣V类	2.61	劣V类	2.86	劣V类	1.11	-50.88
43	石岩渠	3.02	63.2	劣V类	0.43	劣V类	0.57	劣V类	0.34	劣V类	0.49	13.95
44	万丰河	3.46	46.0	劣V类	2.33	劣V类	3.42	劣V类	2.87	劣V类	3.76	61.37

续表

序号	河流名称	河流总长/km	暗涵率/%	2013年		2014年		2015年		2016年		2013～2016年平均综合污染指数变化率/%
				水质类别	平均综合污染指数	水质类别	平均综合污染指数	水质类别	平均综合污染指数	水质类别	平均综合污染指数	
45	排涝河	13.95	0	劣V类	3.37	劣V类	3.84	劣V类	1.91	劣V类	1.80	-46.59
46	上寮河	7.20	21.9	劣V类	2.66	劣V类	2.52	劣V类	2.71	劣V类	3.16	18.80
47	新桥河	6.20	0	劣V类	2.26	劣V类	0.99	劣V类	1.04	劣V类	1.35	-40.27
48	道生围涌	2.23	100.0	劣V类	2.02	劣V类	1.88	劣V类	1.60	劣V类	2.31	14.36
49	共和涌	1.33	0	劣V类	4.15	劣V类	4.07	劣V类	3.09	劣V类	2.57	-38.07
50	沙井河	5.93	3.7	劣V类	2.37	劣V类	2.24	劣V类	1.78	劣V类	1.63	-31.22
51	南环河	2.52	0	劣V类	3.65	劣V类	1.55	劣V类	2.99	劣V类	1.58	-56.71
52	沙福河	12.91	31.1	劣V类	2.73	劣V类	2.34	劣V类	3.92	劣V类	1.64	-39.93
53	石岩河	6.47	0	劣V类	0.81	劣V类	0.70	劣V类	0.86	劣V类	1.43	76.54
54	深坑沥（上屋水）	2.76	54.3	劣V类	1.01	劣V类	1.10	劣V类	1.66	劣V类	1.11	9.90
55	水田支流	1.79	0	劣V类	1.86	劣V类	2.68	劣V类	3.83	劣V类	2.03	9.14
56	石龙仔	1.89	48.7	劣V类	2.34	劣V类	14.07	劣V类	3.13	劣V类	1.83	-21.79
57	沙芋沥	3.40	0	劣V类	1.01	劣V类	1.82	劣V类	2.55	劣V类	0.51	-49.50
58	樵贸坑（塘坑河）	3.80	0	劣V类	0.42	劣V类	0.95	IV类	0.64	劣V类	0.34	-19.05
59	田心水	2.28	58.3	劣V类	3.44	劣V类	3.08	劣V类	3.95	劣V类	1.98	-42.44
60	龙眼水	3.69	17.9	劣V类	0.50	劣V类	0.87	劣V类	1.32	劣V类	0.56	12.00
61	天圳河	3.05	27.2	劣V类	3.34	劣V类	3.57	劣V类	4.41	劣V类	3.61	8.08
62	塘头地下河	1.23	100.0	劣V类	1.91	劣V类	1.73	劣V类	2.76	劣V类	2.17	13.61
63	应人石河	5.56	0	劣V类	1.52	劣V类	1.85	劣V类	2.30	劣V类	1.19	-21.71
64	石陂头支流	0.67	0	劣V类	1.45	劣V类	1.30	劣V类	1.06	劣V类	0.48	-66.90
65	上排水	2.98	43.0	劣V类	2.35	劣V类	1.82	劣V类	2.66	劣V类	2.01	-14.47
66	王家庄河	0.77	0	劣V类	2.90	劣V类	3.50	劣V类	3.70	劣V类	2.52	-13.10

注：数据来源于宝安区环境监测站，其中西乡咸水涌2014年仅监测一次，数据不具代表性，本表未列入。

5.2.2　饮用水源水库环境质量表

2011～2016 年，铁岗水库水质类别（不含总氮、粪大肠菌群）为Ⅲ类；主要超标污染物为总氮，超标率约 50%；平均综合污染指数从 0.18 上升到 0.21，上升了 16.67%（表 5-3），表明水环境质量有所降低。

2011～2016 年，石岩水库水质类别（不含总氮、粪大肠菌群）从Ⅴ类变为Ⅲ类；主要超标污染物为总氮，超标率约 100%；平均综合污染指数从 0.36 下降到 0.27，下降了 25.00%（表 5-4），表明水环境质量有所改善。

2011～2016 年，罗田水库水质类别（不含总氮、粪大肠菌群）从Ⅳ类变为Ⅲ类；平均综合污染指数从 0.29 下降到 0.19，下降了 34.48%（表 5-5），表明水环境质量大幅改善。

2011～2016 年，长流陂水库水质类别（不含总氮、粪大肠菌群）从Ⅴ类变为Ⅲ类，到 2016 年又变为Ⅳ类；2016 年主要超标污染物为五日生化需氧量，超标率约 14%；平均综合污染指数变化不大，维持在 0.29 左右（表 5-6）。

5.2.3　小（2）型以上水库环境质量表

宝安区 9 座小（2）型以上水库并非常规监测对象，2011～2015 年的水质监测数据缺失。2016 年，对 9 座小（2）型以上水库开展水质监测工作，旱季和雨季各监测一次（旱季为 11 月至次年 3 月，雨季为 4～10 月）。

9 座水库中的九龙坑水库和五指耙水库水质良好，达到《地表水环境质量标准》（GB 3838—2002）Ⅲ类水质标准；屋山水库、立新水库、石陂头水库和牛牯斗水库水质类别为Ⅳ类；七沥水库水质为Ⅴ类，主要污染物为五日生化需氧量和总氮；老虎坑水库和担水河水库水质劣于Ⅴ类，主要超标污染物为氨氮、总磷和总氮，如表 5-7 所示。

5.2.4　近岸海域环境质量表

宝安区近岸海域以三类功能区为主，在固成近海布设 1 个监测点。2011～2016 年监测结果显示，宝安区近岸海域水质较差，劣于《海水水质标准》（GB 3097—1997）Ⅳ类标准，未达到功能区要求，如表 5-8 所示，主要超标污染物为活性磷酸盐和无机氮，且污染有加重趋势。2011～2016 年，活性磷酸盐浓度增加了 91.67%，无机氮浓度增加了 45.72%。

表 5-3　宝安区铁岗水库水环境质量表

（单位：mg/L）

分类项目	《地表水环境质量标准》(GB 3838—2002) III类标准	2011 年	2012 年	2013 年	2014 年	2015 年	2016 年	2011~2016 年变化率 /%
pH（无量纲）	6～9	7.86	7.84	7.47	7.48	8.27	8.23	4.71
溶解氧≥	5	9.07	9.20	8.84	8.01	8.34	7.93	-12.57
高锰酸盐指数≤	6	1.98	2.41	2.33	2.50	1.95	2.18	10.10
化学需氧量（COD）≤	20	6.70	3.0	10.40	15.20	9.0	8.30	28.57
五日生化需氧量（BOD$_5$）≤	4	2.29	3.15	3.18	2.05	2.32	3.04	32.75
氨氮（NH$_3$-N）≤	1.0	0.07	0.10	0.08	0.08	0.07	0.09	50.00
总磷（以 P 计）≤	0.05	0.02	0.03	0.03	0.04	0.03	0.03	16.67
总氮（湖、库，以 N 计）≤	1.0	1.56	1.68	1.63	1.91	1.53	1.34	-14.10
铜≤	1.0	0.01	0.01	0.01	0.01	0.01	0.01	0
锌≤	1.0	0.04	0.04	0.03	0.06	0.04	0.06	50.00
氟化物（以 F$^-$ 计）≤	1.0	0.28	0.29	0.31	0.26	0.26	0.29	3.57
硒≤	0.01	0.000 3	0.000 3	0.000 3	0.000 5	0.000 3	0.000 3	0
砷≤	0.05	0.001 6	0.001 1	0.000 3	0.000 3	0.000 4	0.000 7	-56.25
汞≤	0.000 1	0.000 001	0.000 004	0.000 005	0.000 04	0.000 02	0.000 01	0
镉≤	0.005	0.000 06	0.000 07	0.000 24	0.000 02	0.000 34	0.000 02	-66.67
铬（六价）≤	0.05	0.003	0.002	0.002	0.002	0.002	0.002	-33.33
铅≤	0.05	0.000 6	0.001 7	0.001 2	0.001 4	0.001 1	0.001 1	83.33
氰化物≤	0.2	0.02	0.02	0.02	0.02	0.02	0.02	0
挥发酚≤	0.005	0.001	0.001	0.001	0.001	0.001	0.001	0
石油类≤	0.05	0.005	0.005	0.005	0.005	0.005	0.005	0
阴离子表面活性剂≤	0.2	0.03	0.07	0.03	0.07	0.03	0.03	0
硫化物≤	0.2	0.008	0.006	0.006	0.009	0.006	0.006	-25.00
粪大肠菌群（个 /L）≤	10 000	145	147	373	1 662	1 008	1 300	796.55
水质评价结果（平均综合污染指数）		0.18	0.21	0.22	0.24	0.21	0.21	16.67
水质类别（总氮、粪大肠菌群不纳入考核）		III类	III类	III类	III类	III类	III类	/

注：数据来源于宝安区环境监测站，判断标准执行《地表水环境质量标准》(GB 3838—2002) III类水标准

表 5-4　宝安区石岩水库水环境质量表

（单位：mg/L）

分类项目	《地表水环境质量标准》(GB 3838—2002) III类标准	2011 年	2012 年	2013 年	2014 年	2015 年	2016 年	2011~2016 年变化率 /%
pH（无量纲）	6～9	7.61	7.58	7.64	7.48	8.03	7.76	1.97
溶解氧≥	5	9.22	8.69	9.11	7.86	7.73	7.82	-15.18
高锰酸盐指数≤	6	3.45	2.71	2.80	2.87	2.29	2.68	-22.32
化学需氧量（COD）≤	20	8.7	3.0	17.2	17.7	10.1	8.4	-3.45
五日生化需氧量（BOD$_5$）≤	4	5.63	3.60	3.95	1.95	2.88	3.75	-33.39
氨氮（NH$_3$-N）≤	1.0	0.83	0.25	0.23	0.21	0.12	0.18	-78.31
总磷（以 P 计）≤	0.05	0.11	0.08	0.05	0.05	0.05	0.04	-63.64
总氮（湖、库，以 N 计）≤	1.0	2.99	2.27	2.13	2.14	2.01	1.68	-43.81
铜≤	1.0	0.01	0.02	0.01	0.01	0.01	0.01	0
锌≤	1.0	0.05	0.05	0.05	0.07	0.05	0.05	0
氟化物（以 F$^-$ 计）≤	1.0	0.31	0.31	0.32	0.26	0.25	0.25	-19.35
硒≤	0.01	0.000 3	0.000 3	0.000 3	0.000 3	0.000 3	0.000 3	0
砷≤	0.05	0.000 8	0.000 5	0.000 3	0.000 5	0.000 4	0.000 4	-50.00
汞≤	0.000 1	0.000 03	0.000 04	0.000 05	0.000 05	0.000 02	0.000 02	-33.33
镉≤	0.005	0.000 07	0.000 08	0.000 13	0.000 06	0.000 50	0.000 50	614.29
铬（六价）≤	0.05	0.002	0.002	0.002	0.002	0.002	0.002	0
铅≤	0.05	0.001	0.001	0.001	0.001	0.002	0.001	0
氰化物≤	0.2	0.002	0.002	0.002	0.002	0.002	0.002	0
挥发酚≤	0.005	0.001	0.001	0.001	0.001	0.001	0.001	0
石油类≤	0.05	0.016	0.014	0.016	0.015	0.015	0.04	150.00
阴离子表面活性剂≤	0.2	0.03	0.05	0.03	0.03	0.03	0.03	0
硫化物≤	0.2	0.010	0.007	0.006	0.014	0.007	0.005	-50.00
粪大肠菌群/（个 /L）≤	10 000	3 743	4 218	1 980	2 924	1 867	4 787	27.89
水质评价结果（平均综合污染指数）		0.36	0.27	0.28	0.26	0.24	0.27	-25.00
水质类别（总氮、粪大肠菌群不纳入考核）		V类	IV类	III类	III类	III类	III类	/

注：数据来源于宝安区环境监测站，判断标准执行《地表水环境质量标准》(GB 3838—2002) III类水标准。

表 5-5　宝安区罗田水库水环境质量表

（单位：mg/L）

分类项目	《地表水环境质量标准》（GB 3838—2002）Ⅲ类标准	2011 年	2012 年	2013 年	2014 年	2015 年	2016 年	2011～2016 年变化率 /%
pH（无量纲）	6～9	8.10	7.65	7.48	7.45	7.48	7.30	-9.88
溶解氧≥	5	9.71	9.0	8.74	8.12	7.28	7.82	-19.46
高锰酸盐指数≤	6	3.86	5.14	3.32	3.41	2.69	2.56	-33.68
化学需氧量（COD）≤	20	8.80	/	15.0	26.20	13.10	8.40	-4.55
五日生化需氧量（BOD$_5$）≤	4	4.70	6.76	3.67	2.26	2.77	2.53	-46.17
氨氮（NH$_3$-N）≤	1.0	0.24	0.20	0.22	0.14	0.31	0.10	-58.33
总磷（以 P 计）≤	0.05	0.05	0.05	0.04	0.03	0.03	0.02	-60.00
总氮（湖、库，以 N 计）≤	1.0	1.04	1.31	1.30	1.18	1.22	0.81	-22.12
铜≤	1.0	0.01	0.02	0.01	0.03	0.02	0.02	100.00
锌≤	1.0	0.04	0.04	0.04	0.06	0.04	0.04	0
氟化物（以 F 计）≤	1.0	0.19	0.23	0.17	0.16	0.17	0.18	-5.26
硒≤	0.01	0.000 3	0.000 3	0.000 3	0.000 6	0.000 6	0.000 3	0
砷≤	0.05	0.001 5	0.001 1	0.000 3	0.000 3	0.000 5	0.000 7	-53.33
汞≤	0.000 1	0.000 02	0.000 04	0.000 04	0.000 03	0.000 04	0.000 02	5.26
镉≤	0.005	0.000 07	0.000 10	0.000 20	0.000 12	0.000 10	0.000 10	42.86
铬（六价）≤	0.05	0.004	0.004	0.004	0.004	0.004	0.004	0
铅≤	0.05	0.000 8	0.001 0	0.001 0	0.000 7	0.000 1	0.000 1	-87.50
氰化物≤	0.2	0.002	0.001	0.001	0.001	0.001	0.001	-50.00
挥发酚≤	0.005	0.004	0.003	0.003	0.003	0.003	0.002	-50.00
石油类≤	0.05	0.02	0.04	0.04	0.04	0.04	0.01	-50.00
阴离子表面活性剂≤	0.2	0.03	0.02	0.02	0.05	0.02	0.02	-33.33
硫化物≤	0.2	0.010	0.007	0.007	0.029	0.009	0.007	-30.00
粪大肠菌群 /（个 /L）≤	10 000	501	183	836	755	372	703	40.32
水质评价结果（平均综合污染指数）		0.29	0.34	0.29	0.30	0.28	0.19	-34.48
水质类别（总氮、粪大肠菌群不纳入考核）		Ⅳ类	Ⅴ类	Ⅲ类	Ⅲ类	Ⅲ类	Ⅲ类	/

注：数据来源于宝安区环境监测站，判断标准执行《地表水环境质量标准》（GB 3838—2002）Ⅲ类水标准。

表 5-6   宝安区长流陂水库水环境质量表

（单位：mg/L）

分类项目	《地表水环境质量标准》（GB 3838—2002）III类标准	2011年	2012年	2013年	2014年	2015年	2016年	2011～2016年变化率/%
pH（无量纲）	6～9	7.48	7.39	8.01	8.42	8.51	8.61	15.11
溶解氧≥	5	9.83	7.96	8.90	8.23	8.38	8.13	-17.29
高锰酸盐指数≤	6	5.40	4.55	3.89	4.13	3.68	4.50	-16.67
化学需氧量（COD）≤	20	/	/	19.1	18.6	18.8	4.56	
五日生化需氧量（BOD$_5$）≤	4	7.20	5.95	4.71	2.77	3.73	4.56	-36.67
氨氮（NH$_3$-N）≤	1.0	0.26	0.16	0.20	0.18	0.05	0.15	-42.31
总磷（以P计）≤	0.05	0.05	0.06	0.05	0.06	0.04	0.05	0
总氮（湖、库，以N计）≤	1.0	3.74	1.21	1.13	1.27	1.15	1.0	-73.26
铜≤	1.0	0.01	0.02	0.01	0.01	0.01	0.01	0
锌≤	1.0	0.03	0.04	0.04	0.05	0.03	0.01	-66.67
氟化物（以F计）≤	1.0	0.38	0.41	0.40	0.37	0.41	0.33	-13.16
硒≤	0.01	0.000 3	0.000 3	0.000 3	0.000 2	0.000 5	0.000 2	-33.33
砷≤	0.05	0.000 4	0.000 4	0.000 2	0.000 2	0.000 4	0.000 6	50.00
汞≤	0.000 1	0.000 001	0.000 04	0.000 05	0.000 04	0.000 02	0.000 02	100.00
镉≤	0.005	0.000 005	0.000 10	0.000 12	0.000 05	0.000 02	0.000 02	-60.00
铬（六价）≤	0.05	0.002 0	0.002 0	0.002 0	0.000 02	0.002 0	0.000 02	-99.00
铅≤	0.05	0.000 8	0.001 4	0.000 8	0.000 9	0.001 0	0.000 7	-12.50
氰化物≤	0.2	0.002	0.002	0.002	0.002	0.002	0.002	0
挥发酚≤	0.005	0.001	0.007	0.001	0.001	0.001	0.001	0
石油类≤	0.05	0.02	0.02	0.02	0.02	0.02	0.02	0
阴离子表面活性剂≤	0.2	0.03	0.03	0.03	0.07	0.03	0.07	133.33
硫化物≤	0.2	0.011	0.007	0.007	0.018	0.005	0.008	-27.27
粪大肠菌群（个/L）≤	10 000	790	185	145	1 993	158	1 777	124.94
水质评价结果（平均综合污染指数）		0.29	0.32	0.32	0.29	0.29	0.29	/
水质类别（总氮、粪大肠菌群不纳入考核）		V类	IV类	IV类	III类	III类	IV类	

注：数据来源于宝安区环境监测站，判断标准执行《地表水环境质量标准》（GB 3838—2002）III类水标准。

表5-7 宝安区9座小（2）型以上水库2016年水环境质量表 （单位：mg/L）

分类项目	《地表水环境质量标准》(GB 3838—2002) Ⅲ类标准	九龙坑水库	七沥水库	屋山水库	立新水库	五指耙水库	老虎坑水库	担水河水库	石岩水库	牛咘斗水库
pH（无量纲）	6～9	7.39	9.40	9.32	8.96	8.73	7.71	6.99	8.42	8.07
溶解氧≥	5	7.23	9.74	9.15	7.93	8.96	6.44	6.83	9.15	7.61
高锰酸盐指数≤	6	1.45	4.37	4.56	5.03	3.20	6.05	3.10	2.30	1.83
化学需氧量（COD）≤	20	5.0	19.91	19.41	29.12	11.15	47.35	13.25	8.52	5.0
五日生化需氧量（BOD$_5$）≤	4	1.0	5.98	4.67	3.42	1.60	10.38	3.10	1.0	1.0
氨氮（NH$_3$-N）≤	1.0	0.01	0.19	0.20	0.10	0.17	11.43	1.50	0.14	0.15
总磷（以P计）≤	0.05	0.01	0.06	0.05	0.02	0.02	0.15	0.11	0.02	0.01
总氮（湖、库，以N计）≤	1.0	0.57	1.68	1.36	1.33	0.98	14.11	3.76	1.08	0.65
铜≤	1.0	<0.009	<0.009	<0.009	<0.009	<0.009	<0.009	<0.009	<0.009	<0.009
锌≤	1.0	0.014	0.016	0.021	0.027	0.012	0.017	0.018	0.015	0.011
氟化物（以F$^-$计）≤	1.0	0.11	0.27	0.25	0.18	0.10	0.26	0.27	0.12	0.45
硒≤	0.01	<0.0003	<0.0003	<0.0003	<0.0003	<0.0003	<0.0003	<0.0003	<0.0003	<0.0003
砷≤	0.05	<0.0002	<0.0002	<0.0002	<0.0002	<0.0002	<0.0002	<0.0002	<0.0002	<0.0002
汞≤	0.0001	<0.00004	<0.00004	<0.00004	<0.00004	<0.00004	<0.00004	<0.00004	<0.00004	<0.00004
镉≤	0.005	<0.003	<0.003	<0.003	<0.003	<0.003	<0.003	<0.003	<0.003	<0.003
铬（六价）≤	0.05	<0.004	<0.004	<0.004	<0.004	<0.004	<0.004	<0.004	<0.004	<0.004
铅≤	0.05	<0.02	<0.02	<0.02	<0.02	<0.02	<0.02	<0.02	<0.02	<0.02
氰化物≤	0.2	<0.002	<0.002	<0.002	<0.002	<0.002	<0.002	<0.002	<0.002	<0.002
挥发酚≤	0.005	0.0014	0.0015	0.0015	0.0017	0.0008	0.0015	0.5011	0.0012	0.0017
石油类≤	0.05	0.06	0.04	0.06	0.06	0.05	0.04	0.03	0.06	0.05
阴离子表面活性剂≤	0.2	<0.05	<0.05	<0.05	<0.05	<0.05	<0.05	<0.05	<0.05	<0.05
硫化物≤	0.2	<0.005	<0.005	<0.005	<0.005	<0.005	<0.005	<0.005	<0.005	<0.005
粪大肠菌群/（个/L）≤	10 000	37	300	125	145	755	48 650	18 550	1 900	11 735
水质评价结果（平均综合污染指数）		0.22	0.48	0.46	0.42	0.32	1.87	4.97	0.31	0.31
水质类别		Ⅲ类	Ⅴ类	Ⅳ类	Ⅳ类	Ⅲ类	劣Ⅴ类	劣Ⅴ类	Ⅳ类	Ⅳ类

（单位：mg/L）

表 5-8 宝安区近岸海域水环境质量表

分类项目	《海水水质标准》（GB 3097—1997）Ⅲ类标准	2011 年	2012 年	2013 年	2014 年	2015 年	2016 年	2011～2016 年变化率 /%
pH（无量纲）	6.8～8.8	7.82	7.73	7.65	7.82	7.82	7.73	-1.15
溶解氧≥	4	4.77	6.57	6.91	6.25	6.29	5.85	22.64
悬浮物≤	100	/	/	35.9	52.8	8.0	10.9	/
COD≤	4	1.37	1.56	1.50	1.89	1.10	0.70	-48.91
BOD₅≤	4	0.84	0.78	1.01	1.25	0.63	0.80	-4.76
活性磷酸盐≤	0.030	0.036	0.045	0.050	0.086	0.073	0.069	91.67
非离子氨≤	0.020	0.014	0.004	0.007	0.006	0.003	0.008	-42.86
无机氮≤	0.40	1.251	1.721	1.875	1.881	1.564	1.823	45.72
铜≤	0.050	0.002 6	0.003 0	0.002 7	0.002 7	0.002 1	0.002 8	7.69
锌≤	0.100 0	/	/	0.007 8	0.002 8	0.005 4	0.008 5	/
砷≤	0.050	/	0.000 3	0.004 0	0.002 0	0.001 3	0.000 2	/
汞≤	0.000 2	0.000 02	0.000 02	0.000 04	0.000 02	0.000 02	0.000 02	0
镉≤	0.010	0.000 1	0.000 1	0.000 2	0.000 1	0.000 1	0.000 1	0
铅≤	0.010	0.000 5	0.000 3	0.000 6	0.000 7	0.000 3	0.000 4	-20.00
石油类≤	0.30	0.02	0.02	0.04	0.02	0.02	0.02	0
粪大肠菌群 /（个 /L）≤	10 000	250	600	1 800	932.5	4 950	3 563	1 325.20
水质评价结果（最大因子评价法）		劣Ⅳ类	劣Ⅳ类	劣Ⅳ类	劣Ⅳ类	劣Ⅳ类	劣Ⅳ类	/

注：数据来源于《深圳市宝安区环境质量报告书》和《深圳市宝安区环境质量分析报告》，执行《海水水质标准》（GB 3097—1997）Ⅲ类标准。

5.2.5 地下水环境质量表

2011年和2012年，宝安区地下水水质未纳入常规监测。2013年宝安区开展了地下水普查工作。2014年和2015年开展了常规水文水质监测工作，监测项目为水位、水温及部分水质监测项目。考虑到水质监测项目不全或者缺失，2016年对地下水开展水质监测工作，旱季和雨季各监测一次（旱季为11月至次年3月，雨季为4～10月），水质监测结果如表5-9所示。

（1）地下水质量评价

根据监测结果，宝安区13个监测井均为《地下水质量标准》（GB/T 14848—2017）中V类水质。各监测井的定类指标如下。

凤凰社区监测井定类指标为菌落总数（34 500个/mL）、总大肠菌群（＞230个/L），水质为V类。

黄埔社区监测井定类指标为菌落总数（5850个/mL）、总大肠菌群（＞230个/L），水质为V类。

上寮社区监测井定类指标为菌落总数（2000个/mL）、总大肠菌群（＞230个/L），水质为V类。

潭头社区监测井定类指标为氨氮（16.717mg/L）、菌落总数（8700个/mL）、总大肠菌群（＞230个/L），水质为V类。

溪头社区监测井定类指标为菌落总数（9750个/mL）、总大肠菌群（＞230个/L），水质为V类。

罗田社区监测井定类指标为氨氮（8.398mg/L）、总大肠菌群（＞230个/L），水质为V类。

桥头社区监测井定类指标为氨氮（12.432mg/L）、亚硝酸盐（0.133mg/L）、菌落总数（96 000个/mL）、总大肠菌群（＞230个/L），水质为V类。

上合社区监测井定类指标为氨氮（1.592mg/L）、亚硝酸盐（0.162mg/L）、菌落总数（9350个/mL）、总大肠菌群（＞230个/L），水质为V类。

布心社区监测井定类指标为菌落总数（176 750个/mL）、总大肠菌群（＞230个/L），水质为V类。

塘头社区监测井定类指标为pH（4.92）、菌落总数（119 050个/mL）、总大肠菌群（＞230个/L），水质为V类。

罗租社区监测井定类指标为氨氮（3.318mg/L）、菌落总数（29 034个/mL）、总大肠菌群（＞230个/L），水质为V类。

黄麻布社区监测井定类指标为菌落总数（11 700个/mL）、总大肠菌群（＞230个/L），水质为V类。

钟屋社区监测井定类指标为氟化物（20.862mg/L）、氨氮（4.487mg/L）、亚硝酸盐（0.270mg/L）、菌落总数（178 050个/mL）、总大肠菌群（＞230个/L），水质为V类。

表 5-9 宝安区 2016 年地下水环境质量表

（单位：mg/L）

水质指标	《地下水质量标准》(GB/T 14848—2017) Ⅲ类标准	凤凰社区	黄埔社区	上寮社区	谭头社区	溪头社区	罗田社区	桥头社区	上合社区	布心社区	塘头社区	罗租社区	黄麻布社区	钟屋社区
色度/度	≤15	5	5	5	5	5	8	5	5	5	5	5	8	8
浑浊度/NTU	≤3	1.50	0.30	0.42	1.83	0.55	1.95	0.32	0.67	1.68	1.13	0.53	2.40	0.90
臭和味（无量纲）	无	无	无	无	无	无	无	无	无	无	无	无	无	无
肉眼可见物（无量纲）	无	无	无	无	有	有	有	有	有	有	有	有	有	有
pH（无量纲）	≥6.5, ≤8.5	7.07	8.36	6.45	7.70	6.55	6.94	6.69	6.52	6.26	4.92	6.26	6.77	5.83
总硬度（以CaCO₃计）	≤450	132.83	62.52	189.50	103.83	84.97	104.22	159.50	101.88	41.92	17.93	141.50	111.00	197.67
溶解性总固体	≤1000	440.0	355.17	619.83	469.67	265.17	455.83	593.17	405.33	139.33	95.33	684.00	205.50	514.50
挥发酚	≤0.002	<0.002	<0.002	<0.002	<0.002	<0.002	<0.002	<0.002	<0.002	<0.002	<0.002	<0.002	<0.002	<0.002
阴离子表面活性剂	≤0.3	<0.05	<0.05	<0.05	<0.05	<0.05	<0.05	<0.05	<0.05	<0.05	<0.05	<0.05	<0.05	<0.05
氧化物	≤0.05	<0.002	<0.002	<0.002	<0.002	<0.002	<0.002	<0.002	<0.002	<0.002	<0.002	<0.002	<0.002	<0.002
六价铬	≤0.05	<0.004	<0.004	<0.004	<0.004	<0.004	<0.004	<0.004	<0.004	<0.004	<0.004	<0.004	<0.004	<0.004
硫酸盐	≤250	43.433	53.283	70.017	37.800	50.850	13.698	44.900	20.002	1.460	35.200	43.533	38.583	31.683
氯化物	≤250	35.517	51.250	120.900	29.117	69.700	44.442	63.317	24.317	6.678	58.960	38.363	29.370	105.662
氟化物	≤1.0	0.167	0.487	0.070	0.185	0.205	0.078	0.110	0.310	0.075	0.020	0.265	0.075	20.862
硝酸盐	≤20.0	14.683	7.937	24.000	1.687	1.485	5.562	21.133	5.098	2.753	21.265	15.503	11.223	7.575
氨氮	≤0.50	0.072	0.335	0.377	16.717	0.063	8.398	12.432	1.592	0.040	0.062	3.318	0.172	4.487
亚硝酸盐	≤1.00	0.007	0.073	0.073	2.235	0.009	0.034	0.133	0.162	0.002	0.008	0.066	0.028	0.270
高锰酸盐指数	≤3.0	0.720	0.972	0.815	3.643	0.902	3.140	1.382	0.845	0.205	0.480	0.482	1.865	1.680
铁	≤0.3	0.039	0.008	0.014	0.072	0.012	0.045	0.017	0.018	0.025	0.074	0.005	0.018	0.013
锰	0.10	0.004	0.003	0.046	0.054	0.028	0.097	0.931	0.021	0.009	0.173	0.049	0.008	0.232
铜	≤1.00	<0.009	<0.009	<0.009	0.037	<0.009	0.014	<0.009	<0.009	<0.009	<0.009	<0.009	<0.009	<0.009
锌	≤1.00	0.008	0.009	0.032	0.042	0.011	0.012	0.022	0.023	0.014	0.021	0.029	0.056	0.022
镉	≤0.005	0.0005	0.0005	0.0005	0.0005	0.0005	0.0005	0.0005	0.0005	0.0005	0.0005	0.0005	0.0005	0.0005

续表

水质指标	《地下水质量标准》(GB/T 14848—2017) III类标准	凤凰社区	黄埔社区	上寮社区	潭头社区	溪头社区	罗田社区	桥头社区	上合社区	布心社区	塘头社区	罗租社区	黄麻布社区	钟屋社区
铅	≤0.01	<0.0025	<0.0025	<0.0025	<0.0025	<0.0025	<0.0025	<0.0025	<0.0025	<0.0025	<0.0025	<0.0025	<0.0025	<0.0025
钼	≤0.07	<0.01	<0.01	<0.01	<0.01	<0.01	<0.01	<0.01	<0.01	<0.01	<0.01	<0.01	<0.01	<0.01
钴	≤0.05	<0.004	<0.004	<0.004	<0.004	<0.004	<0.004	0.005	0.009	0.012	<0.004	<0.004	<0.004	0.014
镍	≤0.02	<0.006	<0.006	<0.006	<0.006	<0.006	<0.006	<0.006	<0.006	<0.006	<0.006	<0.006	<0.006	<0.006
砷	≤0.01	<0.0002	<0.0002	<0.0002	0.0276	<0.0002	0.00715	<0.0002	<0.0002	<0.0002	<0.0002	<0.0002	<0.0002	0.00175
硒	≤0.01	<0.0003	<0.0003	<0.0003	<0.0003	<0.0003	<0.0003	<0.0003	<0.0003	<0.0003	<0.0003	<0.0003	<0.0003	<0.0003
汞	≤0.001	<0.00004	<0.00004	<0.00004	<0.00004	<0.00004	<0.00004	<0.00004	<0.00004	<0.00004	<0.00004	<0.00004	<0.00004	<0.00004
菌落总数/(个/mL)	≤100	34500	5850	2000	8700	9750	550	96000	9350	176750	119050	29034	11700	178050
总大肠菌群/(个/L)	≤3.0	>230	>230	>230	>230	>230	>230	>230	>230	>230	>230	>230	>230	>230
碘化物	≤0.08	0.02774	0.01995	0.04778	0.03997	0.02922	0.04664	0.02669	0.1987	0.0010	0.0064	0.0739	0.0047	0.5167
滴滴涕(总量)/(μg/L)	≤1.00	<0.0002	<0.0002	<0.0002	<0.0002	<0.0002	<0.0002	<0.0002	<0.0002	<0.0002	<0.0002	<0.0002	<0.0002	<0.0002
六六六(总量)/(μg/L)	≤5.00	<0.0002	<0.0002	<0.0002	<0.0002	<0.0002	<0.0002	<0.0002	<0.0002	<0.0002	<0.0002	<0.0002	<0.0002	<0.0002
铍	≤0.002	<0.000003	<0.000003	<0.000003	<0.000003	<0.000003	<0.000003	<0.000003	<0.000003	<0.000003	<0.000003	<0.000003	<0.000003	<0.000003
钡	≤0.70	0.03	0.03	0.14	0.02	0.05	0.02	0.04	0.03	0.03	0.03	0.05	0.07	0.04
总α放射性/(Bq/L)	≤0.5	0.012	0.018	0.018	0.017	0.018	0.020	0.022	0.023	0.019	0.018	0.021	0.018	0.025
总β放射性/(Bq/L)	≤1.0	0.167	0.156	0.180	0.157	0.164	0.189	0.194	0.213	0.188	0.167	0.193	0.155	0.200
水质类别	/	V类	V类	V类	V类	V类	V类	V类	V类	V类	V类	V类	V类	V类
综合污染指数	/	0.72	2.59	2.59	79.13	0.72	29.71	43.99	5.75	0.71	1.23	11.74	1.0	15.93

注：NTU 为散射浊度单位；数据来源于《宝安区水资源资产负债表水质监测项目检测报告》（华保科技检测报告编号：HB1607ABHS1150010）

（2）污染现状评价

污染现状评价采用《地下水质量标准》（GB/T 14848—2017）中的Ⅲ类水质为评价标准，进行单项污染评价和综合评价。

单项指标的污染指数计算公式为

$$I = C/C_0 \tag{5-1}$$

式中，I 为某项污染物的污染指数；C 为某项污染物的实测含量；C_0 为某项污染物在《地下水质量标准》中的Ⅲ类标准所对应数据。其中 pH、臭和味、肉眼可见物、细菌学指标不纳入评价。

多项指标的综合污染指数计算公式为

$$PI = \sqrt{\frac{\bar{I}^2 + I_{max}^2}{2}} \tag{5-2}$$

$$\bar{I} = \frac{1}{n} \sum_{i=1}^{n} I_i \tag{5-3}$$

式中，$\bar{I}$ 为各单项组分评分值 I 的平均值；I_{max} 为单项组分评分值 I 的最大值；n 为项数。

根据 PI 计算结果，按以下规定划分地下水污染级别。

级别	未污染	轻微污染	中等污染	严重污染
PI	PI ≤ 1	1 < PI ≤ 2.5	2.5 < PI ≤ 5	PI > 1

根据监测数据进行评价，宝安区 13 个监测点位，未污染的有 4 个；轻微污染的有 1 个；中度污染的有 2 个；严重污染的有 6 个，分别是潭头、罗田、桥头、上合、罗租和钟屋社区，如表 5-10 所示。

表 5-10 宝安区 2016 年地下水水质污染现状评价结果

监测点位	凤凰社区	黄埔社区	上寮社区	潭头社区	溪头社区	罗田社区	桥头社区	上合社区	布心社区	塘头社区	罗租社区	黄麻布社区	钟屋社区
污染级别	未污染	中度污染	中度污染	严重污染	未污染	严重污染	严重污染	严重污染	未污染	轻微污染	严重污染	未污染	严重污染

第 6 章

宝安区两河一库水资源资产
负债表编制

6.1 茅洲河水资源资产负债表

6.1.1 茅洲河概况

6.1.1.1 自然环境

茅洲河流域属珠江水系，位于深圳市西北部宝安区和光明新区，发源于深圳市的羊台山北麓，自东南向西北流经光明新区和宝安区，在宝安区沙井街道民主村汇入珠江口伶仃洋。在宝安区松岗街道西北部，该河流为深圳市和东莞市的界河，该段又称东宝河，全河段习惯上统称茅洲河，是深圳市最长的河流。

茅洲河干流全长 31.29km，其中，光明新区段长 11.59km，宝安区段长 19.71km，下游与东莞市的接合段长 11.68km。河流最宽处为 110m。茅洲河流域面积 388.23km²，其中深圳市段面积 310.85km²，东莞市段面积 77.38km²，平均年径流量 33 632.4 万 m³，河床平均比降为 0.71‰。

茅洲河水系呈不对称树枝状分布，有一级支流 23 条，其中宝安区有 11 条，总长度 45.32km，二、三级支流 18 条，总长度 70.21km。其中流域面积大于 20km² 的较大支流有石岩河、罗田水、排涝河。

6.1.1.2 社会经济

茅洲河流域流经宝安区石岩、燕罗、松岗、沙井 4 个街道，光明新区玉塘、凤凰、光明、马田、新湖、公明 6 个街道。根据 2016 年底统计调查显示，茅洲河流域深圳范围内的 10 个街道的户籍人口为 14.6 万人，常住人口 182.5 万人。

宝安区 2016 年 GDP 为 3003.44 亿元，比上年增长 8.8%。其中，第一产业增加值 0.92 亿元，下降 29.4%；第二产业增加值 1495.01 亿元，增长 7.1%；第三产业增加值 1507.51 亿元，增长 10.4%。光明新区 2016 年 GDP 为 726.39 亿元，比上年增长 9.1%。其中，第一产业增加值 1.05 亿元，下降 28.7%；第二产业增加值 458.29 亿元，增长 8.3%；第三产业增加值 267.05 亿元，增长 10.7%。

6.1.1.3 治理措施

（1）河流综合整治

一是实施河流治理大会战。2013 年 2 月，宝安区印发了《宝安区河流治理大会战工作方案》，全面实行河长制。宝安区政府将河长制工作列入绩效考核，宝安区环境保护和水务局会同监察局、督查室，按照河长制工作考核细则定期检查考评工作落实情况。各级河长亲力亲为、上岗履责，形成了强大的工作推力，66条河流均制定"一河一策"及工作白皮书，实现了66条河流日常管养的全覆盖。

二是强力推进茅洲河流域综合整治。2015年，宝安区以茅洲河流域为试点，以改善河流水质和按时间节点完成任务为目标，与实力雄厚、经验丰富、有成功治理案例的中央企业合作，采取公私合营（PPP）模式，整体打包，综合治理。茅洲河流域综合整治项目通过在全国公开招标，最终由中国电力建设集团有限公司和中国电建集团华东勘测设计研究院有限公司组成的联合体成功中标，将茅洲河流域水环境综合整治在建项目和拟开工建设项目全部打包成为"茅洲河流域（宝安区片区）水环境综合整治项目（设计采购施工项目总承包）"，项目总投资152亿，预计2018年底完工。

（2）基础设施建设

一是加快污水处理厂建设。积极开展公明污水处理厂（10万t/天）的建设工作，目前由深圳市首创水务有限公司负责运营，处理石岩及公明玉律、红星、长圳地区的生活污水，经处理达标后，排入茅洲河的支流玉田河作为茅洲河的景观用水；沙井污水处理厂二期（35万t/天）、松岗水质净化厂二期（15万t/天）全面启动，目前处于施工阶段。

二是开展污水干管工程建设。2009～2012年，完成沙井污水处理厂配套污水干管二期工程62km，完成燕川污水处理厂配套污水干管二期工程20km，完成石岩排污管网工程70km。

三是开展污水支管网工程建设。2012～2015年，完成沙井污水处理厂沙井片区污水支管网一期工程41.5km，沙井污水处理厂松岗片区污水支管网一期工程28km；2012～2013年，完成燕川污水处理厂松岗片区污水支管网一期工程22km，完成公明污水处理厂石岩片区污水支管网一期工程16.8km。

四是开展雨污分流管网工程建设。2015～2016年，完成沙井污水处理厂服务片区雨污分流管网工程262.7km；完成燕川污水处理厂服务片区雨污分流管网工程55.7km；完成公明污水处理厂石岩街道片区雨污分流管网工程18.8km。

（3）重污染企业治理

一是开展污染源调查。根据《深圳市水污染源调查工作方案》，对全区范围内的542家重点污染源企业、1514家一般污染源企业进行系统排查，对茅洲河流域19条河流1047个排水口，珠江口流域38条河流3647个排水口进行定位、拍照、检测等，全面掌握了宝安区水污染状况，并重点开展了茅洲河流域污染源普查和重点排污单位核查工作，建立了全流域工业污染源静态数据库，绘制了茅洲河工业污染源地图。

二是加快重污染企业和落后产能淘汰。2013～2016年，宝安区共淘汰关停茅洲河流域重污染企业88家，仅2016年就淘汰关停36家，改造34台柴油或生物质锅炉，新增天然气、电锅炉 14 台，清洁能源锅炉达到 106 台。现在全区茅洲河流域内涉水重点污染企业还剩 325 家。

三是持续开展重污染企业清洁生产审核。根据《关于 2016 年淡水河、石马河污染整治目标和任务完成情况的通报》和《关于 2016 年广佛跨界河流、茅洲河、练江、小东江污染整治目标和任务完成情况的通报》的要求，2016 年共完成了茅洲河流域 78 家重污染企业的清洁生产审核工作。

（4）环境监督执法

一是严格环保准入。宝安区严格执行《茅洲河流域工业污染源限批导向》，按照茅洲河流域限批项目清单，进行行业限批、企业限批、区域限批，禁止重污染项目、重污染工艺在流域内落地，2016 年茅洲河流域内环境评价审批 724 宗，否决 87 宗，否决率高达 12.02%。

二是组织开展环保执法大检查。2016 年宝安区组织了茅洲河专项执法、重点污染源专项检查和交叉执法等多次执法大检查。其中茅洲河流域专项执法行动，抽调各监管部门骨干近 60 人，成立 17 个工作小组，共检查企业 336 家，开展突击检查 6 次，共查处污染物超标排放、擅自增设污染工艺的违法行为 23 宗；重点污染源专项检查行动共检查在管污染源 133 家次，查处超标企业 17 家；交叉执法行动共检查企业 313 家，其中区环境保护和水务局在管企业 205 家，对存在超标企业，实现谁查谁处。通过环保大检查，全面梳理和处理未批先建、未验先投项目，2016 年共清理和上报未批先建、未验先投项目 97 宗，现已淘汰关闭企业 44 家，整顿规范 52 家，完善备案 1 家，完成率达 100%。

三是全面加强流域水质监管。2013 年开始，宝安区将辖区内 66 条河流全部纳入常规监测范围，其中包括茅洲河干流和 18 条支流，监测项目为流量、水温、电导率、透明度、氧化还原电位、溶解氧、pH、悬浮物、高锰酸盐指数、化学需氧量、五日生化需氧量、氨氮、总磷、总氮、六价铬、铜、锌、硒、砷、汞、镉、铅、氟化物、氰化物、硫化物、挥发酚、石油类、阴离子表面活性剂和粪大肠菌群 29 项，每季度第一个月监测 1 次。通过开展常规监测，可以实时掌握河流水质变化情况，为政府决策和科学研究提供数据支撑。

四是全面推行河长制。2012 年宝安区人民政府印发了《宝安区实行河流河长制工作方案》，明确了工作目标、工作任务、工作重点、河长职责等关键内容，范围涵盖茅洲河干流和 18 条支流。2013 年，宝安区河长制工作领导小组办公室印发了《宝安区河长制 2013 年工作考核实施细则》，考核结果列入各级领导干部绩效考评指标体系。河长制的实施，有效调动了地方政府履行环境监管职责的执政能力。让各级党政主要负责人亲自抓环保，有利于统筹协调各部门力量，运用法律、经济、技术等手段保护环境，方便各级地方领导直接进行环保决策和管理，对改善茅洲河水环境质量具有重要意义。

6.1.2 实物量核算及其流向

根据"宝安区水资源资产负债表框架体系模式",结合茅洲河干流实地调研情况,搭建茅洲河干流实物量表框架,包括河长和水域面积两个指标,如表 6-1 所示。

表 6-1 茅洲河干流(宝安区)水资源资产实物量表

年份	河长 /km	水域面积 /km²
2011 年(期初)	19.71	/
2012 年	19.71	/
2013 年	19.71	/
2014 年	19.71	/
2015 年	19.71	/
2016 年(期末)	19.71	1.65
变化量	0	/
变化率	0	/

注:数据来源于宝安区环境保护和水务局

2011 ~ 2016 年,茅洲河干流河长始终保持为 19.71km。从人为影响和自然干扰两个方面对其进行分析。在人为影响方面,不管是本级政府还是上级政府,均未采取措施改变茅洲河干流自然岸线形状;在自然干扰方面,宝安区未发生导致茅洲河干流自然岸线发生改变的重大自然灾害事故。

因茅洲河干流水域面积指标并非常规监测项目,2016 年以前数据已无法获知,2016 年通过实测估算获得,为 1.65km²。因此,水域面积变化量无法核算,在实物量流向表中亦未对水域面积变化原因进行分析,如表 6-2 所示。

表 6-2 茅洲河干流水资源资产实物流向表

实物指标	期初值	期末值	人为影响				自然干扰	
			本级		上级			
			变化量	原因	变化量	原因	变化量	原因
河长 /km	19.71	19.71	0	2011 ~ 2016 年,本级政府未采取导致河道自然岸线发生明显改变的措施	0	2011 ~ 2016 年,上级政府未采取导致河道自然岸线发生明显改变的措施	0	2011 ~ 2016 年,宝安区未发生导致河道自然岸线发生明显改变的重大自然灾害
水域面积 /km²	/	1.65	由于河流水域面积并非常规监测项目,因此变化量及其原因暂时无法核算和分析					

6.1.3 质量核算及其流向

根据"宝安区水资源资产负债表框架体系模式",结合茅洲河干流实地调研情况,搭建茅洲河干流质量表框架,包括水质类别和平均综合污染指数两个指标,如表 6-3 所示。

表 6-3 茅洲河干流水资源资产质量表框架

年份	水质类别	平均综合污染指数
2011 年(期初)	劣 V 类	2.35
2012 年	劣 V 类	1.74
2013 年	劣 V 类	1.28
2014 年	劣 V 类	1.60
2015 年	劣 V 类	1.34
2016 年(期末)	劣 V 类	0.92
变化量	/	−1.43
变化率	/	−60.85%

注:数据来源于宝安区环境监测站;平均综合污染指数计算选取《地表水环境质量标准》(GB 3838—2002)中除水温、总氮和粪大肠菌群 3 项外的 21 项指标

2011 ～ 2016 年,茅洲河干流水质始终为劣 V 类水体,主要超标污染物为氨氮和总磷。

2011 ～ 2016 年,茅洲河干流平均综合污染指数从 2.35 降至 0.92,下降幅度超过 60%,水环境质量得到明显改善,主要归因于上下级政府通力合作,经费投入增加,从工程、管理、执法等方面入手,加大了茅洲河干流污染治理力度,致使茅洲河干流水体环境质量大幅改善(表 6-4)。

6.1.4 价值核算

6.1.4.1 指标选取

根据"第 4 章 宝安区水资源资产负债表框架体系构建",结合茅洲河干流实地调研情况,搭建茅洲河干流自然资源资产价值评估指标体系,包含实物资产价值和生态系统服务功能价值 2 个一级指标。其中实物量价值包括供水价值和水产品生产价值 2 个二级指标;生态系统服务功能价值包括内陆航运价值、贮水价值、河流输沙价值、调蓄洪水价值、水质净化价值、气候调节价值、休闲娱乐价值、生物多样性维持价值 8 个二级指标。

表 6-4 茅洲河干流水资源资产质量流向表

实物指标	期初值	期末值	人为影响				自然干扰	
			本级		上级			
			变化量	原因	变化量	原因	变化量	原因
水质类别	劣V类	劣V类	0	2011～2016 年，宝安区政府采取了系列包括工程、管理、执法等措施来改善茅洲河干流水质。工程方面：①沙井污水处理厂提升改造；②污水管网建设，如沙井污水处理厂服务片区污水管网接驳完善工程等；③雨污分流管网建设，如沙井街道共和片区雨污分流管网工程等；④茅洲河流域（宝安区片区）水环境综合整治项目，包括管网建设、河道整治等。管理方面：①河道日常管养；②水质常规监测；③清洁生产审核，仅 2016 年完成 78 家重污染企业的清洁生产审核工作；④实施河长制。执法方面：①淘汰低端落后产能，2013～2016 年，共淘汰关停茅洲河流域重污染企业 88 家；②严格环保准入，严格执行《茅洲河流域工业污染源限批导向》；③环保执法大检查 2011～2016 年，茅洲河干流水质大幅度改善，但由于茅洲河干流水质污染过于严重，历史欠账过多，因此水质类别还是劣V类	0	2011～2016 年，上级政府采取了系列包括工程、管理、执法等措施来改善茅洲河干流水质。工程方面：联合宝安区政府，共同实施茅洲河流域（宝安区片区）水环境综合整治项目。管理方面：①开展茅洲河干流排污口摸底调查，共发现 125 个排污口；②联合宝安区政府，开展茅洲河流域污染源普查和重点排污单位核查工作，建立全流域工业污染源静态数据库，并绘制茅洲河工业污染源地图；③实施河长制；④实施生态文明建设考核。执法方面：与宝安区政府联合开展环保执法大检查 2011 年～2016 年，茅洲河干流水质大幅度改善，但由于茅洲河干流水质污染过于严重，历史欠账过多，因此水质类别还是劣V类	/	/
平均综合污染指数	2.35	0.92	-1.43	2011～2016 年，深圳市政府和宝安区政府从工程、管理、执法等方面入手，加大了茅洲河干流污染治理力度，茅洲河干流平均综合污染指数大幅下降			/	/

6.1.4.2 价值核算

1. 供水价值

茅洲河干流当前水质为劣V类，在实地调研过程中，没有发现供水设施，因此茅洲河干流不具有供水价值。

2. 水产品生产价值

在反复多次的实地调研和问卷走访过程中，未发现养殖、捕捞等行为，因此茅洲河干流不具有水产品生产价值。

3. 内陆航运

茅洲河干流内陆航运价值采用市场价值法进行评估，计算公式见式（4-14）。

根据茅洲河干流实地调研情况，全河段无客运码头，亦非客运轮船航线，在下游至河口处有 4 个砂石码头，2016 年平均每个码头每月经茅洲河运输砂石 3 万 m³，1m³ 砂石按 1.5t 计，一年按 7 个月计（剔除节假日等影响），4 个砂石码头一年运输砂石合计 126 万 t。4 个砂石码头平均距离河口按 3.2km 计。参考珠江内河货运的运价约为 0.07 元 /(t·km)。

因此可得，茅洲河干流内陆航运价值为 28.22 万元。

4. 贮水价值

茅洲河干流贮水价值采用替代工程法进行评估，计算公式见式（4-15）。

根据《宝安区环保水务设施统计手册》，茅洲河干流多年平均径流量为 33 632.4 万 m³；参考《盐田区 GEP 核算体系研究》，单位库容造价成本为 18.34 元 /m。

因此可得，茅洲河干流贮水价值为 431 772.75 万元。

5. 河流输沙

茅洲河干流输沙价值采用替代成本法进行评估，计算公式见式（4-16）。

根据《宝安区水资源资产负债表水质监测项目》报告，罗田水汇入点、燕川大桥、洋涌大桥、共和村 4 个监测断面的输沙量如表 6-5 所示。

表 6-5　茅洲河干流输沙量监测统计数据

监测断面	输沙量 /(t/ 年)
罗田水汇入点	3 404.84
燕川大桥	147 155.12
洋涌大桥	174 584.53
共和村	609 749.20
平均值	233 723.42

人工清理河道成本费用，参考《东江流域生态系统服务价值变化研究》（段锦等，2012）为 4.7 元 /t。

因此可得，茅洲河干流河流输沙价值为 109.85 万元。

6. 调蓄洪水

茅洲河干流调蓄洪水价值采用影子工程法进行评估，计算公式见式（4-17）

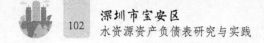

和式（4-18）。

根据《宝安区河流自然功能现状分析及调整研究报告》，茅洲河干流平均宽度约为95m，全长19.71km。根据2016年茅洲河干流最高洪水水位监测结果，得到茅洲河干流洪水水位与正常水位差，如表6-6所示。

表6-6　茅洲河干流2016年水位差统计情况

监测断面	最高洪水水位 /m
罗田水汇入点	7.10
燕川大桥	6.36
洋涌大桥	6.91
共和村	6.14
平均值	6.63

参考《盐田区 GEP 核算体系研究》，单位库容造价成本为18.34 元 /m³。因此可得，茅洲河干流调蓄洪水价值为22 767.91 万元。

7. 水质净化

茅洲河干流水质净化价值采用防治成本法进行评估，选取的污染因子为化学需氧量（COD）和氨氮（NH_3-N）。

当前茅洲河干流水质为劣 V 类，达不到水环境功能区的要求，因此在计算水质净化价值时，计算公式见式（4-20）。

《水域纳污能力计算规程》（GB/T 25173—2010）中指出："污染物在河段横断面上均匀混合，可采用河流一维模型计算水域纳污能力。主要适用于 Q（流量）＜150m³/s 的中小型河段。"《全国水资源综合规划——地表水资源保护补充技术细则》也对水环境容量计算模型的选择提供了指导：宽深比不大的中小河流，污染物质在较短的河段内，基本能在断面内均匀混合，断面污染物浓度横向变化不大，可采用一维水质模型计算纳污能力。根据相关统计资料，茅洲河干流多年平均径流量远小于150m³/s，因此在计算茅洲河干流水环境容量时，可采用一维模型。选择化学需氧量（COD）和氨氮（NH_3-N）两项指标计算茅洲河干流水环境容量。水环境容量计算公式如下：

$$W=86.4 \times Q(C_S-C)+10^{-3} kC_SQL/v \qquad (6-1)$$

式中，W 为水环境容量，单位为 kg/ 天；Q 为河水流量，单位为 m³/s；C_S 为水质目标浓度，单位为 mg/L；C 为污染物浓度，单位为mg/L；k 为污染物降解系数，单位为 / 天；L 为河段长度，单位为 m；v 为流速，单位为 m/s；$Q \times (C_S-C)$ 为稀释容量；$k \times C_S \times Q \times L/v$ 为自净容量。

根据《水域纳污能力计算规程》（GB/T 25173—2010）和《全国水资源综合规划——地表水资源保护补充技术细则》，确定综合衰减系数 k 的方法主要有水团追踪试验法、类比法、分析借用法、实测资料反推法等。其中实测资料反推法最为常用，计算公式如下：

$$k = 86.4 \times (\ln c_1 - \ln c_2) v / \Delta x \tag{6-2}$$

式中，c_1 为上游断面污染物浓度，单位为 mg/L；c_2 为下游断面污染物浓度，单位为 mg/L；v 为流速，单位为 m/s；Δx 为上、下游断面间距，单位为 km。

（1）COD 水环境容量

稀释容量计算公式为

$$W_稀 = Q \times (C_S - C) \tag{6-3}$$

根据宝安区河流水质监测报告，2016 年茅洲河 COD 平均浓度为 22.6mg/L，水质目标浓度为 40mg/L（《地表水环境质量标准》V 类）；由于缺少连续多年流量监测数据，在此采用《宝安区防洪排涝及河道治理专项规划》中 90% 保证率下设计径流量，为 9780.56 万 m³。

因此可得，茅洲河干流 COD 稀释容量为 4662.51kg/ 天。

自净容量计算公式为

$$W_自 = k \times C_S \times Q \times L / v \tag{6-4}$$

根据式（6-4）可知，只有当综合降解系数 $k > 0$ 时，河流才有自净容量。根据式（6-2）可知，只有 $c_1 > c_2$ 时，k 才会大于零，即只有河流上游断面污染物浓度大于下游污染物浓度时，综合降解系数才实际存在。

根据宝安区河长制的水质监测报告（表 6-7），燕川大桥断面 COD 浓度＜洋涌大桥断面 COD 浓度＜共和村断面 COD 浓度，因此，茅洲河干流稀释容量为零。综上可知，茅洲河干流 COD 水环境容量为 4662.51kg/ 天。

表 6-7　茅洲河干流 2016 年各监测断面 COD 浓度统计情况

序号	监测断面	COD 浓度 /（mg/L）
1	燕川大桥	20.43
2	洋涌大桥	25.60
3	共和村	25.85

（2）NH₃-N 水环境容量

稀释容量：根据《深圳市宝安区 2016 年环境质量分析报告》，茅洲河干流氨氮超标 3.9 倍，因此，茅洲河干流 NH₃-N 稀释容量为零。

自净容量：根据《深圳市宝安区 2016 年环境质量分析报告》，共和村断面 NH_3-N 浓度燕川大桥断面 NH_3-N 浓度＞洋涌大桥断面 NH_3-N 浓度，如表 6-8 所示。根据式（6-4）可知，燕川大桥与洋涌大桥之间存在 NH_3-N 自净容量。

表 6-8　茅洲河干流 2016 年各监测断面 NH_3-N 浓度统计情况

序号	监测断面	NH_3-N 浓度 /（mg/L）
1	燕川大桥	7.8
2	洋涌大桥	6.0
3	共和村	9.8

A. 综合降解系数 k

根据式（6-2）可得燕川-洋涌大桥 NH_3-N 的综合降解系数达到 12.31/ 天（表 6-9），这一数值明显高于地区乃至全国的 NH_3-N 综合降解系数平均值。考虑到实测资料反推法中的流速仅实地监测过 2 次，且部分断面流速太小导致误差大，在此认为根据实测资料反推法计算得到的 NH_3-N 综合降解系数不具有代表性。采用《基于大鹏新区区级行政单元的资源环境承载力核算》中 $k_{NH_3\text{-}N}$ 取值 0.03/ 天。

表 6-9　2016 年茅洲河干流燕川大桥-洋涌大桥断面基本信息

范围	流速 /（m/s）	距离 /km	目标浓度 /（mg/L）	90% 保证率下设计径流量 / 万 m^3
燕川 - 洋涌大桥	1.14	2.1	2.0	9780.56

注：流速数据来源于《宝安区水资源资产负债表水质监测项目》，流量数据来源于《宝安区防洪排涝及河道治理专项规划》

B. 自净容量

根据式（6-4）可得茅洲河干流 NH_3-N 的自净容量为 0.34kg/ 天。

综上所述，茅洲河干流 NH_3-N 水环境容量为 0.34kg/ 天。

（3）排污强度估算

根据《宝安区茅洲河流域排水口调查工作总结》，2016 年 COD 排放总量为 5948.94kg/ 天，NH_3-N 排放总量为 1064.41kg/ 天。

（4）剩余环境容量

河流实际环境容量与污染物排放强度之差即为河流剩余环境容量，即茅洲河干流剩余环境容量为零。

（5）水质净化价值

根据式（4-20）可得茅洲河干流水质净化价值为零。

8. 气候调节

茅洲河干流气候调节价值评估采用替代工程法，计算公式见式（4-21）。

根据 2016 年实地测量结果，茅洲河干流平均水面宽度约为 83.81m，宝安区茅洲河干流长为 19.71km，则 2016 年茅洲河干流水域面积约为 1.65km²。

1）吸收热量大小：深圳市多年平均水面蒸发量为 1752mm，考虑到随着温度升高，水的汽化热会越来越小，因此本研究取水在 100℃、1 标准大气压下蒸发的汽化热 2260kJ/kg，宝安区茅洲河干流水面蒸发吸收的总热量为 6.541×10^{12} kJ。

2）增加水汽量：深圳市多年平均水面蒸发量为 1752mm，茅洲河干流水域面积为 1.65km²，则水面蒸发的水量为 2.981×10^{6}m³。也就是说，茅洲河干流每年为空气提供 2.981×10^{6}m³ 水汽，提高了空气湿度。

因此可得，茅洲河干流气候调节价值为 78 261.85 万元。

9. 休闲娱乐

茅洲河干流休闲娱乐价值评估采用支付意愿法，计算公式见式（4-13）。

2016 年 10 月 10 ~ 17 日，在茅洲河干流的宝安区与光明新区交界处至洋涌大桥区间派发问卷 200 份，收回问卷 198 份，有效问卷 196 份。受访问者的居住地为宝安区的有 190 份，为其他区的有 1 份，非深圳的有 5 份。根据对问卷统计，茅洲河干流人均支付意愿为 46 元。茅洲河流域人口为 77.70 万人。

因此可得，茅洲河干流休闲娱乐价值为 3574.20 万元。

10. 生物多样性维持

茅洲河干流生物多样性维持价值评估采用支付意愿法，计算公式见式（4-22）。

《承德武烈河流域水生态系统服务功能经济价值研究》（郝彩莲，2011）中各级物种价格见表 6-10。

表 6-10　物种价格

鱼类或鸟类级别	价格 / 亿元
国家 I 级	5.0
国家 II 级	0.5
国家保护有益的或有重要经济、科学研究价值	0.1

为摸清宝安区河流生物多样性，特委托专业技术单位对西乡河开展了生物多样性调查，调查结果如表 6-11 ~ 表 6-13 所示。

表 6-11　宝安区西乡河上游样点调查结果

调查对象	调查日期	坐标	工作内容		调查结果					
宝安区西乡河	2016 年 8 月 16 日	22°36'20.83"N, 113°53'11.58"E	水质分析	评价标准《地表水环境质量标准》（GB 3838—2002）V 类		COD	总磷	氨氮	总氮	叶绿素 a
						15	0.4	2.0	2.0	/
				结果/(mg/L)		22.1	1.58	0.576	3.91	0.005 62
			藻类群落/(cell/L)	微小平裂藻	Merismopedia tenuissima				20 000	
				卵形隐藻	Cryptomonas ovata				10 000	
				鱼形裸藻	Euglena pisciformis				10 000	
				绿色颤藻	Oscillatoria chlorine				180 000	
				被甲栅藻博格变种双尾变型	Scenedesmus armatus var. boglariensis f. bicaudatus				10 000	
				针杆藻	Synedra sp.				20 000	
				尖尾蓝隐藻	Chroomonas acuta				10 000	
				四尾栅藻	Scenedesmus quadricauda				10 000	
			底栖群落	霍普水丝蚓	Limnodrilus hoffmeisteri				数量：33（ind）重量：0.023（g）	
				摇蚊蛹	Chironomidae pupa				数量：1（ind）重量：0.002（g）	
				羽摇蚊	Chironomus plumosus				数量：1（ind）重量：0.002（g）	
			鱼类等	采样面积：5×0.5m²，采样时间：15min，鱼种：尼罗罗非鱼 Oreochromis niloticus，重 63.2g，长 7.3cm；此外，发现有较多福寿螺，包括成体及虫卵						
			岸边人为活动干扰	西乡河上游段两边为沿河水泥道路，范围内多为已建成投产的工业区，河道中水量较少，流速很慢						

表 6-12　宝安区西乡河中游样点调查结果

调查对象	调查日期	调查点位	坐标	工作内容		COD	总磷	氨氮	总氮	叶绿素 a
				水质分析	《地表水环境质量标准》(GB 3838—2002) Ⅴ类	15	0.4	2.0	2.0	/
					结果 / (mg/L)	38.9	0.57	0.717	9.32	0.012 3
宝安区西乡河	2016年8月16日	西乡河中游	22°34′56.29″N, 113°52′28.81″E	藻类群落 / (cell/L)	绿色颤藻 *Oscillatoria chlorine*				180 000	
					针杆藻 *Synedra* sp.				10 000	
					被甲栅藻博格变种双尾变型 *Scenedesmus armatus* var. *boglariensis* f. *bicaudatus*				10 000	
					小形异极藻 *Gomphonema parvulum*				20 000	
					长圆舟形藻 *Navicula oblonga*				10 000	
					梅尼小环藻 *Cyclotella meneghiniana*				20 000	
					脆杆藻 *Chroomonas acuta*				170 000	
					四尾栅藻 *Scenedesmus quadricauda*				20 000	
				底栖群落	霍普水丝蚓 *Limnodrilus hoffmeisteri*				数量: 11 (ind)　重量: 0.014 (g)	
					灰蜻属 1 种 *Orthetrum* sp.				数量: 1 (ind)　重量: 0.023 (g)	
					羽摇蚊 *Chironomus plumosus*				数量: 7 (ind)　重量: 0.009 (g)	
					采样面积: 5×0.5m², 采样时间: 15min; 41.3g, 长 5.8cm					
				鱼类等					鱼种: 尼罗罗非鱼 *Oreochromis niloticus*, 重	
				岸边人为活动干扰	西乡河中游段两边为沿河水泥道路，范围内主要为人口较为密集的居住区、商铺，且采样河道断面中设置有垃圾格栅，水面上有一定的生活垃圾漂浮物通过					

表 6-13 宝安区西乡河下游样点调查结果

调查对象	调查日期	调查点位	坐标	工作内容		调查结果				
宝安区西乡河	2016年8月16日	西乡河下游	22°34'01.80"N,113°51'57.80"E	水质分析	《地表水环境质量标准》(GB 3838—2002) V类	COD	总磷	氨氮	总氮	叶绿素 a
						15	0.4	2.0	2.0	/
					结果 /（mg/L）	32.5	0.90	10.7	11.1	0.010 5
				藻类群落 /（cell/L）	四尾栅藻	*Scenedesmus quadricauda*		10 000		
					针杆藻	*Synedra* sp.		30 000		
					中华小尖头藻	*Raphidiopsis sinensia*		20 000		
					小环藻	*Cyclotella* sp.		10 000		
					伪鱼腥藻	*Pseudoanabaena* sp.		10 000		
					绿色颤藻	*Oscillatoria chlorine*		260 000		
					弓形藻	*Schroederia setigera*		10 000		
				底栖群落	霍普水丝蚓	*Limnodrilus hoffmeisteri*		数量：24（ind） 重量：0.018（g）		
					摇蚊蛹	*Chironomidae pupa*		数量：5（ind） 重量：0.011（g）		
					羽摇蚊	*Chironomus plumosus*		数量：13（ind） 重量：0.013（g）		
				鱼类等	采样面积：5×0.5m²，采样时间：15min，鱼类：无					
				岸边人为活动干扰	西乡河下游段两边沿河水泥道路，范围内主要为人口较为密集的居住区、商铺，水面上有一定的生活垃圾等漂浮物通过，河道上有乘船专门清理垃圾的工作人员					

对西乡河上、中、下游 3 个点位进行水生态系统调查，结果显示 3 个点位水质极差，生态系统受损严重，没有国家级保护物种。

茅洲河干流和西乡河地理位置相隔不远，都受人为活动非常明显的影响，水质污染严重，根据《深圳市宝安区 2016 年环境质量分析报告》，茅洲河（宝安段）平均综合污染指数为 0.611，与西乡河的污染程度类似（2016 年西乡河平均综合污染指数为 0.601），水生态系统受损严重。因此，以西乡河生物多样性类推茅洲河干流生物多样性，茅洲河也不存在国家级保护物种。

因此可得，茅洲河干流生物多样性维持价值为零。

6.1.4.3　价值总量

茅洲河干流水资源资产总价值为其实物资产与生态系统服务功能价值之和。2016 年宝安区茅洲河干流水资源资产总价值约为 54 亿元（表 6-14），其中河流实物资产价值为 0，生态系统服务功能价值约为 54 亿元。

表 6-14　茅洲河干流（宝安区境内）2016 年水资源资产价值

一级指标	二级指标	价值 / 万元
实物资产	供水	0
	水产品生产	0
生态系统服务功能	内陆航运	28.22
	贮水价值	431 772.75
	河流输沙	109.85
	调蓄洪水	22 767.91
	水质净化	0
	气候调节	78 261.85
	休闲娱乐	3 574.20
	生物多样性维持	0
总价值		536 514.78

根据计算结果可知，2016 年宝安区茅洲河干流水资源资产价值总量占其流经 4 个街道（宝安区石岩、燕罗、松岗、沙井街道）当年 GDP 的 5.08%。

在生态系统服务功能价值中，贮水价值、气候调节价值和调蓄洪水价值占生态系统服务功能总价值的 99.31%，其中贮水价值占 80.48%，气候调节价值占 14.59%，调蓄洪水价值占 4.24%。

6.1.5 负债核算

6.1.5.1 指标选取

根据"宝安区水资源资产负债表框架体系模式"，负债项主要包括污染治理成本、生态恢复成本和生态维护成本3项，结合近年来政府为改善河流水环境质量所投入的各种经费，分别将其归类总结，构建河流资源资产负债核算指标体系。茅洲河干流负债核算指标体系共有13项二级指标，26项三级指标，其中污染治理成本包括5项二级指标，生态恢复成本包括3项二级指标，生态维护成本包括5项二级指标，如表6-15所示。

表 6-15 茅洲河干流资源资产负债核算指标体系

指标	一级指标	二级指标	三级指标
总负债	污染治理成本	污水处理设施建设与改造投入	污水处理厂建设与提升改造费用
			水质净化厂建设与提升改造费用
			人工湿地建设与提升改造费用
			人工快渗工程建设与提升改造费用
		污水处理设施运营投入	污水处理厂运营投入
			水质净化厂运营投入
			人工湿地运营投入
			人工快渗工程运营投入
		污水收集管网建设与养护投入	污水干管建设与养护投入
			污水支管网建设与养护投入
			污水泵站建设与养护投入
		雨污分流管网建设与养护投入	雨污分流管网建设与养护投入
			雨水泵站建设与养护投入
		河流截污清淤工程投入	河流截污清淤工程投入
	生态恢复成本	河流生态修复工程投入	河流生态修复工程投入
		水体生态景观建设投入	水体生态景观建设投入
		生态补水工程投入	工程建设投入
			工程运营投入
	生态维护成本	水闸建设与运营投入	水闸建设投入
			水闸运营投入
		排涝泵站建设与运营投入	排涝泵站建设投入
			排涝泵站运营投入
		河道养护费用	河道养护费用
		水质监测费用	常规例行监测费用
			应急监测费用
		科研经费投入	科研经费投入

6.1.5.2 负债核算

1. 污水处理设施建设与改造投入

宝安区污水处理设施包括污水处理厂、水质净化厂、人工湿地及人工快渗工程等，设施建设与改造投入计算公式如下：

$$V_a=M_1+M_2+M_3+M_4 \tag{6-5}$$

式中，V_a 为污水处理设施建设与改造投入，单位为万元；M_1 为污水处理厂建设与提升改造费用，单位为万元；M_2 为水质净化厂建设与提升改造费用，单位为万元；M_3 为人工湿地建设与提升改造费用，单位为万元；M_4 为人工快渗工程建设与提升改造费用，单位为万元。

宝安区污水处理厂有 4 座，分别为固戍污水处理厂、沙井污水处理厂、燕川污水处理厂和福永污水处理厂。其中，固戍污水处理厂位于西乡街道固戍开发区，主要处理新安、西乡街道及航空城南生活污水；沙井污水处理厂位于沙井街道民主村，主要处理沙井街道及松岗街道沙江路以南大部分地区生活污水；燕川污水处理厂位于松岗街道洋涌河南岸燕川大桥与洋涌大桥之间，主要处理公明、松岗片区茅洲河北岸及南岸部分地区生活污水；福永污水处理厂位于福永街道孖庙涌与虾山涌之间，主要处理福永片区生活污水。

宝安区水质净化厂有 1 座，为松岗水质净化厂，位于茅洲河南岸燕川大桥与洋涌闸之间，主要处理公明、松岗街道居住区的生活污水、生产污水和截流河道内受污染的污水。

宝安区人工湿地共有 4 座，分别为石岩河人工湿地、塘头人工湿地、料坑人工湿地和黄麻布人工湿地。其中，石岩河人工湿地主要处理石岩水库两条入库支流——王家庄支流和石岩河的污水，项目位于石岩街道浪心菜场；塘头人工湿地位于塘头河下游北侧菜地，主要处理未被截排进塘头泵站而流经塘头河进入铁岗水库的污水；料坑人工湿地位于料坑菜市场旁边，对料坑村的生活污水进行就地处理，解决料坑村污水污染铁岗水库的问题；黄麻布人工湿地位于机荷高速公路与黄麻布河交汇处的菜地，主要处理西乡街道黄麻布村、九围村的生活污水，以及养殖业、垃圾填埋场的废水。

宝安区人工快渗工程有 1 个，即牛城人工快渗工程，位于西丽果场牛城河入库前 600m 处，主要处理牛成村的生活污水，减轻铁岗水库的污染负荷。

综上可知，负责宝安区茅洲河污水处理的设施主要有沙井污水处理厂、燕川污水处理厂和松岗水质净化厂。

根据宝安区环境保护和水务局设施管理中心提供的数据资料，2016 年沙井污水处理厂建设与提升改造投入的费用主要包括：①改造高压配电柜的辅助计量柜和提升柜 2 万元；②安装自动投加 PAFC 药剂系统和风机管道的空气质量流量计

10 万元；③更换腐蚀严重的 4 个二沉池吸泥管 52 万元；④更换 2 台新的污泥回流泵 9 万元；⑤修复厂区因地面沉降破损的路面 5.2 万元；⑥修补厌氧池和生物池的伸缩缝 16 万元；⑦修补一号生物池的曝气管 0.3 万元，合计费用共 94.5 万元。

2016 年燕川污水处理厂建设与提升改造投入的费用主要包括：①离心脱水机大修、维保 7.85 万元；②多座构筑物屋顶防漏（大修）9.85 万元；③厂区道路塌陷修复（大修）10.87 万元；④其他技改 14.10 万元；⑤维修费用 60.38 万元，合计费用 103.05 万元。

松岗水质净化厂二期扩建工程目前处于可研阶段。

综上所述，茅洲河污水处理设施建设与改造投入费用合计 197.55 万元。

2. 污水处理设施运营投入

污水处理设施运营投入计算公式如下：

$$V_b=N_1+N_2+N_3+N_4 \tag{6-6}$$

式中，V_b 为污水处理设施运营投入，单位为万元；N_1 为污水处理厂运营投入，单位为万元；N_2 为水质净化厂运营投入，单位为万元；N_3 为人工湿地运营投入，单位为万元；N_4 为人工快渗工程运营投入，单位为万元。

根据宝安区环境保护和水务局设施管理中心提供的数据资料，2016 年沙井污水处理厂运营投入 4363.7427 万元，燕川污水处理厂运营投入 3582.76 万元，合计 7946.50 万元。

3. 污水收集管网建设与养护投入

污水收集管网建设与养护投入包括污水干管建设与养护投入、污水支管网建设与养护投入、污水泵站建设与养护投入，计算公式如下：

$$V_c=C_1+C_2+C_3 \tag{6-7}$$

式中，V_c 为污水收集管网建设与养护投入，单位为万元；C_1 为污水干管建设与养护投入，单位为万元；C_2 为污水支管网建设与养护投入，单位为万元；C_3 为污水泵站建设与养护投入，单位为万元。

根据相关街道办公室提供的数据资料，2016 年沙井污水处理厂服务片区污水管网接驳完善工程投入 3700 万元，燕川污水处理厂松岗片区污水管网接驳完善工程投入 798 万元，合计 4498 万元。

4. 雨污分流管网建设与养护投入

雨污分流管网建设与养护投入包括雨污分流管网建设与养护投入、雨水泵站建设与养护投入，计算公式如下：

$$V_d=D_1+D_2 \qquad (6-8)$$

式中，V_d 为雨污分流管网建设与养护投入，单位为万元；D_1 为雨污分流管网建设与养护投入，单位为万元；D_2 为雨水泵站建设与养护投入，单位为万元。

根据沙井街道办公室提供的数据资料，2016 年沙井街道共开展了 7 项雨污分流管网建设工程，分别是：①沙井街道共和片区雨污分流管网工程，7500 万元；②沙井街道新桥片区雨污分流管网工程，8000 万元；③沙井街道步涌片区雨污分流管网工程，6000 万元；④沙井街道黄埔广深高速以东片区雨污分流管网工程，2500 万元；⑤沙井街道黄埔广深高速以西片区雨污分流管网工程，3000 万元；⑥沙井街道老城南片区雨污分流管网工程，12 000 万元；⑦沙井街道中心片区雨污分流管网工程，19 000 万元。7 项工程共计投入 58 000 万元。

根据松岗街道办公室提供的数据资料，2016 年松岗街道共开展了 11 项雨污分流管网建设工程，分别是：①松岗街道中心片区雨污分流管网工程，1000 万元；②松岗街道罗田水流域片区雨污分流管网工程，10 000 万元；③松岗街道沙浦片区雨污分流管网工程 13 500 万元；④松岗街道洪桥头片区雨污分流管网工程，7000 万元；⑤松岗街道燕川村片区雨污分流管网工程，7000 万元；⑥松岗街道红星、东方片区雨污分流管网工程，9000 万元；⑦松岗街道塘下涌工业区片区雨污分流管网工程，4000 万元；⑧松岗街道楼岗松岗大道以西片区雨污分流管网工程，4000 万元；⑨松岗街道楼岗松岗大道以东片区雨污分流管网工程，3600 万元；⑩松岗街道塘下涌村片区雨污分流管网工程，2400 万元；⑪松岗街道楼岗、潭头片区雨污分流管网工程，4200 万元。11 项工程共计投入 65 700 万元。

综上所述，雨污分流管网建设与养护投入经费合计 123 700 万元。

5. 河流截污清淤工程投入

河流截污清淤工程投入计算公式如下：

$$V=\sum V_i \qquad (6-9)$$

式中，V 为河流截污清淤工程投入，单位为万元；V_i 为 i 河段截污清淤工程投入，单位为万元。

根据宝安区环境保护和水务局提供的数据，茅洲河流域（宝安片区）水环境综合整治工程——清淤及底泥处置工程需投入 55 000 万元。

6. 河流生态修复工程投入

河流生态修复工程投入计算公式如下：

$$G=\sum G_i \qquad (6-10)$$

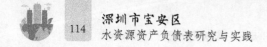

式中，G 为河流生态修复工程投入，单位为万元；G_i 为 i 河段生态修复工程投入，单位为万元。

根据宝安区环境保护和水务局提供的数据，茅洲河流域（宝安片区）河道水质提升项目，即生态修复工程投入 3400 万元。

7. 水体生态景观建设投入

水体生态景观建设投入计算公式如下：

$$H=\sum H_i \tag{6-11}$$

式中，H 为水体生态景观建设投入，单位为万元；H_i 为 i 类生态景观建设投入，单位为万元。

根据宝安区环境保护和水务局提供的数据，茅洲河沿线综合形象提升工程投入 50 万元，恢复工程投入 50 万元，合计 100 万元。

8. 生态补水工程投入

生态补水工程投入计算公式如下：

$$I=\sum I_i \tag{6-12}$$

式中，I 为生态补水工程投入，单位为万元；I_i 为生态补水 i 类经费投入，包括工程建设投入、工程运营投入等，单位为万元。

根据宝安区环境保护和水务局提供的数据，茅洲河生态补水工程有 3 个：①沙井污水处理厂再生水补水工程，16 000 万元；②松岗水质净化厂再生水补水工程，12 000 万元；③珠江口取水补水工程，50 万元。3 个工程合计投入 28 050 万元。

9. 水闸建设与运营投入

水闸建设与运营投入计算公式如下：

$$V_j=J_1+J_2 \tag{6-13}$$

式中，V_j 为水闸建设与运营投入，单位为万元；J_1 为水闸建设投入，单位为万元；J_2 为水闸运营投入，单位为万元。

根据宝安区环境保护和水务局提供的数据资料，2016 年茅洲河没有水闸建设与运营投入费用。

10. 排涝泵站建设与运营投入

排涝泵站建设与运营投入计算公式如下：

$$V_k=K_1+K_2 \tag{6-14}$$

式中，V_k 为排涝泵站建设与运营投入，单位为万元；K_1 为排涝泵站建设投入，单位为万元；K_2 为排涝泵站运营投入，单位为万元。

根据宝安区环境保护和水务局提供的数据资料，沙井街道桥头片区排涝工程投入 25 000 万元；松岗街道塘下涌片区排涝工程投入 5000 万元、沙埔北片区排涝工程投入 4000 万元、松岗 2# 泵站工程投入 2719 万元、燕罗片区排涝工程投入 50 万元；宝安区社区小型排涝泵站运行管理费用 527.3355 万元。因此，排涝泵站建设与运营投入费用合计 37 296.34 万元。

11. 河道养护费用

河道养护费用计算公式如下：

$$L=\sum L_i \tag{6-15}$$

式中，L 为河道养护费用，单位为万元；L_i 为河道养护 i 类经费投入，单位为万元。

根据宝安区环境保护和水务局提供的数据资料，2016 年茅洲河干流管养费用合计 970.3 万元。

12. 水质监测费用

水质监测费用计算公式如下：

$$P=\sum P_i \tag{6-16}$$

式中，P 为水质监测费用，单位为万元；P_i 为水质监测 i 类经费投入，单位为万元。

2016 年茅洲河 3 个断面 28 个监测项目投入水质监测费用合计 10.08 万元。

13. 科研经费投入

$$R=\sum R_i \tag{6-17}$$

式中，R 为科研经费投入，单位为万元；R_i 为改善河流资源资产所开展的 i 类科研课题经费投入，单位为万元。

本专题的开展，以 20 万元计。

6.1.5.3　负债总量

2016 年茅洲河负债总计 261 188.77 万元，其中污染治理投入 191 342.05 万元，占负债总量的 73.08%；生态恢复投入 31 550.00 万元，占负债总量的 11.54%；生态维护投入 38 296.72 万元，占负债总量的 15.38%，如表 6-16 所示。

表 6-16 茅洲河干流（宝安区境内）2016 年负债统计结果 （单位：万元）

一级指标	二级指标	投入经费
污染治理成本	污水处理设施建设与改造投入	197.55
	污水处理设施运营投入	7 946.50
	污水收集管网建设与养护投入	4 498
	雨污分流管网建设与养护投入	123 700
	河流截污清淤工程投入	55 000
生态恢复成本	河流生态修复工程投入	3 400
	水体生态景观建设投入	100
	生态补水工程投入	28 050
生态维护成本	水闸建设与运营投入	0
	排涝泵站建设与运营投入	37 296.34
	河道养护费用	970.3
	水质监测费用	10.08
	科研经费投入	20
合计		261 188.77

6.1.6 净资产核算

根据价值及负债核算结果，2016 年宝安区茅洲河水资源资产价值为 536 514.78 万元，负债 261 188.77 万元，净资产为 275 326.01 万元，详见表 6-17。

表 6-17 茅洲河干流（宝安区境内）2016 年水资源资产负债表 （单位：万元）

资产	行次	2016 年	负债和净资产	行次	2016 年
实物资产：	1		负债：	1	
供水	2	0	污染治理成本：	2	191 342.05
水产品生产	3	0	生态恢复成本：	3	31 550.0
无形资产：	4		生态维护成本：	4	38 296.72
内陆航运	5	28.22	负债合计	5	261 188.77
贮水价值	6	431 772.75			
河流输沙	7	109.85			
调蓄洪水	8	22 767.91			
水质净化	9	0			
气候调节	10	78 261.85			
休闲娱乐	11	3 574.20			
生物多样性维持	12	0			
水资源资产总计	13	536 514.78	净资产	6	275 326.01

6.2　西乡河水资源资产负债表

6.2.1　西乡河概况

6.2.1.1　自然环境

西乡河位于宝安区南部，发源于羊台山西麓，自北向南流经石岩、西乡街道汇入珠江口伶仃洋。流域总面积约 80.2km²，中游已建成铁岗水库，控制集雨面积 64km²，自铁岗水库坝下至入海口，区间流域面积 17.78km²，河段长 7.64km。多年平均径流量 6544.3 万 m³/年，河口设计径流量 100m³/s。

西乡河下游河道贯穿西乡街道中心区域，为了减轻铁岗水库下泄洪水的防洪压力，在水库溢洪道下游，沿铁岗水库灌溉渠走向布设一条铁岗水库排洪河，分流 100m³/s 的下泄洪水至西海堤南昌涌以南独流入海，另在西乡河与西乡大道交汇处设置一条西乡大道分洪箱涵，分流 40m³/s 的洪水独流入海。

目前，铁岗水库以下的西乡河道，已按照 100 年一遇的防洪标准进行整治，西乡中学门口至龙珠花园约 1500m 为箱涵。

6.2.1.2　社会经济

西乡街道辖区面积 58.55km²，管辖固戍、南昌、共乐、乐群、盐田、河东、河西、臣田、庄边、凤凰岗、铁岗、流塘、径贝、麻布、劳动、永丰、渔业、蚝业、西乡、柳竹、龙珠、龙腾、福中福、富华、桃源共 25 个社区。根据 2016 年底统计调查显示，西乡河流域宝安区范围内的西乡街道 2016 年常住人口为 47.08 万人，户籍人口为 14.31 万人。

宝安区 2016 年 GDP 为 3003.44 亿元，比上年增长 8.8%，其中西乡街道 2016 年 GDP 为 345 亿元，占全区 GDP 总值的 11.49%。

6.2.1.3　治理措施

（1）河流综合整治

一是实施河流治理大会战。2013 年 2 月，宝安区印发了《宝安区河流治理大会战工作方案》，全面实行河长制。宝安区政府将河长制工作列入绩效考核，宝安区环境保护和水务局会同监察局、督查室按照河长制工作考核细则定期检查考评工作落实情况。各级河长亲力亲为、上岗履责，形成了强大的工作推力，66 条河流均制定"一河一策"及工作白皮书。同时，宝安区财政安排 3018 万元，实现 66 条河流日常管养的全覆盖。

二是西乡河综合整治工程。西乡河综合整治工程于 2004 年立项，治理范围为铁岗水库溢流堰下至出海口，全长约 6.1km，整治内容主要包括防洪、截污和沿河景观绿化，工程总投资约 2.5 亿元。2005 年完成工程前期工作，2007 年工程开始实施，共分三期实施，于 2011 年全部完成，具体为如下。

1）一期工程为西乡河下游段，从宝安大道至西乡河挡潮闸，全长约 1.6km，设计防洪标准为百年一遇。工程主要内容有防洪、截污、绿化和新建巡堤路。整治后河道宽 30～50m，岸墙顶设置人行道、绿化带和巡堤路，整个绿化带面积约 1.5hm²，巡堤路宽 6～8m。整治河道的同时，沿岸埋设 $\Phi600～1500$mm 截污管，将沿岸的污水接往宝源路污水干管。工程于 2009 年 4 月 21 日竣工验收，整治前后效果如图 6-1 所示。

图 6-1　下游段整治前（2007 年）与整治后（2010 年）照片（彩图请扫封底二维码）

2）二期工程为西乡河上游段，从 107 国道至水库溢流堰，全长约 3.2km，设计防洪标准为百年一遇。工程主要内容有拓宽河道断面，提高防洪标准；改造跨河桥涵，减少阻水；完善沿岸截污系统，提高截污率；改造西乡大道分流闸，充分发挥西乡大道分流渠的功能。二期工程于 2008 年 11 月 15 日开工建设，2010 年 7 月 6 日竣工验收，整治前后效果如图 6-2 所示。

3）三期工程为西乡河中游段，从 107 国道至宝安大道，全长约 1.3km，两岸建筑密集，施工场地小，地质条件复杂，整治难度较大，设计防洪标准为百年一遇。工程主要内容有：一是有条件的地方拓宽河道，重建岸墙，堤顶增设人行道和栏杆；二是完善沿岸截污系统，布置截污管，提高沿岸截污率；三是重建南城桥和龙珠桥，满足片区规划发展需要；四是为配合西乡河景观补水工程的实施，新建两处壅水堰，以形成景观水面。因步行街拆迁难度大，步行街段河道岸墙暂缓整治，将于片区商业化和旧城改造时再进行彻底治理。三期工程于 2010 年 10 月开工建设，2011 年 11 月竣工验收，整治前后效果如图 6-3 所示。

图 6-2　上游段整治前（2006 年）与整治后（2010 年）照片（彩图请扫封底二维码）

图 6-3　中游段整治前（2010 年）与整治后（2011 年）照片（彩图请扫封底二维码）

　　西乡河综合整治工程实施后，提高了两岸的防洪标准，改善了沿岸的环境质量。在西乡河补水、沿岸景观绿化和片区管网改造后，以及西乡河实行专业化管养后，本工程的实施效果更明显。

　　三是新圳河-西乡河水环境整治工程。宝安区环境保护和水务局于 2011 年组织实施的新圳河-西乡河水环境整治工程，概算投资 3.85 亿元，主要建设内容包括截污完善工程、固戍污水处理厂深度处理工程、回用水管道工程、新建初期雨水调蓄池 1 座、于新圳河河口处新建水闸 1 座。该工程于 2011 年 10 月动工建设，2012 年底实现补水，2014 年工程全部建成。工程实施后西乡河的水质明显得到改善，部分河段基本消除黑臭，整治前后效果如图 6-4 ～图 6-6 所示。

　　四是河流水质改善工程。2016 年初宝安区环境保护和水务局组织实施"两河一涌"水质改善试验项目，在西乡河、西乡咸水涌采用强化耦合生物膜技术、载体微生物技术、功能性土著环境微生物技术、天然载体除磷技术去除污染物，其中，强化耦合生物膜利用中空纤维曝气膜作为微生物膜附着载体，并用生物膜微泡曝气，相较传统的生物载体，可提高有机物和氨氮等污染物的去除效率。

图 6-4　上游段整治前（2011 年）与整治后（2014 年）照片（彩图请扫封底二维码）

图 6-5　中游段整治前（2011 年）与整治后（2014 年）照片（彩图请扫封底二维码）

图 6-6　下游段整治前（2011 年）与整治后（2014 年）照片（彩图请扫封底二维码）

　　西乡河水质改善工程分两段实施，如表 6-18 所示。其中 1 段范围为从 107 国道至宝安大道，长度约 700m，河道宽度 25m 左右，平时河水深度较浅，为 30cm 左右，该河段全面使用功能性土著环境微生物技术＋天然载体除磷技术，尤其是在水层较浅、溶解氧充足的水域，投加时注意有污泥的区域，采用高压注入的方式使微生物进入底泥当中，如图 6-7 所示。该河段有两个监测位置，分别为 107 国道桥和南城桥，在监测断面前各设置 2 组天然载体除磷系统，共计 4 组。

表 6-18　"两河一涌"水质改善试验项目西乡河段

治理工程段	采用技术
107 国道–宝安大道	功能性土著环境微生物技术＋天然载体除磷技术
宝安大道–西乡河水闸	强化耦合生物膜技术

图 6-7　投洒菌种图（彩图请扫封底二维码）　图 6-8　强化耦合生物膜（彩图请扫封底二维码）

2 段范围是宝安大道至西乡河水闸位置，河道宽度 30m 左右，平时水深 1m 以下，水质呈黑臭现象，底泥厚度 20～30cm，有刺激性气味，上游排水时，水深可达 1.5m。该段河道采用强化耦合生物膜技术，利用中空纤维曝气膜作为微生物膜附着载体并用生物膜微泡曝气（图 6-8），促进微生物在中空纤维曝气膜表面大量聚集繁殖形成微生物膜，从而对污染水体进行高效治理，使水体中的污染物同化为微生物菌体固定在生物膜上或由微生物将其分解成无机代谢产物，达到对水体净化的目的。

根据河道目前情况，共布置强化耦合生物膜组件 140 排，单排 15 个，则强化耦合生物膜组件总数为 2100 个，风机 3 台（2 用 1 备），风机房 1 座，控制系统 1 套。

目前，"两河一涌"取得阶段性治理成果，河道的水质得到了极大的改善，水体黑臭变轻甚至消除，透明度良好，黑臭指标呈现逐步得到改善的趋势。

（2）基础设施建设

一是开展沿河污水管道接驳完善工程建设。宝安区环境保护和水务局组织实施的西乡河及西乡咸水涌沿河污水管道接驳完善工程是在固戍污水处理厂配套管网建设的基础上，对西乡河及西乡咸水涌沿河未连通的污水管道和未截流的排污口进行接驳完善。该工程主要内容是对西乡河及西乡咸水涌沿河 11 个污水排放口（其中西乡河 7 个点、西乡咸水涌 4 个点）的旱季污水进行截流，将污水接入市政污水管网，工程概算总投资为 370 万元。本工程在西乡河段新建检查井 3 座，侧流堰式截流井 11 座，防倒灌拍门 1 座；敷设截污管 76m。该工程于 2013

年 9 月 25 日开工，2014 年 7 月完工并投入使用。该工程完工后，西乡河两岸排污口基本已经全部截排，提高了污水收集率，缓解了污水入河问题。

二是加快污水处理厂及配套管网建设。积极开展固戍污水处理厂（24 万 t/天）建设，于 2008 年 6 月建成运营，目前由深圳市瀚洋水质净化有限公司负责运营，主要处理西乡街道和新安街道的生活污水，固戍污水处理厂二期扩建正在筹划中，预计扩建至 48 万 t/天；固戍污水处理厂配套污水干管二期工程于 2015 年开工建设，工程要求敷设污水管网 33.8km，目前已累计完成 18km 管网铺设。

（3）环境监督执法

一是全面加强流域水质监管。2013 年开始，西乡河被宝安区纳入常规监测范围，通过每季度开展一次监测，掌握河流水质变化情况。

二是全面推行河长制。2012 年开始，西乡河流域全面推行河长制，通过明确工作目标、工作任务、工作重点、河长职责等，提升西乡河水环境质量。

（4）河道日常管理及两岸管网管养

一是河道日常管理。西乡河河道日常管理单位为宝安区环境保护和水务局，其通过公开招标委托深圳市深水水务咨询有限公司开展相关服务，管理范围为铁岗水库分洪闸至入海口，全长 7.62km，包括铁岗水库排洪渠、西乡河铁岗水库-珠江口、西乡咸水涌 107 国道-西乡河。服务单位投入管理人员 16 人开展西乡河河道日常管理工作，具体包括日常保洁、巡视检查、绿化养护、堤防护岸维护及附属设施维护等方面。

二是两岸管网管养。宝安区环境保护和水务局通过公开招标委托深圳市大通水务有限公司开展相关服务，管养内容为沿河截污管管养，减少污水进入河道。委托单位对西乡河沿河部分截污管进行了普查，纳入管网管养范围的沿河截污管总长约 12.8km，其中 6.3km 沿河截污管由委托单位负责管养，另外 6.5km由西乡街道市政服务中心进行管养 [主要包括西乡河西行约 3.8km（铁岗水库大门至 107 国道段）、西乡河西行约 0.5km（宝源路至兴业路段）和西乡河东行约2.2km（宝运达物流园至铁岗水库泄洪闸段）]。

2013 ～ 2016 年，通过加强巡查、督促、考核，西乡河水域陆域保洁、绿化养护、堤防及附属设施维护、安全管理等工作基本落实到位，河道周边环境卫生及绿化景观得到提升。

6.2.2 实物量核算及其流向

根据"宝安区水资源资产负债表框架体系模式"，结合西乡河实地调研情况，搭建西乡河实物量表框架，包括河长和水域面积两个指标，如表 6-19 所示。

表 6-19   西乡河水资源资产实物量表

年份	河长 /km	水域面积 /km²
2011 年（期初）	7.64	/
2012 年	7.64	/
2013 年	7.64	/
2014 年	7.64	/
2015 年	7.64	/
2016 年（期末）	7.64	0.15
变化量	0	/
变化率	0	/

注：数据来源于宝安区环境保护和水务局

2011～2016 年，西乡河河长始终保持为 7.64km。从人为影响和自然干扰两个方面对其进行分析，如表 6-20 所示。在人为影响方面，不管是本级政府还是上级政府，并未采取系列措施改变西乡河自然岸线形状；在自然干扰方面，宝安区未发生导致西乡河自然岸线发生改变的重大自然灾害事故。

因西乡河流水域面积指标并非常规监测项目，2016 年以前数据已无法获知，2016 年通过实测估算获得，为 0.15km²。因此，水域面积变化量无法核算，在实物量流向表中亦未对水域面积变化原因进行分析。

表 6-20   西乡河水资源资产实物流向表

实物指标	期初值	期末值	人为影响				自然干扰	
			本级		上级			
			变化量	原因	变化量	原因	变化量	原因
河长 /km	7.64	7.64	0	2011～2016 年，本级政府未采取导致河道自然岸线发生明显改变的措施	0	2011～2016 年，上级政府未采取导致河道自然岸线发生明显改变的措施	0	2011～2016 年，宝安区未发生导致河道自然岸线发生明显改变的重大自然灾害
水域面积 /km²	/	0.15	由于河流水域面积并非常规监测项目，因此变化量及其原因暂时无法核算和分析					

6.2.3   质量核算及其流向

根据"宝安区水资源资产负债表框架体系模式"，结合西乡河实地调研情况，搭建西乡河质量表框架，包括水质类别和平均综合污染指数两个指标，如表 6-21 所示。

2011～2016 年，西乡河始终为劣 V 类水体，主要超标污染物为氨氮和总磷。

2011～2016 年，西乡河平均综合污染指数从 2.09 降至 0.67，下降幅度为 67.94%，水环境质量明显得到改善，主要归因于上下级政府通力合作，经费投入增加，从工程、管理、执法等方面入手，加大了西乡河污染治理力度，致使西乡河水体环境质量大幅改善，如表 6-22 所示。

表 6-21　西乡河水资源资产质量表框架

年份	水质类别	平均综合污染指数
2011 年（期初）	劣Ⅴ类	2.09
2012 年	劣Ⅴ类	1.29
2013 年	劣Ⅴ类	0.54
2014 年	劣Ⅴ类	0.51
2015 年	劣Ⅴ类	0.58
2016 年（期末）	劣Ⅴ类	0.67
变化量	/	-1.42
变化率	/	-67.94%

注：数据来源于宝安区环境监测站；平均综合污染指数计算选取《地表水环境质量标准》（GB 3838—2002）中除水温、总氮和粪大肠菌群 3 项外的 21 项指标

表 6-22　西乡河水资源资产质量流向表

实物指标	期初值	期末值	人为影响				自然干扰	
			本级		上级			
			变化量	原因	变化量	原因	变化量	原因
水质类别	劣Ⅴ类	劣Ⅴ类	0	2011 ～ 2016 年，宝安区政府采取了系列包括工程、管理、执法等措施来改善西乡河水质。工程方面：①开展新圳河－西乡河水环境整治工程，实施生态补水；②开展"两河一涌"水质改善试验项目；③开展沿河污水管道接驳完善工程建设；④加快污水处理厂及配套管网建设。管理方面：实施河长制，实现西乡河日常管养全覆盖；开展水质常规监测；开展排污口摸底调查，发现 241 个排污口。执法方面：严格环保准入，开展环保执法大检查；通过加强巡查，严厉打击涉河违法行为　2011 ～ 2016 年，西乡河水质有大幅度改善，但由于西乡河水质污染过于严重，历史欠账过多，因此水质类别还是劣Ⅴ类	0	由于西乡河属区管河流，深圳市政府主要通过制定有关政策和考核目标等方式要求宝安区政府加强对西乡河的生态环境保护，如将西乡河水环境质量状况与改善列入市生态文明建设考核内容	/	/
平均综合污染指数	2.09	0.67	-1.42	2011 ～ 2016 年，包括上级政府和本级政府在内，从工程、管理、执法等方面入手，加大了西乡河污染治理力度，西乡河平均综合污染指数出现大幅下降			/	/

6.2.4　价值核算

6.2.4.1　指标选取

根据"第 4 章 宝安区水资源资产负债表框架体系构建",结合西乡河实地调研情况,搭建西乡河自然资源资产价值评估指标指标体系,包含实物资产价值和生态系统服务功能价值 2 个一级指标。其中实物量价值包括供水价值和水产品生产价值 2 个二级指标;生态系统服务功能价值包括贮水价值、河流输沙价值、调蓄洪水价值、水质净化价值、气候调节价值、休闲娱乐价值、生物多样性维持价值 7 个二级指标。

6.2.4.2　价值核算

1. 供水价值

西乡河当前水质为劣 V 类,在实地调研过程中,没有发现供水设施,因此西乡河不具有供水价值。

2. 水产品生产价值

在反复多次的实地调研和问卷走访过程中,未发现养殖、捕捞等行为,因此西乡河不具有水产品生产价值。

3. 贮水价值

西乡河贮水价值采用替代工程法进行评估,计算公式见式(4-15)。

根据《宝安区环保水务设施统计手册》,西乡河多年平均径流量为 6544.3 万 m^3;参考《盐田区 GEP 核算体系研究》,单位库容造价成本为 18.34 元 $/m^3$。

因此可得,西乡河贮水价值为 120 022.46 万元。

4. 河流输沙

西乡河输沙价值采用替代成本法进行评估,计算公式见式(4-16)。

根据《宝安区水资源资产负债表水质监测项目》报告进行统计,5 个监测断面的输沙量如表 6-23 所示。

人工清理河道成本费用,参考《东江流域生态系统服务价值变化研究》(段锦等,2012)为 4.7 元 /t。

因此可得,西乡河河流输沙价值为 0.08 万元。

表 6-23　西乡河输沙量监测统计数据

监测断面	输沙量 /(t/ 年)
尖岗山大道	1.613
西乡敬老院	54.942
宝民二路	95.755
新湖路	552.214
兴业路	118.451
平均值	164.595

5. 调蓄洪水

西乡河调蓄洪水价值采用影子工程法进行评估,计算公式见式(4-17)和式(4-18)。

根据《宝安区河流自然功能现状分析及调整研究报告》,西乡河全长 7.24km,根据《宝安区水资源资产负债表水质监测项目》报告,西乡河平均宽度约为 20.87m。根据 2016 年西乡河最高洪水水位的监测结果,得到西乡河洪水水位与正常水位差,如表 6-24 所示。

表 6-24　西乡河 2016 年水位差统计情况

监测断面	最高洪水水位 /m
尖岗山大道	3.70
西乡敬老院	4.27
宝民二路	4.26
新湖路	4.13
兴业路	4.32
平均值	4.14

参考《盐田区 GEP 核算体系研究》,单位库容造价成本为 18.34 元 /m^3。因此可得,西乡河调蓄洪水价值为 1147.26 万元。

6. 水质净化

河流水质净化价值计算一般采用防治成本法,选取的污染因子为 COD、总氮和总磷。

当前西乡河水质为劣 V 类,达不到水环境功能区的要求,因此在计算水质净化价值时,计算公式见式(4-20)。

根据相关统计资料,西乡河多年平均径流量远小于 150m^3/s,因此在计算西乡河水环境容量时,可采用一维模型。选择化学需氧量(COD)和氨氮(NH$_3$-N)两项指标计算西乡河水环境容量。水环境容量计算公式见式(6-1)和式(6-2)。

（1）COD 水环境容量

稀释容量计算公式见式（6-3）。根据宝安区河流水质监测报告，2016 年西乡河 COD 平均浓度为 28.48mg/L；水质目标浓度为 40mg/L（《地表水环境质量标准》V 类）；由于缺少连续多年流量监测数据，在此采用《宝安区防洪排涝及河道治理专项规划》中 90% 保证率下设计径流量，为 548 万 m³。

因此可得，西乡河 COD 稀释容量为 172.96kg/ 天。

自净容量计算公式见式（6-4），根据此公式可知，只有当综合降解系数 $k > 0$ 时，河流才有自净容量。根据式（6-2）可知，只有 $c_1 > c_2$ 时，k 才会大于零，即只有河流上游断面污染物浓度大于下游污染物浓度时，综合降解系数才实际存在。

根据宝安区河长制的水质监测报告，南城桥断面 COD 浓度＜新水闸断面 COD 浓度（表 6-25），因此西乡河 COD 稀释容量为零。

表 6-25 西乡河 2016 年各监测断面 COD 浓度统计情况

序号	监测断面	COD 浓度 /（mg/L）
1	南城桥	17.875
2	新水闸	50.760

综合稀释容量和自净容量，西乡河 COD 水环境容量为 172.96kg/ 天。

（2）NH_3-N 水环境容量

稀释容量：根据《深圳市宝安区 2016 年环境质量分析报告》，西乡河氨氮超标 2.9 倍，因此，西乡河 NH_3-N 稀释容量为零。

自净容量：根据《深圳市宝安区 2016 年环境质量分析报告》，南城桥断面 NH_3-N 浓度＜新水闸断面 NH_3-N 浓度（表 6-26）。因此，西乡河 NH_3-N 稀释容量为零。

表 6-26 西乡河 2016 年各监测断面 NH_3-N 浓度统计情况

序号	监测断面	NH_3-N 浓度 /（mg/L）
1	南城桥	2.384
2	新水闸	12.993

综合稀释容量和自净容量，西乡河 NH_3-N 水环境容量为零。

综上所述，西乡河仅存在 COD 水环境容量，为 172.96kg/ 天。

（3）排污强度估算

2011 ～ 2016 年西乡河水质均为劣 V 类，COD 为主要超标因子，因此，西乡河 2016 年 COD 排放总量肯定大于 172.96kg/ 天。

（4）剩余环境容量

河流实际环境容量与污染物排放强度之差即为河流剩余环境容量，因此，2016 年西乡河剩余环境容量为零。

（5）水质净化价值

根据式（4-20）可得西乡河水质净化价值为零。

7. 气候调节

西乡河气候调节价值评估采用替代工程法，计算公式见式（4-21）。

根据 2016 年实地测量结果，西乡河平均水面宽度约为 19.04m，宝安区西乡河长为 7.64km，则 2016 年西乡河水域面积约为 0.145km^2。

1）吸收热量大小：深圳市多年平均水面蒸发量为 1752mm。考虑到随着温度升高，水的汽化热会越来越小，因此本研究取水在 100℃、1 标准大气压下蒸发的汽化热 2260kJ/kg，宝安区西乡河水面蒸发吸收的总热量为 5.748×10^{11}kJ。

2）增加水汽量：深圳市多年平均水面蒸发量为 1752mm，西乡河水域面积为 0.145km^2，则水面蒸发的水量为 2.54×10^{5}m^3。也就是说，西乡河每年为空气提供 2.54×10^{5}m^3 水汽，提高了空气湿度。

因此可得，西乡河气候调节价值为 6798.01 万元。

8. 休闲娱乐

西乡河休闲娱乐价值评估采用支付意愿法，计算公式见式（4-13）。

2016 年 10 月 10 ～ 17 日，在西乡河的西乡敬老院至南城桥区间派发问卷 200 份，收回问卷 200 份，有效问卷 199 份。受访问者的居住地为宝安区的有 198 份，其他区的有 1 份，非深圳的有 0 份。根据对问卷统计，西乡河人均支付意愿为 64 元，西乡河流域人口为 95.95 万人。

因此可得，西乡河休闲娱乐价值为 6140.8 万元。

9. 生物多样性维持

西乡河生物多样性维持价值评估采用支付意愿法，计算公式见式（4-22）。

《承德武烈河流域水生态系统服务功能经济价值研究》（郝彩莲，2011）中各级物种价格见表 6-27。

表 6-27　物种价格

鱼类或鸟类级别	价格 / 亿元
国家Ⅰ级	5.0
国家Ⅱ级	0.5
国家保护有益的或有重要经济、科学研究价值	0.1

为摸清宝安区河流生物多样性，特委托专业技术单位对西乡河开展了生物多样性调查，调查结果如表 6-11 ～表 6-13 所示。

对西乡河上、中、下游 3 个点位进行水生态系统调查，结果显示 3 个点位水质极差，生态系统受损严重，没有国家级保护物种。

因此可得，西乡河生物多样性维持价值为零。

6.2.4.3　价值总量

西乡河水资源资产总价值为其实物资产与生态系统服务功能价值之和。2016 年西乡河水资源资产总价值约为 13.41 亿元，其中河流实物资产价值为 0，生态系统服务功能价值约为 13.41 亿元，如表 6-28 所示。

表 6-28　2016 年西乡河水资源资产价值　　　　　　（单位：万元）

一级指标	二级指标	价值
河流实物资产	供水	0
	水产品生产	0
	贮水价值	120 022.46
	河流输沙价值	0.08
	调蓄洪水价值	1 147.26
河流生态系统服务功能	水质净化价值	0
	气候调节价值	6 798.01
	休闲娱乐价值	6 140.8
	生物多样性维持价值	0
总价值		134 108.61

根据计算结果可知，2016 年西乡河水资源资产价值总量占其所在街道（西乡街道）当年 GDP 的 3.89%。

在生态系统服务功能价值中，贮水价值、气候调节价值和休闲娱乐价值占生态系统服务功能总价值的 99.15%，其中贮水价值占 89.50%，气候调节价值占 5.07%，休闲娱乐价值占 4.58%。

6.2.5　负债核算

6.2.5.1　指标选取

根据"宝安区水资源资产负债表框架体系模式"，负债项主要包括污染治理成本、生态恢复成本和生态维护成本 3 项，结合近年来政府为改善河流水环境质量所投入的各种经费，分别将其归类总结，构建河流资源资产负债核算指标体系。西乡河负债核算指标体系共有 13 项二级指标，26 项三级指标，其中污染治理成本包括 5 项二级指标，生态恢复成本包括 3 项二级指标，生态维护成本包括 5 项二级指标，如表 6-29 所示。

表 6-29　西乡河资源资产负债核算指标体系

指标	一级指标	二级指标	三级指标
总负债	污染治理成本	污水处理设施建设与改造投入	污水处理厂建设与提升改造费用
			水质净化厂建设与提升改造费用
			人工湿地建设与提升改造费用
			人工快渗工程建设与提升改造费用
		污水处理设施运营投入	污水处理厂运营投入
			水质净化厂运营投入
			人工湿地运营投入
			人工快渗工程运营投入
		污水收集管网建设与养护投入	污水干管建设与养护投入
			污水支管网建设与养护投入
			污水泵站建设与养护投入
		雨污分流管网建设与养护投入	雨污分流管网建设与养护投入
			雨水泵站建设与养护投入
		河流截污清淤工程投入	河流截污清淤工程投入
	生态恢复成本	河流生态修复工程投入	河流生态修复工程投入
		水体生态景观建设投入	水体生态景观建设投入
		生态补水工程投入	工程建设投入
			工程运营投入
	生态维护成本	水闸建设与运营投入	水闸建设投入
			水闸运营投入
		排涝泵站建设与运营投入	排涝泵站建设投入
			排涝泵站运营投入
		河道养护费用	河道养护费用
		水质监测费用	常规例行监测费用
			应急监测费用
		科研经费投入	科研经费投入

6.2.5.2　负债核算

1. 污水处理设施建设与改造投入

宝安区污水处理设施包括污水处理厂、水质净化厂、人工湿地及人工快渗工程等，设施建设与改造投入计算公式见式（6-5）。

西乡河流域（即西乡街道辖区内）有 1 座污水处理厂，即固戍污水处理厂，位于西乡街道固戍开发区，主要处理新安、西乡街道及航空城南生活污水。固戍污水处理厂于 2008 年 6 月正式建成运营，目前处理量为 24 万 t/ 天。根据宝安区环境保护和水务局设施管理中心提供的数据，2016 年度固戍污水处理厂建设与提升改造投入经费总计 231 万元，因固戍污水处理厂服务于新安和西乡两个街道（新安 43.96 万人，西乡 47.08 万人），按照服务人口比例来算，固戍污水处理厂建设与提升改造投入均摊到西乡河流域为 119 万元。西乡街道辖区内无水质净化厂、人工湿地及人工快渗工程，故该方面建设与提升改造投入为零。

因此，2016 年西乡河流域污水处理设施建设与改造投入总计 119 万元。

2. 污水处理设施运营投入

污水处理设施运营投入计算公式见式（6-6）。

根据宝安区环境保护和水务局设施管理中心提供的数据，2016 年固戍污水处理厂运营投入费用总计 5537.43 万元，同上，固戍污水处理厂运营投入均摊到西乡河流域为 2852.62 万元。西乡街道辖区内无水质净化厂、人工湿地及人工快渗工程，故该方面运营投入为零。

因此，2016 年西乡河流域污水处理设施运营投入总计 2852.62 万元。

3. 污水收集管网建设与养护投入

污水收集管网建设与养护投入包括污水干管建设与养护投入、污水支管网建设与养护投入、污水泵站建设与养护投入，计算公式见式（6-7）。

2016 年，西乡街道污水收集管网建设项目仅有固戍污水处理厂配套污水干管二期工程，项目涉及敷设污水管网 33.8km，项目总投资 19 320 万元，2016 年完成资金投入 9000 万元，同上，固戍污水处理厂污水收集管网建设与养护投入均摊到西乡河流域为 4654 万元。西乡街道 2016 年无管网养护、污水支管网及污水泵站建设等方面投入。

因此，2016 年西乡河流域污水收集管网建设与养护投入 4654 万元。

4. 雨污分流管网建设与养护投入

雨污分流管网建设与养护投入包括雨污分流管网建设与养护投入，以及雨水泵站建设与养护投入，计算公式见式（6-8）。

2016 年，西乡街道辖区范围内雨污分流管网工程包括西乡街道劳动西乡片区污水支管网完善工程、西乡街道福中福片区雨污分流管网工程、西乡街道河东河西片区雨污分流管网工程、西乡街道九围片区雨污分流管网工程 4 个，年度资金投入分别为 13 000 万元、4000 万元、4000 万元、3000 万元。2016 年无雨污分流管网养护和雨水泵站建设投入。

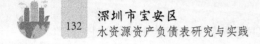

因此，2016 年度西乡河流域雨污分流管网建设与养护投入 24 000 万元。

5. 河流截污清淤工程投入

河流截污清淤工程投入计算公式见式（6-9）。

2016 年，西乡河未实施过截污清淤工程。因此，2016 年度西乡河截污清淤工程投入为零。

6. 河流生态修复工程投入

河流生态修复工程投入计算公式见式（6-10）。

2016 年，西乡河开展水质改善试验，即入前海湾水系"两河一涌"水质改善试验对西乡河进行生态修复，资金投入为 160 万元。

因此，2016 年西乡河生态修复工程投入 160 万元。

7. 水体生态景观建设投入

水体生态景观建设投入计算公式见式（6-11）。

2016 年，西乡河开展 1 项生态景观建设工程，即西乡河东岸景观提升工程，主要包含破旧人行道的改造及修补，绿道的完善，桥外侧立体绿化及沿线景观提升等内容，项目总计投入 700 万元。

因此，2016 年西乡河水体生态景观建设投入 700 万元。

8. 生态补水工程投入

生态补水工程投入计算公式见式（6-12）。

2016 年，西乡河已开展生态补水工程，将固戍污水处理厂尾水直接通入西乡河，用来改善西乡河水质。新圳河-西乡河生态补水的全年总电费约为 3 130 000 元，水费 13 000 元，共计 314.3 万元，西乡河和新圳河补水量消耗相同，因此西乡河生态补水工程投入 157.15 万元。

9. 水闸建设与运营投入

水闸建设与运营投入计算公式见式（6-13）。

2016 年，西乡河流域内水闸建设工程仅有西乡河中游段壅水橡胶坝修建工程，项目总投资 314 万元，2016 年已完成全部工程量。

因此，2016 年西乡河流域水闸建设与运营投入 314 万元。

10. 排涝泵站建设与运营投入

排涝泵站建设与运营投入计算公式见式（6-14）。

2016 年，西乡街道辖区内开展的排涝泵站建设工程包括西乡河 1# 排涝泵站及配套管网工程、西乡河 2# 排涝泵站及配套管网工程、西乡街道后瑞社区排涝泵站工程、西乡街道黄田片区排涝泵站工程，年度投资分别为 11 002 万元、4000 万元、50 万元、50 万元。排涝泵站运营投入为 15.6 万元，即盐田排涝泵站运行维护服务费用。

因此，2016 年西乡河流域排涝泵站建设与运营投入为 15 117.6 万元。

11. 河道养护费用

河道养护费用计算公式见式（6-15）。

根据宝安区环境保护和水务局统计数据可知，西乡河与西乡咸水涌、铁岗排洪渠的河道管养维护服务费用合计为 194.7 万元，按平均值核算，2016 年西乡河河道养护费用为 64.9 万元。

12. 水质监测费用

水质监测费用计算公式见式（6-16）。

2016 年，宝安区环境监测站对西乡河南城桥和新水闸断面每月进行水质监测，共检测 28 个水质指标，并每月出具监测报告，两个监测断面资金投入均为 3.36 万元。

因此，2016 年度西乡河水质监测费用为 6.72 万元。

13. 科研经费投入

科研经费投入计算公式见式（6-17）。

2016 年，西乡河科研项目仅有"西乡河黑臭水体治理效果评估"，项目经费为 30 万元，2016 年底完成项目全部工作。

因此，2016 年度西乡河科研经费投入为 30 万元。

6.2.5.3 负债总量

根据西乡河负债核算结果，2016 年度西乡河负债总计 48 175.99 万元，其中污染治理成本投入 31 625.62 万元，占负债总量的 65.65%；生态恢复成本投入 1017.15 万元，占负债总量的 2.11%；生态维护成本投入 15 533.22 万元，占负债总量的 32.24%，如表 6-30 所示。

表6-30　2016年西乡河负债统计结果　　　　　（单位：万元）

一级指标	二级指标	投入经费
污染治理成本	污水处理设施建设与改造投入	119
	污水处理设施运营投入	2 852.62
	污水收集管网建设与养护投入	4 654
	雨污分流管网建设与养护投入	24 000
	河流截污清淤工程投入	0
生态恢复成本	河流生态修复工程投入	160
	水体生态景观建设投入	700
	生态补水工程投入	157.15
生态维护成本	水闸建设与运营投入	314
	排涝泵站建设与运营投入	15 117.6
	河道养护费用	64.9
	水质监测费用	6.72
	科研经费投入	30
合计		48 175.99

6.2.6　净资产核算

根据价值及负债核算结果，2016年西乡河水资源资产价值为134 108.61万元，负债48 175.99万元，净资产为85 932.62万元，详见表6-31。

表6-31　2016年西乡河水资源资产负债表　　　　　（单位：万元）

资产	行次	2016年	负债和净资产	行次	2016年
实物资产：	1		负债：	1	
供水	2	0	污染治理成本：	2	31 625.62
水产品生产	3	0	生态恢复成本：	3	1 017.15
无形资产：	4		生态维护成本：	4	15 533.22
贮水价值	5	120 022.46	负债合计	5	48 175.99
河流输沙	6	0.08			
调蓄洪水	7	1 147.26			
水质净化	8	0			
气候调节	9	6 798.01			
休闲娱乐	10	6 140.80			
生物多样性维持	11	0			
水资源资产总计	12	134 108.61	净资产	6	85 932.62

6.3 长流陂水库水资源资产负债表

6.3.1 长流陂水库概况

6.3.1.1 自然环境

（1）基本情况

目前宝安区共有 4 座饮用水源水库，总集雨面积为 $136.8km^2$，总库容为 16 795.1 万 m^3，其中铁岗水库、石岩水库和罗田水库为中型水库，长流陂水库为小（1）型水库。宝安区 4 座饮用水源水库中铁岗水库和石岩水库由深圳市水务局管理，罗田水库与长流陂水库由宝安区环境保护和水务局管理。2016 年宝安区饮用水源水库年末蓄水量为 6381.8 万 m^3，同比增加 1298.8 万 m^3，如表 6-32 所示。

表 6-32　宝安区饮用水源水库蓄水量表　　　　　（单位：万 m^3）

序号	水库名称	2016 年末蓄水量	2015 年末蓄水量	蓄水量变化
1	铁岗水库	3491.0	3458.0	33.0
2	石岩水库	1260.0	1236.0	24.0
3	罗田水库	1553.0	234.0	1319.0
4	长流陂水库	77.8	155.0	−77.2
	合计	6381.8	5083.0	1298.8

长流陂水库地处沙井街道黄埔村东侧，水库管理单位为宝安区环境保护和水务局，1992 年 8 月建成。入库水主要为降雨和山水，库水直供长流陂水厂，2016 年供水量为 543 万 m^3。长流陂水库 2016 年末蓄水量为 77.8 万 m^3，同比降低 77.2 万 m^3。

水库坝址位于茅洲河左岸二级支流新桥河上游段，大坝为均质土坝，坝顶高 26.8m，坝顶长度 1484m，最大坝高 18m，控制集雨面积 $8.8km^2$，设计库容 663.3 万 m^3，正常蓄水库容 622.7 万 m^3，防洪库容 513 万 m^3，总库容 747.0 万 m^3（相应水位 26m），属小（1）型水库。长流陂水库特征详见表 6-33。

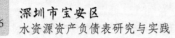

表 6-33　长流陂水库特性表

序号	名称	数据	单位	备注
一	水文			
1	集雨面积	8.8	km²	
2	设计洪水流量	164.8	m³/s	$P=1\%$
3	校核洪水流量	221.0	m³/s	$P=0.1\%$
二	水库			
1	设计洪水位	24.9	m	$P=1\%$
2	校核洪水位	25.3	m	$P=0.1\%$
3	正常蓄水位	24.1	m	
4	死水位	14.5	m	
5	总库容	747.0	万 m³	
6	正常蓄水位相应库容	622.7	万 m³	
7	死库容	13.6	万 m³	
三	大坝			
1	坝型	均质土坝		
2	坝顶高程	26.0～26.8	m	
3	防浪墙顶高程	27.2～28.0	m	
4	最大坝高	18	m	
5	坝顶长度	1484	m	
四	溢洪道			
1	形式	宽顶堰		
2	堰顶高程	23	m	
3	堰顶宽度	20	m	
4	设计泄洪流量	84.5	m³/s	$P=1\%$
5	校核泄洪流量	112.3	m³/s	$P=0.1\%$
五	输水涵			
1	1# 涵			
（1）	涵底高程	20.0	m	
（2）	管径	1.5×1.5	m	
（3）	最大设计输水流量	10.5	m³/s	
2	2# 涵			
（1）	涵底高程	17	m	
（2）	管径	$\varphi800$	m	
（3）	最大设计输水流量	1.8	m³/s	
3	3# 涵			
（1）	涵底高程	14.5	m	
（2）	管径	$\varphi800$	m	
（3）	最大设计输水流量	2.2	m³/s	

续表

序号	名称	数据	单位	备注
4	4# 涵			
（1）	涵底高程	20	m	
（2）	管径	φ600	m	
（3）	最大设计输水流量		m³/s	
5	水厂引水管			
（1）	涵底高程	15	m	
（2）	管径	2000	m	
（3）	最大设计输水流量	16.2	m³/s	

注：$P=1\%$，代表百年一遇；$P=0.1\%$，代表千年一遇

长流陂水库是提蓄结合水库，除直接供水给沙井长流陂水厂和上南水厂外，还可通过立新水库供水给福永立新水厂。目前，水库主要功能是供水、防洪。

（2）供水情况

2016 年宝安区原水供水量为 45 836.5 万 m³，同比降低 135.0 万 m³。原水供水量组成为地表水源供水 44 705.3 万 m³，占原水供水量 97.5%，其中区外调水供水 25 968.8 万 m³，同比减少 11 546.4 万 m³；本地自产水供水 18 736.5 万 m³，同比增加 11 409.7 万 m³；地下水源供水 124.9 万 m³，同比减少 17.1 万 m³；其他水源供水 1006.3 万 m³，同比增加 18.8 万 m³，如图 6-9 所示。

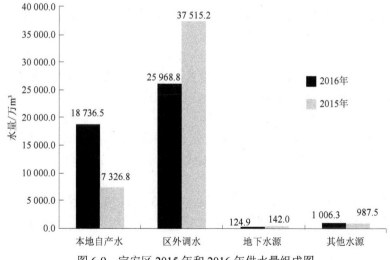

图 6-9　宝安区 2015 年和 2016 年供水量组成图

长流陂水库 2016 年供水量为 543.0 万 m³，同比增加 111.1 万 m³，增加百分比为 25.7%。

（3）水质状况

2016 年，铁岗水库平均综合污染指数同比上升 0.005，上升 2.39%，水质保持为Ⅲ类；石岩水库平均综合污染指数同比上升 0.022，上升 8.68%，水质保持为Ⅲ类；罗田水库平均综合污染指数同比下降 0.087，下降 31.52%，水质由Ⅲ类变为Ⅱ类；长流陂水库平均综合污染指数同比下降 0.008，下降 2.75%，水质由Ⅲ类变为Ⅳ类，BOD_5 超标。

6.3.1.2　社会经济

长流陂水库位于深圳市宝安区新桥街道范围内，辖区面积 28km²，新桥街道包括新桥、新二、上星、上寮、黄埔、万丰、沙企社区共 7 个社区。根据 2016 年底统计调查显示，新桥街道范围内的常住人口为 25.83 万人，户籍人口为 1.46 万人。

宝安区 2016 年 GDP 为 3003.44 亿元，比上年增长 8.8%，其中新桥街道 2016 年 GDP 为 229 亿元，占全区 GDP 总值的 7.62%。

6.3.1.3　治理措施

近年来，宝安区不断加大对长流陂水库的管理及工程投资力度，切实加强长流陂水库水源保护工作，有效保障饮水安全，具体如下。

一是实施长流陂水库内源污染工程。2008～2010 年，投资 983.20 万元，实施泥库工程、清淤工程、尾水处理工程等，减少底泥对水体的二次污染，增加水体的自净能力，扩大水库库容。

二是开展长流陂水库流域水土保持综合治理工程。2008～2010 年，投资 864 万元，采取乔、灌、草立体绿化措施，增加植物多样性，改善库区林相结构，切断污染来源，提高库区土壤水源涵养能力。

三是开展长流陂水库污水截排工程。2011～2013 年，投资 1939 万元，铺设 DN1600 截污管道 1400m，建设截污闸、控制阀门等，截流长流陂水库上游污水及初期雨水至下游市政排污管道，对彻底改善长流陂水库水质起到了很好的作用。

四是完成长流陂水库除险加固工程。2013～2014 年，投资 3711.98 万元，对水库进行除险加固，包括坝体加固、溢洪道改造及电气设备更换等，消除水库安全隐患，提高水库安全性。

五是配合深圳市水务局加快推进铁长支线供水工程。从 2013 年起实施铁长支线供水工程，规模为 50 万 m³/天，将铁岗、石岩、长流陂、凤岩、七沥、屋山、立新等水库群连通，充分利用本地自产水，发挥水库的调蓄能力，提高供水保障水平。

六是完成长流陂水库周边国有水务土地清理。2015 年，联合沙井街道执法队对长流陂水库周边国有水务土地违法搭建及历史遗留建筑进行清理，共清拆违法搭建 14 处、历史遗留建筑 13 栋，面积约 10 000m²，有效确保饮用水源安全。

七是实施长流陂水库水源保护工程。2015 年立项实施长流陂水库水源保护工程，完善水库隔离围网及视频监控，强化饮用水源保护工作，保障水源安全。

6.3.2　实物量核算及其流向

根据"宝安区水资源资产负债表框架体系模式"，结合长流陂水库实地调研情况，搭建长流陂水库实物量表框架，包括正常库容和总库容两个指标，如表6-34 所示。

2011 ～ 2016 年，长流陂水库正常库容由 512.6 万 m³ 变为 622.7 万 m³。从人为影响和自然干扰两个方面对其进行分析。在人为影响方面，长流陂水库为区管水库，具体工程由本级政府负责开展，本级政府于 2013 年 3 月对长流陂水库实施除险加固工程，2014 年底竣工验收，工程竣工后，水库正常库容增大；在自然干扰方面，宝安区未发生导致长流陂水库发生改变的重大自然灾害事故。

表 6-34　长流陂水库水资源资产实物量表　　　　（单位：万 m³）

年份	正常库容	总库容
2011 年（期初）	512.6	733.6
2012 年	512.6	733.6
2013 年	512.6	733.6
2014 年	512.6	733.6
2015 年	622.7	747.0
2016 年（期末）	622.7	747.0
变化量	110.1	13.4
变化率	21.48%	1.83%

注：数据来源于宝安区环境保护和水务局

2011 ～ 2016 年，长流陂水库总库容由 733.6 万 m³ 变为 747.0 万 m³。总库容增加也是由宝安区政府实施除险加固工程所致，如表 6-35 所示。

表 6-35　长流陂水库水资源资产实物流向表

| 实物指标 | 期初值 | 期末值 | 人为影响 | | | | 自然干扰 | |
| | | | 本级 | | 上级 | | | |
			变化量	原因	变化量	原因	变化量	原因
正常库容/万 m³	512.6	622.7	110.1	区政府于 2013 年 3 月对长流陂水库实施除险加固工程，2014 年底竣工验收，工程竣工后，水库正常库容由 512.6 万 m³ 变为 622.7 万 m³	0	2011～2016 年，上级政府没有采取导致水库库容发生明显改变的措施	0	2011～2016 年，宝安区未发生导致水库库容发生明显改变的重大自然灾害
总库容/万 m³	733.6	747.0	13.4	区政府于 2013 年 3 月对长流陂水库实施除险加固工程，2014 年底竣工验收，工程竣工后，水库总库容由 733.6 万 m³ 变为 747.0 万 m³	0	2011～2016 年，上级政府没有采取导致水库库容发生明显改变的措施	0	2011～2016 年，宝安区未发生导致水库库容发生明显改变的重大自然灾害

6.3.3　质量核算及其流向

根据"宝安区水资源资产负债表框架体系模式"，结合长流陂水库实地调研情况，搭建长流陂水库质量表框架，包括水质类别和平均综合污染指数两个指标，如表 6-36 所示。

表 6-36　长流陂水库水资源资产质量表框架

年份	水质类别	平均综合污染指数
2011 年（期初）	V 类	0.2868
2012 年	IV 类	0.3164
2013 年	IV 类	0.3212
2014 年	III 类	0.2939
2015 年	III 类	0.2949
2016 年（期末）	IV 类	0.2868
变化量	+1	0
变化率	/	0

注：数据来源于宝安区环境监测站

2011～2016 年，长流陂水库水质由 V 类变为 IV 类，水库水质整体有所改善，2011～2015 年主要超标污染物为 BOD_5 和总氮，2016 年主要超标污染物仅为 BOD_5，具体变化原因见表 6-37。

2011～2016 年，长流陂水库水质平均综合污染指数在 0.28～0.32，变化幅度较小。

6.3.4 价值核算

6.3.4.1 指标选取

根据"第 4 章 宝安区水资源资产负债表框架体系构建",结合长流陂水库实地调研情况,搭建长流陂水库自然资源资产价值评估指标指标体系,包含实物资产价值和生态系统服务功能价值 2 个一级指标。其中实物量价值包括供水价值和水产品生产价值 2 个二级指标;生态系统服务功能价值包括涵养水源价值、调蓄洪水价值、固碳价值、释氧价值、水质净化价值、气候调节价值、生物多样性维持价值 7 个二级指标。

6.3.4.2 价值核算

1. 供水价值

长流陂水库水资源按用途分为行政事业用水、工业用水、居民生活用水和商建服务业用水 4 种,供水价值计算公式见式(4-1)。

表 6-37 长流陂水库水资源资产质量流向表

实物指标	期初值	期末值	人为影响				自然干扰	
			本级		上级			
			变化量	原因	变化量	原因	变化量	原因
水质类别	V类	IV类	+1	2011 ~ 2013 年,宝安区政府投资 1939 万元实施水库污水截排工程,截流长流陂水库上游污水及初期雨水至下游市政排污管道。2013 ~ 2014 年,投资 3711.98 万元对水库进行除险加固,提高水库安全性。从 2013 年开始,实施铁长支线供水工程,提高供水保障水平。2015 年立项实施长流陂水库水源保护工程,完善水库隔离围网及视频监控;同时对水库周边国有水务土地违法搭建及历史遗留建筑进行清理,共清拆违法搭建 14 处、历史遗留建筑 13 栋 本级政府采取了系列包括工程、管理、执法等措施来改善长流陂水库水质,其间水质明显得到改善,由 V 类改善为 IV 类	+1	2011 ~ 2016 年,上级政府主要通过将长流陂水库纳入生态文明建设考核范围的方式,督促宝安区政府加强对长流陂水库的管理	/	/
平均综合污染指数	0.2868	0.2868	0	2011 ~ 2016 年,包括上级政府和本级政府在内,从工程、管理、执法等方面入手,改善长流陂水库水质,平均综合污染指数基本稳定,但主要污染因子由 BOD_5 和总氮转化为 BOD_5			/	/

根据《宝安区水资源公报》，2016 年长流陂水库供水量为 431.91 万 t，长流陂水库供水类型共 4 种，但每种类型用水量数据不知，因此，供水价格采用各类用水价格平均值，即 3.41 元 / t。

因此可得，长流陂水库水资源供水价值为 1472.81 万元。

2. 水产品生产价值

在反复多次的实地调研和问卷走访过程中，未发现养殖、捕捞等行为，因此长流陂水库不具有水产品生产价值。

3. 涵养水源

涵养水源价值评估采用替代工程法，用水利工程成本或造价来替代涵养水源的价值，计算公式见式（4-3）。

根据《宝安区环保水务设施统计手册》，长流陂水库正常蓄水库容为 512.6 万 m^3；参考《盐田区 GEP 核算体系研究》，单位库容造价成本为 18.34 元 /m。

因此可得，长流陂水库涵养水源价值为 9401.08 万元。

4. 调蓄洪水

调蓄洪水价值采用替代工程法，用水利工程成本或造价来替代调蓄洪水的价值，计算公式见式（4-4）。

根据《宝安区环保水务设施统计手册》，长流陂水库总库容为 733.6 万 m^3，防洪库容为 513 万 m^3；参考《盐田区 GEP 核算体系研究》，单位库容造价成本为 18.34 元 /m。

因此可得，长流陂水库调蓄洪水价值为 4045.80 万元。

5. 固碳价值

固碳价值采用碳税法评估，计算公式见式（4-5）。

根据遥感数据解译，长流陂水库水域面积为 87 万 m^2；参考《森林生态系统服务功能评估规范》，固碳价格为 1200 元 /t；参考《香溪河河流生态系统服务功能评价》，固碳量为 $2.623×10^{-5} t/(m^2 \cdot 年)$。

因此可得，长流陂水库固碳价值为 2.74 万元。

6. 释氧价值

释氧价值采用生产成本法评估，计算公式见式（4-6）。

根据遥感数据解译，长流陂水库水域面积为 87 万 m^2；参照《城市生态系统服务功能价值评估初探——以深圳市为例》(彭建，2005)，氧气价格取 3000 元 /t；参考《香溪河河流生态系统服务功能评价》，释氧量为 $1.931×10^{-5}$ t/(m^2·年)。

因此可得，长流陂水库释氧价值为 5.04 万元。

7. 水质净化

水质净化价值采用替代成本法评估，选取的污染因子为总氮和总磷，计算公式见式 (4-9)。

根据《宝安区环保水务设施统计手册》，长流陂水库库容为 512.6 万 m^3；根据《宝安区水资源资产负债表水质监测项目》报告，长流陂水库总氮浓度为 0.985mg/L，总磷浓度为 0.046mg/L；根据《洞庭湖湿地资源间接利用价值评估》，库区对总氮平均去除率为 35.5%，对总磷去除率为 24.2%，总氮和总磷去除成本为 2.66 万元 /t 和 55.86 万元 /t。

因此可得，长流陂水库净化总氮和总磷价值分别为 4.77 万元和 3.19 万元，水质净化总价值为 7.96 万元。

8. 气候调节

气候调节价值评估采用替代工程法，具体计算公式见式 (4-11)。

1）根据遥感数据解译，长流陂水库水域面积为 87 万 m^2。

2）吸收热量大小：深圳市多年平均水面蒸发量为 1752mm。考虑到随着温度升高，水的汽化热会越来越小，因此本研究取水在 100℃、1 标准大气压下蒸发的汽化热 2260kJ/kg，宝安区长流陂水库水面蒸发吸收的总热量为 $3.448×10^{12}$kJ。

3）增加水汽量：深圳市多年平均水面蒸发量为 1752mm，长流陂水库面积为 0.87km²，则水面蒸发的水量为 $1.524×10^6$m³。也就是说，长流陂水库每年为空气提供 $1.524×10^6$m³ 水汽，提高了空气湿度。

因此可得，长流陂水库气候调节价值为 40 780 万元。

9. 生物多样性维持

生物多样性维持价值评估采用机会成本法，计算公式见式 (4-12)。

根据遥感数据解译，长流陂水库水域面积为 87 万 m^2；根据《青藏高原生态资产的价值评估参考》，水体生态效益为 0.2203 元 /m^2。

因此可得，长流陂水库生物多样性维持价值为 19.17 万元。

6.3.4.3 价值总量

长流陂水库水资源资产总价值为其实物资产与生态系统服务功能价值之和。

2016 年长流陂水库水资源资产总价值约为 55 734.60 万元，其中实物资产价值为 1472.81 万元，占其总价值的 2.64%，生态系统服务功能价值约为 54 261.79 万元，占其总价值的 97.36%，如表 6-38 所示。

表 6-38　长流陂水库 2016 年水资源资产价值　　　　（单位：万元）

一级指标	二级指标	价值
河流实物资产	供水价值	1 472.81
	水产品生产	0
河流生态系统服务功能	涵养水源价值	9 401.08
	调蓄洪水价值	4 045.80
	固碳价值	2.74
	释氧价值	5.04
	水质净化价值	7.96
	气候调节价值	40 780
	生物多样性维持价值	19.17
合计		55 734.60

根据计算结果可知，2016 年长流陂水库水资源资产价值总量占其所在街道（新桥街道）当年 GDP 的 2.43%。

在生态系统服务价值中，涵养水源价值、调蓄洪水价值和气候调节价值占生态系统服务总价值的 97.29%，其中涵养水源价值占 16.87%，调蓄洪水价值占7.26%，气候调节价值占 73.17%。

6.3.5　负债核算

6.3.5.1　指标选取

根据"宝安区水资源资产负债表框架体系模式"，负债项主要包括污染治理成本、生态恢复成本和生态维护成本 3 项，结合近年来政府为改善饮用水源水环境质量所投入的各种经费，分别将其归类总结，构建饮用水源资源资产负债核算指标体系。宝安区长流陂水库负债核算指标体系共有 14 项二级指标，21 项三级指标，其中污染治理成本包括 3 项二级指标，生态恢复成本包括 3 项二级指标，生态维护成本包括 8 项二级指标，如表 6-39 所示。

表 6-39　长流陂水库资源资产负债核算指标体系

指标	一级指标	二级指标	三级指标
总负债	污染治理成本	入库支流综合整治投入	入库支流综合整治投入
		水库配套管网建设与养护投入	水库配套管网建设投入
			水库配套管网养护投入
		水库截污工程投入	水库截污工程投入
	生态恢复成本	水体生态修复工程投入	水体生态修复工程投入
		水体生态景观建设投入	水体生态景观建设投入
		调水工程建设及运营投入	调水工程建设投入
			调水工程运营投入
	生态维护成本	水库扩建投入	水库扩建投入
		水闸建设与运营投入	水闸建设投入
			水闸运营投入
		泵站建设与运营投入	泵站建设投入
			泵站运营投入
		水质监测费用	常规例行监测费用
			应急监测费用
		科研经费投入	科研经费投入
		饮用水源保护区内违法开发管控及整改资金投入	饮用水源保护区内违法开发管控资金投入
			饮用水源保护区内违法开发整改资金投入
		库区内植被养护费用	库区内植被养护费用
		库区管理人员及办公用品的经费投入	库区管理人员的资金投入
			库区办公用品的资金投入

6.3.5.2　负债核算

1. 入库支流综合整治投入

入库支流综合整治投入计算公式如下：

$$V_c = C_1 + C_2 + \cdots + C_n \qquad (6\text{-}18)$$

式中，V_c 为入库支流综合整治投入，单位为万元；C_1 为入库支流 1 综合整治投入，单位为万元；C_2 为入库支流 2 综合整治投入，单位为万元；C_n 为入库支流 n 综合整治投入，单位为万元。

2016 年以前，长流陂水库已完成全部入库支流的综合整治，2016 年无任何入库支流综合整治项目，因此，2016 年长流陂水库入库支流综合整治投入为零。

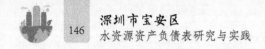

2. 水库配套管网建设与养护投入

水库配套管网建设与养护投入包括水库配套管网建设投入和水库配套管网养护投入，计算公式如下：

$$V_d = D_1 + D_2 \qquad (6\text{-}19)$$

式中，V_d 为水库配套管网建设与养护投入，单位为万元；D_1 为水库配套管网建设投入，单位为万元；D_2 为水库配套管网养护投入，单位为万元。

2016 年以前，长流陂水库已完成水库配套管网建设，且 2016 年无该方面的专门养护投入，因此，2016 年长流陂水库配套管网建设与养护投入为零。

3. 水库截污工程投入

$$V = \sum V_i \qquad (6\text{-}20)$$

式中，V 为水库截污工程投入，单位为万元；V_i 为 i 项水库截污工程投入，如截污大坝、截污箱涵等，单位为万元。

长流陂水库 2016 年无任何水库截污工程，因此，2016 年长流陂水库截污工程投入为零。

4. 水体生态修复工程投入

$$G = \sum G_i \qquad (6\text{-}21)$$

式中，G 为水体生态修复工程投入，单位为万元；G_i 为 i 项水体生态修复工程投入，单位为万元。

长流陂水库 2016 年无任何水体生态修复工程，因此，2016 年长流陂水库水体生态修复工程投入为零。

5. 水体生态景观建设投入

水体生态景观建设投入计算公式见式（6-11）。

长流陂水库 2016 年无水体生态景观建设，因此，2016 年长流陂水库水体生态景观建设投入为零。

6. 调水工程建设及运营投入

$$I = \sum I_i \qquad (6\text{-}22)$$

式中，I 为调水工程建设及运营投入，单位为万元；I_i 为 i 项调水工程建设及运营投入，单位为万元。

长流陂水库无调水工程建设，因此，2016 年长流陂水库调水工程建设及运营投入为零。

7. 水库扩建投入

$$I=\sum I_i \qquad (6-23)$$

式中，I 为水库扩建投入总经费，单位为万元；I_i 为 i 项扩建工程投入，单位为万元。

长流陂水库 2016 年无水库扩建，因此，2016 年长流陂水库扩建投入为零。

8. 水闸建设与运营投入

水闸建设与运营投入计算公式见式（6-13）。

长流陂水库水闸建设于 2017 年初开工建设，2016 年无水闸建设，因此，2016 年长流陂水库水闸建设与运营投入为零。

9. 泵站建设与运营投入

$$V_k=K_1+K_2 \qquad (6-24)$$

式中，V_k 为泵站建设与运营投入，单位为万元；K_1 为泵站建设投入，单位为万元；K_2 为泵站运营投入，单位为万元。

长流陂水库 2016 年无泵站建设，因此，2016 年度长流陂水库泵站建设与运营投入为零。

10. 水质监测费用

水质监测费用计算公式见式（6-16）。

2016 年，长流陂水库每月进行水质监测，还要进行不定期监测，2016 年水质监测总费用为 38.4 万元。

11. 科研经费投入

科研经费投入计算公式见式（6-17）。

2016 年，长流陂水库未开展相关科学研究，因此，该项资金投入为零。

12. 饮用水源保护区内违法开发管控及整改资金投入

饮用水源保护区内违法开发管控及整改资金投入计算公式如下：

$$W_k=W_1+W_2 \qquad (6-25)$$

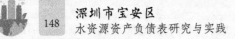

式中，W_k 为饮用水源保护区内违法开发管控及整改资金投入，单位为万元；W_1 为饮用水源保护区内违法开发管控资金投入，单位为万元；W_2 为饮用水源保护区内违法开发整改资金投入，单位为万元。

2016 年以前，长流陂水库库区范围内已完成全部违法建筑的清拆和违法养殖、种植等的清除，2016 年仅进行常规巡逻检查。因此，2016 年长流陂水库保护区内违法开发管控及整改资金投入为零。

13. 库区内植被养护费用

库区内植被养护费用计算公式如下：

$$M_k = \sum M_i \qquad (6\text{-}26)$$

式中，M_k 为库区内植被养护费用，单位为万元；M_i 为库区内开展的 i 项植被养护工程费用，单位为万元。

根据宝安区长流陂水库管理站数据，2016 年长流陂水库库区内植被养护费用为 70 万元。

14. 库区管理人员及办公用品的经费投入

库区管理人员及办公用品的经费投入的计算公式如下：

$$N_k = N_1 + N_2 \qquad (6\text{-}27)$$

式中，N_k 为库区办公用品及管理人员的经费投入，单位为万元；N_1 为库区办公用品的资金投入，单位为万元；N_2 为库区管理人员的资金投入，单位为万元。

根据宝安区长流陂水库管理站数据，2016 年长流陂水库库区管理人员及办公用品的资金投入为 472 万元。

6.3.5.3 负债总量

根据长流陂水库负债核算结果，2016 年度长流陂水库负债总计 580.4 万元，均为生态维护成本投入，如表 6-40 所示。

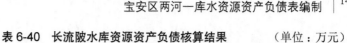

表 6-40　长流陂水库资源资产负债核算结果　　　（单位：万元）

一级指标	二级指标	投入经费
污染治理成本	入库支流综合整治投入	0
	水库配套管网建设与养护投入	0
	水库截污工程投入	0
生态恢复成本	水体生态修复工程投入	0
	水体生态景观建设投入	0
	调水工程建设及运营投入	0
生态维护成本	水库扩建投入	0
	水闸建设与运营投入	0
	泵站建设与运营投入	0
	水质监测费用	38.4
	科研经费投入	0
	饮用水源保护区内违法开发管控及整改资金投入	0
	库区内植被养护费用	70
	库区管理人员及办公用品的经费投入	472
	合计	580.4

6.3.6　净资产核算

根据价值及负债核算结果，2016 年西乡河水资源资产价值为 55 734.60 万元，负债 580.40 万元，净资产为 55 154.20 万元，详见表 6-41。

表 6-41　长流陂水库 2016 年水资源资产负债表　　　（单位：万元）

资产	行次	期末值	负债和净资产	行次	期末值
实物资产：	1		负债：	1	
供水	2	1 472.81	污染治理成本：	2	0
水产品生产	3	0	生态恢复成本：	3	0
无形资产：	4		生态维护成本：	4	580.4
涵养水源	5	9 401.08	负债合计	5	580.4
调蓄洪水	6	4 045.80			
固碳价值	7	2.74			
释氧价值	8	5.04			
水质净化	9	7.96			
气候调节	10	40 780			
生物多样性维持	11	19.17			
自然资源资产总计	12	55 734.60	净资产	12	55 154.20

第 7 章

宝安区水资源资产
管理研究

7.1 工作基础

7.1.1 近年来宝安区水资源资产变化的状况

宝安区水资源资产包括辖区内的66条河流、4座饮用水源水库、9座小（2）型以上水库、66.4km² 的近岸海域及地下水。

7.1.1.1 水资源总量变化情况

（1）水域面积

根据《宝安区生态资源状况分析》报告，2011～2016年，宝安区水域面积整体呈下降趋势，2016年全区水域面积约为98km²，比2011年下降了约4%，全区水面覆盖率约为26%，如图7-1所示。宝安区水域面积减少，主要原因是快速城市化进程中，城市建设用地不断侵蚀水面，致使宝安区水域面积整体减少。

图7-1 2011～2016年宝安区水域面积动态变化情况

（2）水资源总量

根据《宝安区水资源公报》，宝安区水资源包括地表水资源和地下水资源，2011～2016年宝安区地表水资源量占水资源总量比例超过85%，由于受降雨等方面的影响，波动比较大；地下水资源变化情况不大，维持在8000万 m³ 左右（图7-2）；人均水资源量约为150 m³/人（图7-3）。

◆ 地表水资源量　▲ 水资源总量　● 地下水资源量

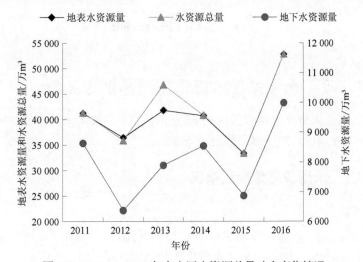

图 7-2　2011 ～ 2016 年宝安区水资源总量动态变化情况

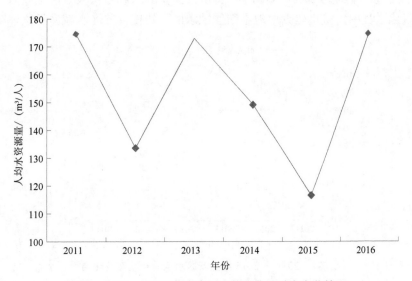

图 7-3　2011 ～ 2016 年宝安区人均水资源动态变化情况

（3）供水量

根据《宝安区水资源公报》，2012 ～ 2016 年宝安区供水总量稳定在 4.5 亿 m³ 左右（2011 年的统计数据包含了龙华区），其中，本地自产水供水量整体有上升趋势，占比从 13.4% 上升到 40.9%；区外调水和地下水源供水量呈下降趋势，其中区外调水供水量占供水总量比例从 82.8% 下降到 56.7%，地下水源供水量占供水总量比例从 0.5% 下降到 0.3%，如图 7-4 所示。

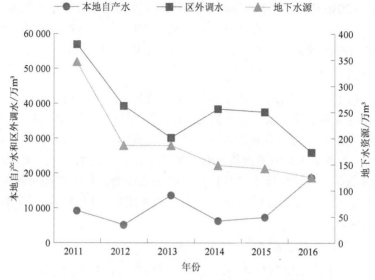

图 7-4   2011 ~ 2016 年宝安区供水量动态变化情况

7.1.1.2   水资源资产质量变化情况

（1）河流

根据 2016 年河流水质监测报告，宝安区 66 条河流中 65 条河流的水质劣于 V 类，只有黄麻布河的水质为Ⅲ类。宝安区主要河流已经丧失自净能力，河水呈 "污、臭、脏"，河道底泥污染严重并形成恶性循环，河流普遍发黑发臭，其中茅洲河被省挂牌督办。

结合本课题的主要工作内容，选择茅洲河干流、西乡河、新圳河、西乡咸水涌 4 条河流，进行平均综合污染指数和主要超标污染物分析。2013 ~ 2016 年，4 条河流中茅洲河干流平均综合污染指数下降幅度最大，较 2013 年下降 28%；西乡河和新圳河水质污染程度有小幅上升；根据宝安区监测站提供的监测数据，2014 年西乡咸水涌只监测一次，监测结果不具有代表性，因此判定 2014 年其水质监测结果无效。总体来看，西乡咸水涌是 4 条河流中污染程度最为严重的一条河流。

2013 ~ 2016 年，茅洲河干流主要超标污染物为氨氮和总磷，两种污染物浓度均有大幅下降，相较于 2013 年，分别下降 56.25% 和 47.13%。

2013 ~ 2016 年，西乡河主要超标污染物为五日生化需氧量、氨氮、总磷和阴离子表面活性剂，其中五日生化需氧量、总磷和阴离子表面活性剂无明显变化趋势；氨氮呈持续上升趋势，相较于 2013 年，氨氮浓度上升 22%。

2013 ~ 2016 年，新圳河主要超标污染物为氨氮和总磷，两种污染物浓度总体呈上升趋势，相较于 2013 年，分别上升 207.14% 和 420.0%。

2013～2016年，西乡咸水涌主要超标污染物为总磷、化学需氧量、五日生化需氧量、氨氮和阴离子表面活性剂，相较于2013年，除氨氮和阴离子表面活性剂污染程度有所改善外，其余三种污染物浓度均有所增加。

（2）饮用水源

2011～2016年，铁岗水库水质类别始终保持在Ⅲ类水体；石岩水库水质类别从Ⅴ类变为Ⅲ类；罗田水库水质类别从Ⅳ类变为Ⅴ类，最后稳定在Ⅲ类；长流陂水库水质类别从Ⅴ类变为Ⅲ类，到2016年又变为Ⅳ类（总氮、粪大肠菌群不纳入考核）。从平均综合污染指数来看，罗田水库、石岩水库和长流陂水库水质总体呈好转趋势，铁岗水库水质总体呈污染加重趋势。从主要超标污染物来看，4座饮用水源水库主要超标污染物为总氮，且呈逐年下降趋势，其中2016年罗田水库和长流陂水库总氮浓度已达标。

（3）小（2）型以上水库

根据2016年的水质监测结果，九龙坑水库和五指耙水库水质良好，达到地表水Ⅲ类水质标准；屋山水库、立新水库、石陂头水库和牛牯斗水库水质类别为Ⅳ类；七沥水库水质类别为Ⅴ类，主要污染物为五日生化需氧量和总氮；老虎坑水库和担水河水库水质劣于Ⅴ类，主要超标污染物为氨氮、总磷和总氮（表7-1）。

表7-1　2016年宝安区9座小（2）型

水库	水质类别	平均综合污染指数
九龙坑水库	Ⅲ类	0.222
七沥水库	Ⅴ类	0.484
屋山水库	Ⅳ类	0.458
立新水库	Ⅳ类	0.415
五指耙水库	Ⅲ类	0.317
老虎坑水库	劣Ⅴ类	1.872
担水河水库	劣Ⅴ类	4.967
石陂头水库	Ⅳ类	0.312
牛牯斗水库	Ⅳ类	0.308

（4）近岸海域

2011～2016年监测结果显示，宝安区近岸海域水质较差，劣于《海水水质标准》（GB 3097—1997）Ⅳ类标准，达不到功能区要求，主要超标污染物为活性磷酸盐和无机氮，且污染有加重趋势。

（5）地下水

2013年宝安区开展了地下水普查工作，2014～2015年开展了常规水文水质监测工作，监测项目为水位、水温及部分水质监测项目。考虑到水质监测项目不全或者缺失，2016 年课题组委托具有相关监测资质的公司对宝安区 13 个社区的监测井开展旱季和雨季的水质监测工作。根据监测统计结果，宝安区 13 个监测井均达到《地下水质量标准》Ⅴ类标准（表 7-2）。

表 7-2　2016 年宝安区地下水水质监测结果

社区名称	凤凰社区	黄埔社区	上寮社区	潭头社区	溪头社区	罗田社区	桥头社区
水质类别	Ⅴ类	Ⅴ类	Ⅴ类	Ⅴ类	Ⅴ类	Ⅴ类	Ⅴ类
污染程度	未污染	中度污染	中度污染	严重污染	未污染	严重污染	严重污染

社区名称	上合社区	布心社区	塘头社区	罗租社区	黄麻布社区		钟屋社区
水质类别	Ⅴ类	Ⅴ类	Ⅴ类	Ⅴ类	Ⅴ类		Ⅴ类
污染程度	严重污染	未污染	轻微污染	严重污染	未污染		严重污染

7.1.2　宝安区水资源资产管理的可行性

7.1.2.1　理论层面的可行性分析

（1）水资源的资产属性为水资源资产管理提供了可能

水资源具有如下属性：①全属性，《中华人民共和国水法》（以下简称《水法》）明确规定水资源属全民所有，国家保护依法开发、利用水资源的活动。②经济性，水资源在开发利用的过程中，包含着人类劳动，所以会产生价值，其根源在于水具有多元使用价值：饮用价值、灌溉价值、养殖价值、工业利用价值、生态环保价值等。③稀缺性，人们用水的需求是无限的，而水资源虽然是一种可再生资源，但其物质基础数量具有限性，决定了其再生数量具有限性，说明水资源具有稀缺性。④收益性，水资源的收益性不仅仅表现在其能带来经济效益，更重要的是能够带来良好的社会效益和生态效益。⑤有偿性，在水资源的产权交易体系中，水资源的使用权可以拍卖或转让，任何主体欲"拥有"或"控制"一项水资源，不是无偿获取的，而是要付出一定资金作为水资源的补偿费，这样才能取得有限时间内该项水资源的拥有或控制权。综上所述，水资源具有资产定义中所体现的权属性、经济性、稀缺性、收益性和有偿性，具备明显的资产属性，因此具备了进行资产管理的先决条件，即为水资源资产管理提供了可能。

（2）社会主义市场经济的大背景为水资源资产管理提供了前提条件

随着我国市场经济的不断发展和完善，政府必然会逐渐将计划管理分配资源模式转化为市场优化配置资源，国家主要起宏观调控和服务作用，并且要求在经济上实现所有权。只有在市场经济条件下，水资源的配置由市场来调节，政府只负责宏观管理，水资源产权才可以流转，才能实现以经济管理手段作为主要的管理手段，水资源才能进入市场，作为一种资产来进行运作，这样才能达到优化配置水资源，实现水资源可持续利用的目的。

（3）相关法律法规的出台为水资源资产管理提供了法律空间

《水法》《取水许可制度实施办法》《取水许可和水资源费征收管理条例》等从不同的角度保证了有偿使用水资源，并确保水资源合理开发利用。《中华人民共和国宪法》（以下简称《宪法》）第九条规定，水流等自然资源，都属于国家所有，即全民所有，水资源的所有权得以确定。随着改革的逐步深入及经济体制的转型，水资源管理体制的改革也在发生重大变化，主要有两点，一是取水许可制度的实施，《水法》第七条规定："国家对水资源依法实行取水许可制度和有偿使用制度"。关于取水许可证的获得，《取水许可制度实施办法》规定：一切取水单位和个人，利用水工程或机械提水设施直接从江河、湖泊或地下取水，都应当依照本办法申请取水许可证，并依规定取水。二是打破了水资源被无偿使用的模式，开始征收水资源费，《水法》第四十八条规定："直接从江河、湖泊或者地下取用水资源的单位和个人，应当按照国家取水许可制度和水资源有偿使用制度的规定，向水行政主管部门或者流域管理机构申请领取取水许可证，并缴纳水资源费，取得取水权"。

（4）对水资源的家底比较清楚

经过多年的实践调查和监测等，对宝安区水资源的状况、水环境污染状况有了充分的了解，并积累了翔实的资料与数据，这为水资源资产管理奠定了坚实的数据基础。

7.1.2.2　实操层面的可行性分析

（1）新圳河、西乡河生态补水

实施新圳河-西乡河水环境整治工程，工程投资总概算 3.85 亿元，主要包括五方面内容：一是截污完善工程，沿新圳河敷设截污管道 6.17km；二是建初期雨水调蓄池一座，池容 1.2 万 m^3，收集新圳河上游的初期雨水；三是于固戍污水处理厂建再生水厂一座，建设规模 24 万 m^3/天；四是沿新圳河、西乡河敷设再生水回用管道，总长 20.4km；五是在新圳河河口新建一座水闸。通过采取沿河截污、河道生态补水、生态修复、城区河涌景观建设等工程措施，将固戍污水处理厂尾水回用于新圳河、西乡河生态补水。

新圳河、西乡河开始生态补水时间为 2012 年 12 月，基本属于河里没水了就补给一部分。2015 年西乡河、新圳河共补水 18 847 054t；2016 年新圳河、西乡河生态补水的全年总电费约为 313 万元，水费约为 1.3 万元。

（2）石岩、铁岗水库东江补水

石岩水库和铁岗水库均位于深圳市宝安区，石岩水库处于茅洲河上游，集雨面积 44km²，有石岩河等 6 条支流汇入水库。铁岗水库处于西乡街道西乡河上游，集雨面积 64km²，有大官陂河等 6 条支流汇入水库。目前两水库主要水源来自东江，由塘头抽水泵站相互连通，共同为深圳中西部居民提供正常生产生活用水。根据宝安区水资源办公室提供的数据，2011～2016年东江补水情况如表7-3所示。

表 7-3　2011～2016 年石岩、铁岗水库东江补水情况

年份	2011	2012	2013	2014	2015	2016
东江补水量 / 万 m³	54 787.1	52 964.6	33 795.44	32 998.97	32 933.97	25 792.76

（3）深圳市深水宝安水务集团有限公司

深圳市深水宝安水务集团有限公司（以下简称宝水公司）的供水辖区为深圳市宝安区，下辖宝城、福永、沙井、石岩、松岗 5 家分、子公司，共 9 座水厂（表7-4），总设计供水能力为 176 万 t/ 天，日供水量达 120 万 t；供水管网总长度 3310km，其中 DN75 以上管网总长度 2521km；共设 11 个营业中心，服务面积约 397km²，服务人口约 518 万人。近年来，随着供水设施、设备的不断完善和生产管理的日益精细化、科学化，宝安区的供水水质有了显著提升，水质综合合格率保持在 99.9% 以上；供水产销差率逐年降低，目前为 10.5%，居行业先进水平。

表 7-4　宝安区 9 座水厂基本概况

水厂名称	取水来源	2015 年供水量 / 万 m³	服务片区	原水水价 /(元 /m³)	收益 / 万元
朱坳水厂	铁岗水库	9446.7	宝安城区、西乡街道及宝安国际机场	0.935	8832.665
新安水厂	铁岗水库	1875.7	新安街道及西乡街道部分区域	0.935	1753.780
立新水厂	石岩水库	2755.0	福永街道桥头、塘尾、和平及新和片区	0.935	2575.925
凤凰水厂	石岩水库	3343.8	凤凰社区、福永街道部分区域	0.935	3126.453
长流陂水厂	石岩水库（主要）、长流陂水库	6812.9	沙井街道	0.935	6370.062
上南水厂	石岩水库	1592.7	上南、上星、上寮等沙井街道部分区域	0.935	1489.175
松岗水厂	石岩水库	1548.8	山门社区、燕罗路至燕川桥头等松岗街道部分区域	0.935	1448.128
五指耙水厂	石岩水库	4256.8	松白路至宝安大道以南的东南片区	0.935	3980.108
石岩湖水厂	石岩水库	3002.7	石岩街道	0.935	2807.525

宝水公司发展历程：1983 年，宝安县自来水厂成立；1993 年，宝安县撤县建区，更名为深圳市宝安区自来水公司；1995 年，作为宝安区现代企业制度改

革的试点单位之一，改组为国有独资有限责任公司，更名为深圳市宝安区自来水有限公司；2007 年 8 月 15 日，根据深圳市委市政府关于全市供水资源整合的精神和要求，由深圳市水务（集团）有限公司控股、宝安区投资管理有限公司（现为宝安区建设投资集团有限公司）参股共同组建成立深圳市深水宝安水务有限公司；2009 年 3 月 30 日，整合石岩、龙华、观澜、福永、沙井 5 家街道水司，成立深圳市深水宝安水务集团有限公司。

7.1.3　存在问题

（1）在产权主体上水资源资产所有者虚置

《水法》明确规定国家是水资源所有者的主体，但具体到区域或者流域，规定地方政府或流域机构代表国家行使所有者主体的权利，事实上地方政府或流域机构成了水资源的所有者，享有水资源的使用权、收益权，造成地方政府或流域机构集"裁判员""运动员"身份于一体。在某种程度上，国家所有等于人人所有，人人所有实际上等于人人没有，造成国家水资源所有权的虚置，导致国有水资源资产的大量流失。

（2）行政管理体制上存在问题

从水系划分来看，宝安区水资源不仅归宝安区环境保护和水务局管理，还归属水利部珠江水利委员会管理。《水法》规定我国对水资源实行流域管理和行政区管理相结合的管理制度，但是第十二条规定流域管理机构在管理范围内行使国务院水行政主管部门授予的水资源管理职责，地方水行政主管部门负责行政区域内水资源的监管职责。这一规定实际上是对流域水行政管理机构职权的削减，使流域管理机构有名无权，不能真正进行水资源流域管理工作，导致流域管理效果大打折扣。另外，环保机构监测监察执法垂直管理改革后，宝安区的环保和水务机构可能重新分开，导致水资源的开发利用及其管理有可能分属不同部门，各部门为了各自的利益难以实现水资源管理的最优化。

（3）水资源管理的法律体系不健全

十一届三中全会以后，《宪法》中"国家保障自然资源的合理利用，保护珍贵的动物和植物。禁止任何组织或者个人用任何手段侵占或者破坏自然资源。"的条款，成为我国自然资源保护法律建设的基础。我国陆续颁布了《中华人民共和国水土保持法》《中华人民共和国水污染防治法》《水法》《取水许可制度实施办法》等一系列重要的水法规，宝安区也出台了《宝安区实行最严格水资源管理制度实施方案》《宝安区实行河流河长制工作方案》等方案。但是这些法律法规不能完全满足实际需要，没有形成完整的法律体系，如水资源交易就缺乏法律依据，无法适应社会主义市场经济的要求，从上到下亟待制定包括基本法、行政法规、地方性法规、行政规章和地方政府规章等各级法律规划，健全水资源资产管理的法律体系。

（4）城市水价形成机制不健全

宝安区当前实行的是阶梯水价，当居民累计用水量达到阶梯水量分档基数临界点后，就实行阶梯加价，共分为三个阶梯。即使如此，水价仍偏低，还是不能完全反映水资源的真实价值。真实的水价应该包含水资源费、环境水费和生产成本等，水资源费是城市水资源价值的价格，环境水费是为了弥补因为取水和排放污水等行为对城市水环境造成的损害而需要交纳的费用，生产成本是通过人力劳动和水资源设备等把城市水资源变成产品水所需成本的价值总和。偏低的水价背离了市场规律的要求，缺乏价值规律调控，也在一定程度上使人们忘记了水资源的商品属性，导致用水主体粗放式用水，造成水资源浪费，水污染严重。

（5）未建立水资源交易市场

第一，未赋予城市用水主体完整的水资源所有权。我国水资源实行国家所有，城市用水主体通过行政许可获得的取水权只能是水资源的使用权，不可能获得城市水资源所有权。《中华人民共和国物权法》规定使用权权利主体不能擅自进行转让和处分，这使我国的水资源交易缺乏法律依据。但是根据科斯定理，只有进行明晰的产权界定，才能促使交易的完成，才能达到资源的最有效配置。因为未赋予用水主体完整的水资源所有权，用水主体不能随意对水资源进行流转和转让。

第二，对城市水资源交易市场缺乏政府调控。我国水资源交易市场的交易主体间缺乏有效沟通，供水主体不能及时准确地发出水资源可交易信息，需水主体也无从得知，两者之间缺乏促成交易的平台。除此之外，政府没有对水资源交易进行高效合理的干预和引导，可交易水资源登记制度、交易法律程序等相关法律制度的缺失也导致城市水资源的交易不能成功。

（6）缺乏有效的监督机制

宝安区的水资源监督机构和水资源经济宏观管理机构合一，且外部监督内部化，不能起到很好的监督效果，如在水资源经营管理的监督上，用宏观监督代替对经营管理部门的内部监督，造成监督的动力不足、约束不规范、能力不够等。由于监督机构不能很好地发挥其作用，不能从整体利益和长远战略目标出发，因此水资源浪费严重，水资源未得到很好的优化配置。

7.2　体 系 构 建

7.2.1　水资源资产管理的目标与原则

7.2.1.1　水资源资产管理的目标

在社会主义市场经济条件下，对水资源的配置主要运用经济、法律手段。对水资源实行资产管理是与市场经济相适应的一种管理手段。总体上讲，水资源资产管理的主要目标如下。

1）经过对水资源进行资产管理，使国家对水资源的所有权得到维护，并在经济上真正得以实现，所有权、开发权、使用权和经营权适当分离。

2）经过对水资源进行资产管理，使水资源产权的流转变为现实，使水资源参与到商品交换过程中去，进而加入到社会主义市场经济行列。

3）经过对水资源进行资产管理，建立水资源核算体系，并把水资源纳入国民经济核算体系，使水资源价值得到真正的反映和补偿，促进水资源的宏观经济管理。

4）经过对水资源进行资产管理，使水资源的利用从粗放型向节约型转变，做到合理、高效、节约，提高水资源的利用效率。

5）经过对水资源进行资产管理，使水资源的开发、利用、整治、保护、培育和发展走上良性循环的轨道，使水资源的经济效益、生态效益和社会效益同步实现，促进水资源的可持续利用。

7.2.1.2　水资源资产管理的原则

对水资源实行资产管理是资源管理体制的重大转变，也是全国经济体制改革的一个重要组成部分。水资源资产管理新规则、新体制的形成，是整个经济体制改革的一个方面。在水资源资产管理中，核心问题是水资源产权市场的建立和管理，关键是水资源价值的实现。为实现水资源资产管理的目标，必须确立水资源资产管理的原则。

（1）可持续原则

可持续发展观点的提出，把环境和发展上升到了统一的高度，标志着一种新的人与自然关系的开始。根据水资源的特性，冯尚友和刘国全（1997）对水资源持续利用进行了界定：在维持水的持续性和生态系统整体性的条件下，水资源支持人口、资源、环境与经济协调发展和满足代内和代际用水需求的全部过程。水资源是保障人民生活、国民经济发展的重要资源，是社会可持续发展的物质基础和基本条件，是实现可持续发展战略的重要保障。因此，在水资源资产管理中，水资源可持续利用原则必须严格加以贯彻和实施。

（2）市场化原则

要适应社会主义市场经济的要求，就是要将市场经济的要求作为水资源资产管理的基本取向。传统的水资源管理体制，是在水资源无价、无偿开采利用、福利性的非资产管理前提下建立起来的。这种管理体制与我国现行的社会主义市场经济体制是难以相适应的，表现在：①单纯的行政管理削弱和忽视了所有权管理。②只有实物性、技术性管理，忽视经济管理。③水资源的产权不能流转。水资源的开发利用，不仅要保证技术经济的合理性，还要进一步保证开发利用水资源的经济效益归属和合法性与合理性，而且必须将水资源作为具有经济价值的资产进行管理，做到技术管理和所有权管理并重，所有权适当集中，培育和完善国家调控下的产权交易市场，充分发挥经济杠杆的作用。

（3）国家产权管理规定

根据国家法律规定，在水资源等自然资源中，国家产权占有绝对大的比重。而在现实的产权管理中，产权往往被弱化和虚置，管理的概念很模糊，管理的弹性太大，很不规范。因此，资产管理的核心是产权管理，要保证国家所有权的完整性和统一性，要确保所有权在经济上得到实现，真正做到确保所有权，落实经营权。传统的水资源管理体制，虽然名义上维护国家所有权的地位，但实际上将国家所有权转变为部门所有、地方所有。建立水资源资产管理体制，关键是水资源产权管理，是要找到水资源所有权在经济上的具体实现形式，否则所有权实际上是虚拟的。

（4）效益原则

水资源资产管理体制要有益于最大限度地提高单位水资源的利用效益，要改变对水资源无偿占有和无偿开发利用的做法，逐步实行有偿占有和有偿开发利用制度，强化国家对水资源的产权管理，明确水资源所有者、经营者各自的责、权、利及其相互之间的关系，并与法律责任相联系。只有这样才能最大限度地调动经营、使用水资源单位的积极性，激发他们从自身利益出发采取一切手段改变水资源浪费、利用效率不高的状况，从而使有限的水资源最大限度被利用，真正做到"节约、合理利用水资源"。

7.2.2　体系构建

考虑到水资源资产管理涉及的一个前提就是水权分配问题，而这个问题在宝安区区一级层面很难开展，只能自上而下进行，因此在开展宝安区水资源资产管理研究过程中，部分对策建议是针对国家层面的，需要国家制定政策法规，这

样宝安区才能顺利实施水资源资产管理。构建的宝安区水资源资产管理体系如图
7-5 所示。

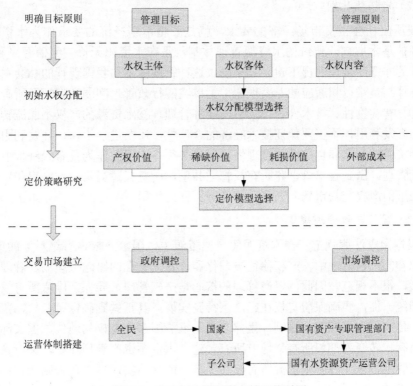

图 7-5　宝安区水资源资产管理体系图

7.3　实　施　路　径

7.3.1　初始水权分配

初始水权的界定是水资源资产管理的基础和先决条件，初始水权界定的效
果直接关系到水资源资产管理的成败，因此必须认真对待。所谓水权界定，是指
水权主体依法划分水资源资产所有权、经营权、使用权等产权归属，明确各主体
行使权利的范围及管理权限的一种法律行为。水权界定不仅是水资源产权明晰化
的关键，而且是水权交易市场有效运作的基础。我们必须严格界定水资源产权，
通过水权界定，加强对水资源资产所有权的统一管理，以确保水资源资产所有权
权益不受损害。水权界定不仅是对水资源资产所有权的界定，也是对水资源资产

经营权、使用权的界定。这不仅有利于维护水资源资产所有权,也有利于保障涉水企业真正拥有自主经营的合法权利,充分调动企业经营者的积极性,使其在所赋予的经营权范围内合法、有效、不受干预地行使自主权,促进水资源资产经营效益的提高。

7.3.1.1   水权界定的要素

任何一项权利都是由权利的主体、客体和内容所构成,其中权利主体是指能够实施或拥有某项权利的自然人或法人,权利客体是指权利的作用对象,而权利的内容则是指权利是如何规定的、其细节是什么。

1. 水权主体

水资源产权主体是指受国家委托,参与水资源资产管理和经营的水资源资产管理权主体和经营权主体。由于水权的分离性,不同层次的利益主体都可能拥有水权的不同组成部分,这样就造成了水权主体的多样性。只要是需要水资源的利益主体,原则上都可以通过行政分配或市场交易成为水资源资产的权利主体。

(1)水权主体定位的原则

A. 水资源资产所有权主体的一元化

水资源资产的全民属性决定了行使其所有权的主体只能是国家。国有资产的统一所有,是指国有资产的所有权不可分割地属于全体国民,而不属于其他任何别的主体。但由于全体国民作为一个整体不易对其共有财产直接行使所有权,而只能委托一个机构代表其行使所有权,这个机构由国家代表国民来设立。水资源产权主体定位要充分体现国有资产全民所有权的统一性及不可分割性。

B. 水资源资产经营权主体的人格化

水资源资产经营权主体的人格化原则借鉴了一般资本运营方式中的所有权与经营权分离、所有权主体与经营权主体的直接契约关系,经营者具有社会人格即法人资格,经营者盈利目标等原理。水资源资产的经营权主体应取得法人资格,具有对所经营管理水资源资产的经营权、管理权和财产权,独立担负法人财产责任,在社会经济市场中具有参与竞争的资格。

C. 水资源资产所有权代理职能与社会经济管理职能分离

在宏观层次上对水资源资产运营主体进行定位,要将水资源资产所有权代理职能及机构同经济管理职能及机构相分离。国家对水资源资产的双重经济职能,在权责上要分开,在机构上应分设。

D. 政企分离

实行政(监管)企(运营)分离,是要改变传统体制中政府直接管理企业,企业缺乏活力、效益低下的局面,以有效调动企业的生产经营主动性和创造性,

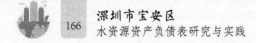
将水资源资产的监管与经营机构相分离。

E. 资本经营与生产经营分离

资本经营与生产经营的分离使水资源资产的授权经营主体作为企业出资人代表与企业作为法人财产权主体的产权关系和职能范围得到界定。这是在明确了水资源资产所有权的前提下，现代企业制度所体现出的企业出资方与企业经营方之间的关系。这也就意味着水资源资产的资本经营主体代表出资者行使所有权，而水资源资产的生产经营主体则拥有企业法人财产权及经营管理权。

（2）水权主体的具体定位

根据上述原则，对水资源产权主体进行如下定位。

A. 管理权主体

我国《宪法》第九条规定：矿藏、水流、森林、山岭、草原、荒地、滩涂等自然资源都属于国家所有，即全民所有。《水法》第三条规定：水资源属于国家所有。水资源的国家所有是由水资源的特殊作用和地位决定的，也是全世界普遍采用的管理制度。水资源的国家所有是指国家为了全体人民的利益对全民共同所有的水资源享有占有、使用、收益和处分的权利。水资源资产所有权只能由国家统一行使，具有统一性和唯一性。但事实上，国家只是一个虚拟的主体，因此必须明确国家所有权的主体。同时管理权主体一元化也要求国家设立一个专门对水资源资产行使管理权职能的政府部门或机构。该部门或机构的特点是具有高度权威性，以水资源资产保值增值为宗旨，专职代表国家对水资源资产进行全权的宏观管理，其拥有水资源资产宏观管理权、监督权、投资权、收益权。

B. 经营权主体

1）水资源资产运营总公司。水资源资产运营总公司在其授权投资的机构和对授权范围内的水资源资产行使出资者的权利，主要以控股方式从事水资源资产经营活动，并对水资源资产的安全和增值负责。水资源资产经营总公司的职能是作为水资源资产的产权经营主体负责水资源资产的保值增值。在国家授权范围内，无权干预企业的自主经营。作为国家授权的投资主体，水资源资产经营总公司对其持股企业的国有资产行使出资人资本经营职能，同时承担相应的责任。

2）水资源资产经营公司。水资源资产运营的中观主体为水资源资产经营公司，是由水资源运营总公司授权委托的具体运营水资源资产的机构。它的职能是在国家和各级政府的授权下，具体负责各地区水资源资产的资本经营和资产经营。省一级的水资源资产经营公司是纯粹型控股公司，并不直接进行商品或劳务经营活动，而主要从事产权经营活动。

3）水资源资产经营实体。水资源资产运营的微观经营主体是负责承担水资源资产具体经营任务的各种类型的水资源资产经营实体。它们作为相对独立的法人单位，在政府和国有资产管理机构宏观政策、计划及战略的指导与约束下，具体组织实施各方面水资源资产经营活动。通过微观经营主体，实现出资人权利与企业法人财产权利的分离。

2. 水权客体

不同形态和用途的水资源构成了水权的指向对象。根据宝安区实际情况，其水资源包括如下几种。

1）居民生活用水，即用于生存的水资源。居民生活用水的价格不完全由市场决定，主要由政府来定价。

2）生态环境用水，是指维持生态系统和环境而必需的水资源，是一种非排他性的公共物品，难以进入水市场，应该由政府负责提供。

3）经济用水，包括工业用水、农业用水、城市公共用水等，它具有竞争性、排他性和利益关联性等私有物品的特征，通过市场来协调价格。

3. 水权内容

水权是一个权利束，包含多个层次。具体包括水资源资产的所有权、收益权、使用权和经营权等。所有权是其他权利的原生权，是第一位的。

（1）国家的水资源资产所有权

根据我国《宪法》和《水法》，水资源资产所有权属于国家；农业集体经济组织所有的水塘、水库中的水，属于集体所有，即我国法律上规定的水资源资产所有权包括国家所有权和集体所有权两种。

（2）水资源资产收益权

水资源资产收益权是指水资源资产的支配主体、占有主体、使用主体获取收益的权利。水资源资产收益权包括水资源所有者、投资开发者、生产经营者的收益权。我国水资源资产所有权归属国家，国家在水资源资产上的收益主要表现为所有者的收益。这部分收益可确保国家对水资源资产的所有权并防止国有资产的流失。随着经济体制改革的深入，在水资源资产归国家所有的条件下，水资源开发的投资主体既可以是国家，也可以是集体经济企业、个体经济企业，甚至是外资企业，各种水资源开发的投资主体都可要求取得回报，即构成了水资源资产出资人的收益权。经营性收益是指在水资源资产的经营过程中，经营者不断提高经营管理水平，通过自身努力所获得的收益，它是水资源资产收益中的主要构成部分（曾映鹍，1997）。

（3）水资源资产使用权

由于水资源资产所有权已经包括使用权能，水资源资产所有权人有权使用其所有的水资源，因而对水资源资产所有权人而言，没必要设立水资源资产使用权。但我国水资源归国家所有，作为政治科学概念的国家不能直接利用水资源，真正需要利用水资源的是大量非水资源资产所有权人，这就产生了非水资源资产所有权人必须直接利用水资源资产所有权人拥有的水资源的客观需求和矛盾。解决这一问题的可行方案是：在不改变水资源资产所有权的前提下，由非所有权人向所有权人支付一定费用后取得利用所有权人拥有的水资源的权利。这种权利，称为用益物权。目前我国法律没有明确水资源资产使用权的概念，今后需加强这方面的立法工作。根据对水资源的使用方式，水资源资产使用权可以分为取水权、水运权、水电权、养殖权、旅游观光权等各种开发利用水资源的权利（姜爱华和王旭东，2004）。

（4）水资源资产经营权

水资源资产经营权是指为了最大限度地提高水资源资产的经济效益和社会效益，实现水资源资产的保值和增值而进行筹划与组织的权利。水资源资产经营是水资源资产营运活动的主要环节，也是水资源资产得以增值的必备条件。经营权在法律上是属于"与财产所有权有关的财产权"，这种财产权是相对独立的，它不仅可以排除第三人的妨害，而且可以抗辩作为所有权人的国家。企业如果有了充分的经营权，作为所有权人的国家对这部分已经设立经营权的财产则退到出资人的地位，除任免厂长（经理），取得资本收益，审批企业的产权变动和资产经营形式外，不能再对企业占有、使用的财产行使直接支配权利。属于企业经营权范畴的事，政府不再干预，也不能干预，使企业真正成为自主经营、自负盈亏、自我约束、自我发展的法人实体和市场竞争主体。

7.3.1.2　初始水权界定的理论依据

水资源产权界定有其独特的理论依据。从国际对水权界定的惯例来看，主要有两大理论体系：一是在英国产生并被美国东部地区广泛接受的"自然流动理论"，二是被美国西部地区改进了的关于水资源的"合理使用理论"。

1. 自然流动理论

自然流动理论主要包括两大原则：先占原则和不损害原则，其中先占原则涵盖河岸权原则和优先占用权原则、不损害原则。

（1）河岸权原则

该原则源于欧洲，是属于与河道相毗邻土地所有者的一项所有权，为美国东部、东南部和中西部地区所采用。河岸权原则性质有三：其一，它适用于河流与土地毗邻场合取得水权，依据该原则取得水权，仅需要"存在天然径流"与"土地所有人对毗邻的河岸享有所有权"两项条件，不管当时该河流中是否蓄存水，以及水量大小。其二，依据该原则取得水权无须经人为的程序来授予。其三，依据该原则取得的水权具有永续性，与权利人利用水资源与否无关。

（2）优先占用权原则

该原则是在干旱和半干旱的美国西部各州建立与发展起来的，主要是为了解决这些缺水地区的用水问题。优先占用权原则是指按占用水资源的时间先后来确定水权的取得者先后顺序，以及水权之间的优先位序的原则。该原则包括三项基本原则：其一，水的利用仅可以是直接的、实际的和有益的；其二，水权拥有者相对于其后的用水者取得优先权；其三，该权为持续的权利，以持续而有益的用水而非浪费为存续条件。西部各州大多数水资源分配系统认为，维持生命所必需的家庭用水在水资源中具有最高的优先权，灌溉用水居于第二位，工业用水和鱼类、野生动物及其他用水则具有较低的优先权。

（3）不损害原则

不损害原则是指最初权利持有人的权利要以不损害他人的权利为限度，其实质是对先占原则做了合理的补充。由于水权最基本的属性是流动性，因此如果河流上游使用者让过多的河水流入他的土地以致损害了下游使用者的权利，这就意味着对他人权利的侵犯，所以上游使用者不能把太多的水分流，避免造成下游水量过少。

2. 合理使用理论

合理使用理论是指河岸所有者在没有不合理地干扰其他使用者合理利用的前提下可以用任何方式利用水资源，美国西部的法律对该理论做出了规定。这一理论与自然流动理论的差别主要表现在：①在合理使用理论下，河岸所有者没有拦截水域自然整体的基本权利。②按照合理使用理论而确立产权的河岸所有者，可以为了河岸所有者和非河岸所有者使用这些权利，只要不妨碍他人的合理使用即可，在水资源的使用上无其他限制。③在其他人不加以利用时，某一所有者能够使用全部水量。④只要不妨碍他人的合理使用，河岸所有者能够将他的使用权转让给非河岸所有者。

7.3.1.3 初始水权界定的前提条件

（1）由取水许可制度转变为水权制度

目前"产权模糊"是阻碍水市场发展的最大障碍，明晰水权已经成为水资源资产化改革的迫切任务。明晰水权实际上就是完善用水权的初始分配制度，确立明确的用水权主体，这并不是简单分配流域用水就可以实现的，而是要求水管理体制做出重大改变，就是从现有的取水许可制度逐步向水权制度转变。

（2）由政府主导转为立法主导

在水资源资产的经营中，政府的行为要受到法律的约束，立法者的主导作用是先于政府作用的。若以政代法，则在政府的层次上很难处理好水资源资产的经营，政府总是做具体工作就难以避免部门利益竞争，只有在政府之上靠法律引导，以立法者的力量规范所有经营者的行为，才能保障水资源资产的经营顺畅和整体利益不受部门权力侵扰。

（3）由直接控制转为间接控制

当前，关于水资源的调配仍是政府行为，没有运用市场竞争机制来运营。在这种直接控制式的管理下，涉水企业难以灵活运营，并且由于过多考虑社会效益，致使资金不足，管理难以为继。在市场化经营中，对涉水企业只能是实行间接控制，法律的控制就是最基础的间接控制，除此之外，政府的管理亦可以体现间接控制的要求，不直接干涉企业自主经营。

（4）由预算约束转为市场约束

目前，宝安区乃至我国对涉水企业的经济控制主要是预算约束，通过财政预算将企业的发展资金和工资基金控制起来，使企业在任何情况下都没有经济独立的权力。打破财政预算对涉水企业经营的约束是必要的，这种经济关系不取消，水资源资产化经营就不具备最基本的条件。政府对涉水企业的经济控制应逐渐放松，以拨为主改为以贷为主，涉水企业应加大向银行贷款比例，工资也由企业自行解决，而不再是财政统一支付。

（5）由政资不分转为政资分开

目前，宝安区乃至我国对水资源资产的管理还没有实现专职化管理，政府作为整体代表仍在直接控制水资源资产的管理，没有将这项工作交给专职机构去做，实际上就导致了政资不分。水资源资产价值化管理要集中在一个专职管理机构手中，各级政府都不能直接插手水资源资产的具体管理，实现政府宏观管理职能与资产管理职能的分离，即实现了政资分开。

7.3.1.4 初始水权界定研究

水权界定即水资源产权按水资源的数量在各水权主体之间进行分配的过程。在实践中，关于初始水权的界定工作一般都是由政府部门来承担，属于行政性分配的范畴。行政性分配是指政府按照一定的模式对现有的水资源进行指令性分配的过程。通常不同的分配模式将产生不同的效益与成本，对经济影响的程度亦将有所差异。

1. 传统的初始水权界定模式

（1）人口分配模式

按照人人平等的思想，位于同一水源地的所有居民都有平等享用水资源的权利。依此思路，各用水户的水权量为

$$\mathrm{WR}_i = \left(\frac{P_i}{P}\right)\mathrm{WR} \qquad (7\text{-}1)$$

式中，P 为该水资源辖区总人口数，单位为人；P_i 为 i 用水户的人口数，单位为人；WR 为可分配的水权总量，单位为 t/ 年；WR_i 为 i 用水户的水权量，单位为 t/ 年。

该模式强调了所有用户拥有同等的用水权，体现了水资源分配的公平性，在智利的部分地区被使用。这一模式忽略了不同行业从业人员对水资源的需求差异，将城镇居民与农村居民等同看待。对城镇居民而言，水资源仅仅是生活资料，而对农民来说，水不仅是生活资料，还是生产资料，况且城镇居民已经享用了较大的社会资源，因此平等参与分配对农民有失公允。另外，依据人口分配水资源，必然导致劳动密集型产业获得较多的水权，使产业有向劳动密集型发展的趋势，可能会产生"逆淘汰"现象。

（2）面积分配模式

按照水源地周围地区面积进行分配。依此模式，用水户分配到的水权量为

$$\mathrm{WR}_i = \left(\frac{M_i}{M}\right)\mathrm{WR} \qquad (7\text{-}2)$$

式中，M 为水资源辖区的总面积，单位为 m^2；M_i 为 i 用水户所辖的区域面积，单位为 m^2。这一模式的片面性在于流域面积与相应的耕地面积及其他生产要素的分布并不呈简单的比例关系。不过，对农用水权的分配而言，将式（7-2）中 M 换成耕地面积也许更有指导意义。

（3）产值分配模式

一般一个地区的用水水平与其经济发展是相对应的，而 GDP 是反映地区经济发展水平的重要指标，因此，与上述两种模式相比，按 GDP 指标分配水权更具现实可能性。其计算公式为

$$\mathrm{WR}_i = \left(\frac{\mathrm{GDP}_i}{\mathrm{GDP}}\right)\mathrm{WR} \qquad (7\text{-}3)$$

式中，GDP 为整个水资源辖区的国内生产总值，单位为万元；GDP_i 为 i 用水户的 GDP 指标，单位为万元。从理论上讲，该模式更能体现资源配置的效率，有利于提高整个国家和地区的经济发展水平，但是与平等发展权利理论相悖。对于在发展机会上居于劣势的地区，不仅在资源使用上需要分配更多的资源，而且要

求发达地区帮助落后地区实现发展机会上的均等。从产业发展角度讲，这一模式将会导致农业等产值低的行业水权量逐年降低，但农业是一个需水量大且对水资源高度依赖的行业，长此以往，必将导致农业等低产值行业的退化，造成产业发展的失衡。因此，该模式在实施过程中难度较大，但对于各行业内部的水权再分配，则具有一定的参考价值。

（4）混合分配模式

上述三种水权分配模式由于配置依据不同，配置结果迥然不同。一般而言，不同地区、不同行业和不同社会群体对水权分配模式的偏好各不相同。任何一种模式都会得到偏好者的支持，同时也会遭到其他区域、行业或者社会群体的反对。因此，上述任何一种模式在实践中均难以落实，必须选择一种折中的、为上中下游各方所接受的分配模式。一种简单方式就是对上述三种配置模式进行加权，即混合分配模式：

$$\mathrm{WR}_i = \left(W_1 \frac{P_i}{P} + W_2 \frac{M_i}{M} + W_3 \frac{\mathrm{GDP}_i}{\mathrm{GDP}} \right) \mathrm{WR} \qquad (7\text{-}4)$$

式中，W_1、W_2、W_3分别为上述三种模式的加权值。该模式的关键是上述权重的确定，其大小取决于各方的谈判能力和决策者的偏好。政府部门或其授权的管理机构在综合各方面意见的基础上，合理地确定权重，以决定各用水户的初始水权配额。由于该分配模式综合了各方面的因素和意见，其分配结果较易被各方接受。

（5）现状分配模式

在尚未建立水权市场或水权交易制度不尽完善的条件下，上述"推倒重来"的水权分配模式在实践中缺乏可操作性，可能会造成现有的生产力布局失衡，导致流域的工农业生产混乱。要避免出现这一问题，可以采用承认现状的分配模式。该模式是在承认用水户用水现状的基础上，以现有的用水量（上一年或近几年的加权平均值）为标准，依据这种"溯往原则"进行水权分配。由于当前用水现状在一定程度上反映了不同地区的经济发展水平和需水规模，因此该模式具有一定的合理性。从实际操作角度看，它实际是对现有用水户水权进行确认和登记的过程，不涉及水权的重新分配问题，因而不会对目前的生产造成冲击。在该分配模型中，由于可以获得准确的用水户过去的用水量资料，因此水权的分配量容易确定。同时，由于既得利益者得到了较多水资源，分配政策容易得到执行。不过，由于我国目前缺乏完善的水资源资产管理制度，现有的用水模式缺乏公平和效率，如果按照这一模式进行水权分配，很难体现社会的公平和正义。另外，这种分配模式会增加潜在竞争者的进入障碍，不利于产业结构调整。

2. GR 模型

以上介绍的各种水权量界定模式都是从不同的角度对水资源量进行分配，各自具有不同的优点。但由于我国幅员辽阔，不同地方的水资源分布千差万别，因此不管利用上述哪种方法进行水资源量的分配，都会存在难以克服的缺陷。2001 年，水利部原部长汪恕诚在《水权管理与节水社会》一文中指出了明晰水权的两套指标，为我们建立一个科学、合理、适合我国国情的初始水权量界定模式—— GR 模型（即基于总量控制与定额管理的初始水权量界定模式）指明了方向。根据该文提出的指标，李慧娟（2006）设计了如下模型：

$$\mathrm{WR}_x=\sum_i^n r_i^{\mathrm{in}}G_i+\sum_i^m r_j^{\mathrm{li}}P_j+\sum_i^L r_k^{\mathrm{ag}}M_k+Y \qquad (7\text{-}5)$$

式中，WR_x 为辖区的水权量；r_i^{in} 为单位重量（或单位产值）的第 i 种工业品的用水定额，$i=1$，$\cdots$，n；r_j^{li} 为第 j 类人群每个人的用水定额，$j=1$，$\cdots$，m；r_k^{ag} 为单位面积上生产第 k 种农作物的用水定额，$k=1$，$\cdots$，L；G_i 为辖区内生产第 i 种工业品的重量（或第 i 种工业品的产值）；P_j 为辖区内第 j 类人群的人数；M_k 为辖区内种植第 k 类农作物的面积；Y 为辖区在其他方面的用水量。

在上述模型中，包含两方面的内容：首先是关于宏观用水总量管理方面的内容，即约束条件中分配的水量不应超过总水权量。为了实现总量控制，需要开展两方面的工作：一是节水，通过节水促进经济社会可持续发展；二是进行经济结构调整，即根据一个区域的资源状况，科学规划经济社会的发展布局，在水资源充裕的地区和紧缺地区发展不同产业，量水而行，以水定发展。其次是微观用水定额管理方面的内容，即制定各行业生产用水定额和各行政区域生活用水定额。只有通过制定生产用水定额和生活用水定额，才能在已知可利用水资源、各流域水资源和地区经济发展的基础上，科学分配水量到各地区。这种方法考虑到了各个不同地区水资源的状况及经济发展水平的不同，能够保障现有用水量。同时，可根据该地水资源状况来调整产业结构，因此具有很大的调节空间。此外，该方法可促使当地采取各种节水措施来提高节水效率，有利于推进节水型社会的建立。

7.3.2 定价策略研究

7.3.2.1 水资源资产价值的内涵

水资源资产价值是水资源资产使用者为了获得水资源资产使用权需要支付的货币额，它体现了水资源资产使用权买卖双方的一种经济关系，是水资源有偿使用的具体表现，是对水资源资产所有者对水资源资产的一种补偿，是维持水资源持续供给的最基本前提。水资源资产价值的内涵包括以下几个方面的内容（刘玉春等，2002）。

（1）水资源资产的产权价值

水资源资产价值的一个方面是其产权价值的体现。自然存在的水资源，不论被开发利用与否，由于水资源产权的垄断性，它便成为一种财产，归国家和集体所有，实行所有权和使用权的分离。所以，水资源资产所有权和使用权的让渡就成为一种有价值的水资源权属关系转移的经济行为。水资源产权价值的确定是水资源分配迈入市场机制运营的门槛，它能充分反映出与水资源使用有关的责、权、利及一系列相关因素，诸如水资源的占用、管理、供需状况调节、取水对原有生态环境的综合影响等，从而体现出水资源使用的有偿性和补偿性及可持续性。

（2）水资源资产的稀缺价值

稀缺性是水资源资产价值的基础，是水资源资产价值论的充分条件，也是市场形成的根本条件，只有稀缺的东西才在市场上有价格。水资源资产之所以有价值，首先是因为其在现实社会经济发展中具稀缺性，但同时我们也必须认识到，水资源的稀缺性又是一个相对的概念，在某一地区或某一时代稀缺的东西在其他的地区和时代可能不缺少，这样就可能导致水资源价值存在时空差别。对水资源资产价值的认识，是随着人类社会的发展和水资源稀缺性的逐步提高（水资源供需关系的变化）逐渐形成和发展的，水资源资产的价值也存在从无到有、从低向高过渡的过程。

（3）水资源前期耗费的补偿

自然界中的水资源在具备开发利用条件时，就已经物化了大量的人类劳动。一方面在水资源开发利用之前，必须首先投入一定的物化劳动和活劳动，这些劳动包括开发利用前对水资源的调查、评价、勘测、科学研究等。另一方面随着时间变化和社会经济的发展，水资源前期工作还要不断深化和扩展，还要付出更多的劳动消耗，如在开发利用过程中对水资源的动态监测、影响评估、保护研究等。因此将要开发的水资源凝聚了人类劳动，必须对这部分价值进行补偿。

（4）水资源开发利用的外部成本

水资源在开发利用过程中会带来社会、经济和环境问题。例如，在经济发展迅猛增长的势头下，为弥补经济发展所需水资源量的不足，人们常常以缩减或挤占生态环境用水的方式暂时解决用水危机。同时，工业生产高耗水的同时向外界排放大量的污水，这些污水直接进入周围环境，严重破坏了生态环境。水资源短缺与生态环境恶化是当今世界范围内普遍面临的严重问题，人们越来越清楚地认识到水资源是维持生命和经济发展所必需的资源。因此必须加强研究并采取有效措施来解决水资源在开发利用后所带来的系列问题，这都需要投入一定的物化劳动和活劳动，即后期费用补偿问题。

7.3.2.2　水资源资产定价模型研究

（1）影子价格法

影子价格是 20 世纪 50 年代由 Tinbergen 和 Kantorovitch 提出的，它最早源于数学规划，在国外常称为"效率价格"和"最优计划价格"。它是社会经济处于某种最优状态下，能够反映社会劳动消耗、资源稀缺程度和对最终产品需求情况的价格。目前流行的影子价格已失去数学规划中所定义的严格性，泛指实际价格以外的、能反映资源稀缺程度的社会价值的那种价格。影子价格大于零，表示资源稀缺，稀缺程度越大，影子价格越大；当影子价格为零时，表示此种资源不稀缺，资源有剩余，增加此种资源并不会带来经济效益（张屹山，1990）。影子价格是用资源优化配置线性规划模型的对偶模型求解的。水资源优化配置线性规划模型为

$$\max S=\sum C_i Q_i$$
$$D_i^{max} \geqslant C_i Q_i \geqslant D_i^{min} \qquad (7\text{-}6)$$
$$\sum Q_i \leqslant B$$

式中，S 为水资源产品净收益，单位为万元；C_i 为 i 行业的单位水量净产值，单位为万元 $/m^3$；Q_i 为 i 行业的分配水量，单位为 m^3；B 为经济生产可用水量，单位为 m^3；D_i^{min} 为国民经济发展现状中 i 行业净产值，单位为万元；D_i^{max} 为国民经济近期发展目标中 i 行业净产值，单位为万元。

上述模型的对偶问题为

$$\min\{W\}=By_{2n+1}-\sum D_i^{min}/C_i y_i+\sum D_i^{max}/C_i y_{i+n} \qquad (7\text{-}7)$$
$$y_i-y_{2n+1}-y_{i+n} \leqslant C_i(i=1,\ 2,\ 3\cdots,\ n)$$

式中，y_i、y_{i+n}、y_{2n+1} 为水资源优化配置线性规划模型（7-6）的对偶变量。

影子价格为水资源的满品价格，乘以天然水资源资产价格系数，得天然水资源资产价值。即

$$P=\beta P^* \qquad (7\text{-}8)$$

式中，P 为天然水资源资产价值，单位为万元；β 为天然水资源资产价值系数，即天然水资源资产价值占水资源资产总价值比例；P^* 为水资源影子价格，单位为万元。

（2）边际机会成本法

边际机会成本（MOC）是从经济角度对资源开发利用所产生的客观影响进行抽象和度量的工具，它表示由社会所承担的消耗一种自然资源的费用，在理论上应是使用者为资源消耗行为所付出的价格 P。当 $P <$ MOC 时，会刺激资源过度使用；当 $P >$ MOC 时，会抑制资源的正常消费（杨宜勇和邱天朝，1992）。MOC 理论认为，资源的消耗使用包括三种成本：①直接消耗成本（MPC），它是指为了获得资源，必须投入的直接费用；②使用成本（MUC），即使用此资源的人所放弃的净效益；③外部成本（MEC），主要指所造成的损失，这种损失包括目前或将来的损失，当然包括各种外部环境成本。

（3）收益现值法

对于已经开发而尚未利用的水资源，可采用收益现值模型来计算其价值。收益现值是指通过估算利用水资源资产获得的未来预期收益系列，并折算成现值，借以确定水资源价格。所谓利用水资源资产预期可获得的收益系列，是指水资源资产在长期使用过程中所带来的一系列收入。由于水资源用途广泛，确定其价格时，不但要考虑其自身的价值，而且要考虑其用于其他方面所带来的经济效益和社会效益，可采用收益现值标准来确定其价格。在具体操作中，可将各种用途逐个进行比较，从中找出效益最好的项目，即水资源最合理用途，以该用途带来的经济效益和社会效益为依据来确定水资源价格，具体步骤如下：①收集有关资料，包括水文、地理、农业、工业、居民生活、航运等各用水部门的资料、经济情况等；②进行可行性研究，分析并找出该资源的最合理用途，以及选择该用途后对其他方面的影响；③预测选定项目的净收益或综合治理的净收益。这是计算水资源资产价格过程中的难点，因为在选择项目时有很多相关因素，在确定选定项目的净收益时需尽量考虑全面；④将各相关项目的净收益求代数和并折现，便可算出单位水资源资产的价格（邱德华和沈菊琴，2001）。

收益现值法确定水资源资产价格 P 的公式为

$$P=\frac{\sum_{i=1}^{n}b_i[(1+r)^t-1]}{r(1+r)^t}$$
(7-9)

式中，P 为单位水资源资产价格，单位为元。t 为选中项目的使用年限，单位为年；r 为年利率 %；n 为项目个数；b_i 为第 i 个相关项目的年收益额，单位为元。

（4）CGE 模型

CGE(computable general equilibrium，CGE) 模型是 20 世纪 60 年代末出现的，是基于瓦尔拉斯一般均衡理论而构建的模型，主要应用于宏观政策分析和数量经济领域。CGE 模型由于不需要完全竞争市场的假设条件，因此更接近经济现实，所以成为研究市场行为、政策干预和经济发展的有效工具。CGE 模型在市场条件下能有效模拟宏观经济的运行情况，可以研究和计算部门的商品生产及能源使用情况，并计算其价格。在利用 CGE 模型计算水价的过程中，一个重要的方法是建立宏观的水资源投入产出模型，通过可供水量的变化，推算 GDP 的变化值，然后根据 GDP 变化值中水资源变化量的贡献率推求水的边际价格。

（5）供求定价模型

本模型是由美国 Tanes 和 Lee 提出的，他们认为水资源是商品，符合公式：

$$Q_2 = Q_1(P_1/P_2)^E \tag{7-10}$$

式中，Q_2 为调整价格后的用水量，单位为 m^3；Q_1 为调整价格前的用水量，单位为 m^3；P_1 为原水价，单位为元；P_2 为调整后的水价，单位为元；E 为水资源价格弹性系数。水资源资产价值 $=P_2-C$，其中 C 为水资源生产成本及利润，单位为元。所谓的弹性是指因变量变化的百分比同自变量变化的变分比之间的比例关系，本研究中弹性系数确指需求价格弹性系数。

（6）模糊数学法

在水资源资产价值评估过程中客观地存在着两种不确定性：随机性和模糊性。对随机性可以应用概率论与数理统计的方法进行处理，但模糊性还未被普遍认识。据此，1995 年姜文来提出了利用模糊数学法来计算水资源资产价值。水资源资产价值系统是一个模糊系统，如在研究水环境污染时，有严重污染、重污染、轻污染，评价水质有优良、良好、中等、差等多种情况，它们都不能用一个简单的"是"或"否"来回答。同样，水资源丰富程度、水资源资产价值的高低，都具有很大的不确定性。因此对于这种界限不分明的事物，需要有一种数学形式对其渐变过程的不分明性加以描述，即引进模糊数学的理论方法。

水资源资产价值与其影响因素之间存在一定的函数关系，通过构造各个影响因子对水资源资产价值影响程度的判别矩阵对其做综合评价，并得出水资源资产价值综合评价，该结果是一个无量纲的向量。为了将无量纲的评价结果转化为水资源价格，该模型采用社会承受能力的方法确定了水资源资产价值综合评价结果的价格向量，利用价格向量与价格综合评价结果的矩阵运算，得出水资源价格。水资源资产模糊数学模型由两部分组成，即价值评价模型和价值转化计量模型。在水资源价格确定模型中，提出了水资源价格承受指数的概念和计算公式，水资源价格承受指数将人的物质承受能力和心理承受能力综合起来，考察人们对水资源价格变化的承受能力，以此来制定水资源价格。

7.3.2.3　改进的水资源资产模糊数学定价法

目前确定虽然水资源资产价值的方法有很多，但都存在各种缺陷，没有一种方法被所有人推崇。其中模糊数学定价法因其灵活性、适用性，相对来说被广大专家学者关注更多一些，并做了不少研究，但研究总体上还处于初级阶段，其模型的确定和计算方法还不尽完善。对此，李慧娟（2006）提出了改进的水资源资产模糊数学定价法，步骤主要分 4 步：首先是建立水资源资产价值评估指标体系，其次是建立权重矩阵，再次是建立水资源资产模糊综合评价模式，最后是开展水资源资产模糊定价。

（1）水资源资产价值综合评价指标体系建立

水资源资产价值综合评价指标体系的建立是利用改进的模糊数学定价法来确定水资源资产价值的基础和前提，其建立的成败直接关系到水资源资产价值确定的结果，因此需认真对待。决定水资源资产价值的因素可以分为三类：自然因素、经济因素和社会因素。其中自然因素是客观的，它决定了水资源态势，即水资源的丰富程度与品质、水资源的开发条件与特性；经济因素主要包括当地的产业结构和经济发展水平；社会因素主要包括社会文化历史背景、人口、国家政策等，它决定了人们对水资源的认识水平。应遵循全面性、代表性、独立性、简约性及可操作性等原则选取并建立指标体系。不同地区影响水资源资产价值的主要因素是有差异的，选择的参数必须反映当地的特点，必须是影响当地水资源资产的主要因素。初步建立的宝安区水资源资产价值评价指标体系如表 7-5 所示。

（2）权重矩阵的建立——基于改进层次分析法

权重矩阵的建立是利用改进的模糊数学定价法来确定水资源资产价值过程中的一个难点和关键点。在水资源资产价值综合评价中，权重反映各种影响因素对水资源资产价值综合评价结果的贡献。李慧娟利用改进层次分析法来确定水资源资产价值评价中各有关因素的权重分配，以克服一般水资源资产模糊数学定价法在权重矩阵确定方面的不足，主要步骤如下。

第一步：为了减少层次关系及计算简便，选择的层次结构模型由从上到下的目标层 A、要素层 C 和指标层 D 组成。

第二步：对 C 层、D 层的要素，分别以各自的上一层次的要素为准则进行相对重要性的两两比较，第一层（基于准则层进行两两比较，得到要素层 C 中因素之间的相对重要性）是依据要素层 C 中的要素集 $\{u^1, u^2, \cdots, u^n\}$ 来计算的，其中 n 代表要素层 C 中的要素个数。第二层（基于要素层 C 进行两两比较，得到指标层 D 中因素之间的相对重要性）是指标层 D 相对于要素层 C 的划分，记 $U^k = \{u^k_1, u^k_2, \cdots, u^k_{mk}\}$，表示第二层要素 u^k 中包含了 m_k 个第一层要素。通常采用 1～9 级评定标度来描述要素两两之间的相对重要性，得到 C 层的判断矩阵为 $C = \{c_{ij} \mid i, j = 1 \sim n\}_{n \times n}$，元素 c_{ij} 表示从判断准则 A 层角度考虑要素 u_i 对要素 u_j 的相对重要性。对应于 C 层要素 u_k 的 D 层的判断矩阵为 $\{d^k_{ij} \mid i, j = 1 \sim m_k; k = 1 \sim n\}$。其中评定标度的含义见表 7-6。

表 7-5　宝安区水资源资产价值评价指标体系

目标层	准则层	要素层	指标层
水资源资产价值综合评价	自然属性	水资源数量	缺水程度
			人均水资源量
			地表水径流系数
		水资源质量	挥发酚
			总氮
			总磷
			化学需氧量
			溶解氧
			砷
	经济属性	开发利用程度	水资源开发利用程度
		产业结构	主要农业作物耗水量
			工业主要行业水的产值
			城镇用水比例
		经济发展水平	人均纯收入
			单位 GDP 耗水量
	社会属性	人口	人口密度
		社会文明程度	文化素质
			环境意识
			节水意识
		政策导向	政策出台及落实情况
			科技管理水平

表 7-6　判断矩阵标度及含义

标度	含义
1	表示 u_i 与 u_j 比较，具有同等重要性
3	表示 u_i 与 u_j 比较，u_i 比 u_j 稍微重要
5	表示 u_i 与 u_j 比较，u_i 比 u_j 明显重要
7	表示 u_i 与 u_j 比较，u_i 比 u_j 强烈重要
9	表示 u_i 与 u_j 比较，u_i 比 u_j 极端重要
2，4，6，8	分别表示相邻判断 1～3，3～5，5～7，7～9 的中值
倒数	表示 u_i 与 u_j 比较得 u_{ij}，则 u_j 与 u_i 比较得 $u_{ji}=1/u_{ij}$

第三步：确定同一层次各要素对于上一层次某要素相对重要性的排序权值并检验和修正各判断矩阵的一致性。设 C 层各要素的单排序权值为 w_k，$k=1\sim n$，且满足 $w_k>0$ 和 $\sum_{k=1}^{n}w_k=1$。根据 C 层的定义，理论上有：

$$C_{ij}=w_i/w_j\ (i,\ j=1\sim n) \tag{7-11}$$

这时矩阵 C 具有如下性质：① $c_{ij}=w_i/w_j=1$；② $c_{ji}=w_j/w_i=1/c_{ij}$；③ $c_{ij}c_{jk}=(w_i/w_j)(w_j/w_k)=w_i/w_k=c_{ik}$。其中性质①为判断矩阵的单位性质；性质②为判断矩阵的倒数性；性质③为判断矩阵的一致性条件。现在的问题是由已知判断矩阵 $C=\{c_{ij}\}_{n\times n}$，来推求各要素的单排序权值 $\{w_k \mid k=1\sim n\}$。若判断矩阵 C 能满足式（7-11）要求，决策者能精确度量 w_i/w_j，判断矩阵 C 具有完全一致性，则

$$\sum_{i=1}^{n}\sum_{j=i}^{n}|c_{ij}w_j-w_i|=0 \tag{7-12}$$

判断矩阵的一致性检验，需使用式（7-13）：

$$CR=\frac{CIC}{RIC} \tag{7-13}$$

式中，CR 为判断矩阵的随机一致性比例；RIC 为判断矩阵的平均随机一致性指标；CIC 为判断矩阵的一般一致性指标，它由式（7-14）算出：

$$CIC=\frac{1}{m-1}(\lambda_{max}-m) \tag{7-14}$$

式中，λ 为特征值；m 为判断矩阵的阶数，对于 3～11 阶判断矩阵，RIC 的值见表 7-7。

表 7-7　判断矩阵的平均随机一致性指标

m	3	4	5	6	7	8	9	10	11
RIC	0.58	0.90	1.12	1.24	1.32	1.41	1.45	1.49	1.51

判断准则：当 CR < 0.10 时，即认为判断矩阵具有满意的一致性，说明权重分配是合理的；否则，就需要调整判断矩阵，直到具有满意的一致性为止。由于实际系统的复杂性，人们认识上的多样性，以及主观上的片面性和不稳定性，系统要素的重要性度量没有统一和确切的标尺，判断矩阵 C 的一致性条件不满足在实际中应用是客观存在的，无法完全消除，层次分析法只要求判断矩阵 C 具有满意的一致性，以适应实际中各种复杂系统。若判断矩阵 C 不具有满意的一致性，则需要修正。设 C 的修正矩阵为 $C=\{x_{ij}\}_{n\times n}$，C 层各要素的单排序权值仍记为 $\{w_k \mid k=1\sim n\}$，则称使式（7-15）结果最小的 C 矩阵为最优一致性判断矩阵：

$$\min CIC(n)=\sum_{i=1}^{n}\sum_{j=1}^{n}\frac{|x_{ij}-c_{ij}|}{n^2}+\sum_{i=1}^{n}\sum_{j=1}^{n}\frac{|x_{ij}w_i-w_i|}{n^2}$$
$$\text{s.t. } x_{ii}=1$$
$$\frac{1}{x_{ji}}=x_{ij}\in[c_{ij}-fc_{ij},\ c_{ij}+fc_{ij}]\ (i=1\sim n,\ j=i+1\sim n) \tag{7-15}$$

$$w_k > 0$$

$$\sum_{k=1}^{n} w_k = 1 \qquad (7\text{-}16)$$

式中，目标函数 $CIC(n)$ 为一致性指标系数 ; f 为非负数，可从 $[0, 0.5]$ 内选取。

目前常用的计算判断矩阵排序权值的方法有行和正规化法、列和求逆法、和积法，因只考虑判断矩阵一行或一列的影响，所以计算精度不高，常作为其他方法的迭代初值；特征值法是目前最常用的方法，它计算的判断矩阵的最大特征根所对应的特征向量并归一化后作为排序权值，该法不足之处在于权值计算时没有考虑判断矩阵的一致性条件，权值计算与判断矩阵的一致性检验是分开进行的，判断矩阵一旦确定，权值和一致性指标就随之确定，无法改善，当判断矩阵一致性程度很差时，求解特征值就很困难。本研究所利用的改进层次分析法具有置换不变性、相容性、对称性和完全协调性等优良性质，对处理不完全一致性判断矩阵、残缺判断矩阵和群体专家判断矩阵适应性强，同时具有修正判断矩阵的一致性，计算权重矩阵中各要素排序权值的功能，计算结果稳定，是解决该类问题的一种很好方法。

（3）开展水资源资产价值模糊综合评价模式

水资源资产价值模糊综合评价分两层来进行，第一层评价是对总目标的评价，称为综合评价，第二层是对 C 层各个因素的评价，称为单要素模糊评价。

水资源资产价值影响因素的单要素模糊评价：即对每个 u^k，根据 m_k 个要素进行模糊综合评价，在上节中已经计算出 u^k 的诸要素单排序权值为 $w^k = \{w^k_i,\ i=1 \sim m_k\}$，$u^k$ 的评价矩阵为 μ^k，对 w^k 和 μ^k 施以模糊矩阵复合运算，则得单要素模糊评价结果矩阵 R_k，即 $R_k = w^k \cdot \mu^k = (R_k)_{1 \times mk}$，其中的评价矩阵 μ^k 用隶属函数来确定。隶属函数的形式比较多，一般选用降半梯形分布建立一元线性隶属函数，即

$$\mu_{i1}(x) = \begin{cases} 1 & x \leqslant x_{i1} \\ (x_{i2}-x)/(x_{i2}-x_{i1}) & x_{i1} < x < x_{i2} \\ 0 & x \geqslant x_{i2} \end{cases}$$

$$\mu_{ij}(x) = \begin{cases} (x-x_{i,j-1})/(x_{i,j}-x_{i,j-1}) & x < x_{i,j+1} \\ (x_{i,j+1}-x)/(x_{i,j+1}-x_{i,j}) & x_{i,j-1} < x < x_{i,j} \\ 0 & x \leqslant x_{i,j-1},\ x \geqslant x_{i,j+1} \end{cases} \qquad (7\text{-}17)$$

$$\mu_{in}(x) = \begin{cases} 1 & x \geqslant x_{i,n} \\ (x-x_{i,n-1})/(x_{i,n}-x_{i,n-1}) & x_{i,n-1} < x < x_{i,n} \\ 0 & x \leqslant x_{i,n-1} \end{cases}$$

式中，x 为评价因子的实际值；$x_{i,j-1}$、$x_{i,j}$ 为评价因子相邻两等级的设定标准值，i 为评价因子标号，$j=2, 3, \cdots, n-1$，对应评价结果为高、偏高、一般、偏低、

低 5 个等级，n=5 ；$\mu_{i1}(x)$、$\mu_{ij}(x)$、$\mu_{in}(x)$ 为评价因子 i 的隶属度。

在利用式（7-17）计算时，对于设定标准值越大等级越高的情况，需将标准值和实际值变成负值再代入计算。根据各单要素中所有评价因子的隶属函数计算结果，可以构造相应的隶属度矩阵 μ^k。

根据上步骤求得各单要素评价向量 R_k，再以水资源水量、水质及社会经济因素等各单要素评价向量作为行向量，即构成水资源资产价值综合评价的单要素评价矩阵 R。

水资源资产价值模糊综合评价：将单要素评价矩阵及各要素相应的权重代入式（7-18），即可求得水资源资产价值综合评价结果 B。矩阵 B 中的元素按照模糊矩阵复合运算法则确定，本研究采用加权平均法，其具体计算公式如下：

$$b_j=(w_1 \cdot r_{1j}) \oplus (w_2 \cdot r_{2j}) \oplus \cdots \oplus (w_n \cdot r_{nj}) \quad (j=1, 2, \cdots, 5) \tag{7-18}$$

式中，w_i 为权重分配矩阵中的元素（i=1, 2, $\cdots$, n），n 为评价要素的个数；r_{ij} 为单要素评价矩阵中元素，j 为评价等级。

（4）开展水资源资产模糊定价

为了使水资源资产价值在经济上得以实现，需引进合适的价值向量，将水资源资产价值模糊综合评价中无量纲的隶属度"向量结果"转换为相应的水资源价格"标量值"。价值向量可采用社会承受能力的方法加以确定，理论公式如下：

$$水费承受指数 = 水费的支出 / 实际收入 \tag{7-19}$$

在社会承受范围之内进行水资源价格改革，是水资源价格体系改革成功的首要条件，只有这样，才能保障社会稳定。水资源价格的上限就是达到最大水费承受指数时水资源的价格，可用式（7-20）表示：

$$P=A \times E/C-D \tag{7-20}$$

式中，P 为水资源价格上限，单位为元 /m³；A 为最大水费承受指数；E 为实际收入，单位为元；C 为用水量，单位为 m³；D 为单位供水成本及正常利润，单位为元 /m³。

由此可见，水资源价格在（0，P）之间。由于水资源所处的具体地理位置不同，因此具有区域性特征，这决定了水资源价格应因地制宜确定，价格的确定应当根据各地水资源储量、供需平衡情况和水资源短缺程度等具体情况分别进行。因此，水资源在开发利用过程中，产生不尽相同的区位价格。可以根据实际情况，将水资源价格按不同的间隔划分为价格向量，如采用线性关系或非线性关系，将水资源价格区间进行划分，得到价格向量。一般可采用等差间隔，这样得到的水资源价格向量为

$$S = (P,\ P_1,\ P_2,\ P_3,\ 0) \qquad\qquad (7\text{-}21)$$

最终的水资源价格计算模型为

$$W = B \times S \qquad\qquad (7\text{-}22)$$

7.3.3　交易市场建立

7.3.3.1　建立水资源资产产权交易市场的理论基础

水资源资产产权交易市场的建立主要基于公共选择理论、社会成本理论和交易成本理论。

1. 公共选择理论

公共选择理论把经济学的分析方法和工具运用于研究集体的、社会的非市场决策行为，包括公众的公共选择行为和政府的决策行为。公共选择理论是从方法论、个人主义和功利主义开始其分析的，按照这种起点，个人被看作是决策的基本单位和集体决策的唯一最终决策者。布坎南指出人们并不是为了追求真善美而是为了去实现各自的利益而参与政治活动的，每一个参与公共选择的人都有其不同的动机和愿望，他们依据自己的偏好和采用最有利于自己的方式进行活动。他们是理性的，是追求个人效用最大化的"经济人"，"私人偏好的满足是集体活动存在的首要目标"。从经济人假设出发，运用成本-收益分析方法，公共选择理论认为政府官员是公共利益代表的这种理想化认识和现实相距甚远，政府同样也有缺陷，会犯错误，也常常会不顾公共利益而追求其官僚集团自身的私利。官僚主义的过分干预必然会使社会资源使用效率低于市场机制下其的效率，原因是：①缺乏竞争，使社会支付的服务费用超出了社会本应支付的成本；②政府部门往往倾向于不计成本地向社会提供不恰当的服务，造成浪费；③政府一般更倾向于捍卫被监督部门的利益，而不是捍卫严格意义上的公共利益。公共选择理论并不反对一切国家干预，而是要使人们充分认识到，如果说"市场不是一种完美无瑕的财富分配机制，那么，国家也并非解决一切问题的良方"。从公共选择理论和"经济人"假设出发，对于水资源行政配置引发的问题也就不难理解了。长期以来，在水资源行政配置的管理模式下，水行政主管部门的公职人员被视作公共利益的代表，他们没有自己的个人偏好，以国家、集体和社会的公共利益为诉求，他们将与其他部门共同解决好水资源的开发和保护问题。然而现实条件下的权力运用情况是：由于代表政府做出行政决策的是一个个具体的、有个人偏好的理性经济人，每个部门、每一级政府都有自己的利益偏好，对他们而言，部门利益大于社会的整体利益，地方政府的利益就是公共利益，每个部门、每级政府理性选择的累积结果就是国家整体利益受损并最终导致自己利益也受损。

2. 社会成本理论

社会成本理论是从外部性问题出发，通过进一步界定当事人双方的权利界限形成一种权利结构。权利配置有多种可能结构，各种结构不仅都需要社会成本，而且社会成本有差异，这就产生了权利配置的社会选择过程和社会成本最低化问题。我们可以用社会成本理论来分析两种主要的资源配置方式——计划配置和市场配置及其所引起的成本。社会成本理论认为：假定市场交易成本为零，那么只要权利起始界定明确，则资源配置便可通过市场交易而达到最优。但是事实上，在任何情况下，市场交易成本不仅不为零，有时甚至是十分高昂的，就最低程度而言，当事人双方通常不得不花时间或资金聚集在一起就某一特定问题进行商议。然而市场配置并非是资源配置的唯一手段，还存在大量的通过行政手段来配置资源的方式。由于政府不通过市场进行资源配置，因此不存在市场交易成本。尽管政府进行资源配置具有绝对垄断、回避市场、以强制力为后盾的特点而可避免市场交易成本，但"政府行政机制本身并非不要成本。实际上，有时它的成本大得惊人"。政府进行资源配置的非市场交易成本是政府用行政决定和命令代替市场交易所产生的管理成本，这包括搜集信息、制定法规、政策和保证其实施等活动所需要的成本。社会成本理论结论是：任何一种权利的起始配置都会产生高效率的资源配置，也都需要社会交易成本并影响收入分配。问题的关键在于如何使法律能选择一种成本较低的权利配置形式和实施程度。因此社会的法律运行，资源配置的进化过程就是以交易成本最低为原则，不断重新配置权利、调整权利结果和变革实施程序的过程。既然两种配置都将引起社会成本，我们就必须通过比较两种水资源的配置方式——市场配置和计划配置来分析两种配置方式的优劣及其在市场经济条件下的可实现度。

3. 交易成本理论

（1）搜寻信息的成本（C_1）

对于买者需要了解谁有多余的水资源资产可供出售，对于卖者需要了解谁需要购买水资源资产，而用水户之间水权信息的搜寻会受到市场大小的影响。经济学家盛洪曾经指出：一般来说，交易活动的空间范围越大，或者交易双方的距离越远，则交易费用的数额越高。交易费用是市场范围的函数。但是市场范围存在一个"度"的问题，对水权交易尤其如此。市场范围太小，可交易的伙伴少，但搜寻信息的成本低；市场范围过大，可交易的伙伴多，但搜寻信息的成本高，所以存在一个最佳市场规模。因此，搜寻信息的成本是市场范围（用 X_1 表示）的函数，即

$$C_1 = F(X_1) \tag{7-23}$$

（2）讨价还价的成本（C_2）

买卖双方必须通过讨价还价确定一个能够实现双赢的价格才能成交。谈判的前提是买者的意愿支付价格（P_1）高于卖者的意愿获得价格（P_2）。谈判过程要求双方是平等的经济主体，否则容易出现强买强卖。在买卖双方都是平等的经济主体的既定条件下，谈判的成本是 P_1-P_2 的函数，这个差额越小，买卖双方可以分享的"剩余"就越少；差额越大，可分享的"剩余"就越大。而 P_1、P_2 取决于单位水资源的买者边际收益（R_1）与卖者边际收益（R_2）之差（以 X_2 表示）：

$$C_2 = F(P_1-P_2) = F(R_1-R_2) = F(X_2) \tag{7-24}$$

（3）签订契约的成本（C_3）

契约可能是口头的，也可能是书面的；可能是没经过公证的，也可能是经过公证的。口头的契约成本小但违约风险大，书面的契约成本大但违约风险小。经过公证的契约成本大但违约风险小；没有经过公证的契约则相反。因此，签订契约的成本是契约签订方式（X_3）的函数，即

$$C_3 = F(X_3) \tag{7-25}$$

（4）水资源资产计量的成本（C_4）

如果无法计量或者计量不准，会导致某些机会主义者浑水摸鱼。水资源资产的可计量程度取决于技术水平的高低和工程质量的高低，而工程质量的高低也取决于技术水平的高低。因此，水权的计量成本是技术水平（X_4）的函数，即

$$C_4 = F(X_4) \tag{7-26}$$

（5）监督对方是否违约的成本（C_5）

明晰的水权，除了可以计量外，还必须可以监控，不可监控的水权往往容易导致侵权。如果水权的使用需要交易双方实施"实时监督"，那么其成本是极其昂贵的，寻找一个公共的监督员也许是一个替代方案。因此，监督对方是否违约的成本是有无公共监督人员及监督人员责任心（以 X_5 表示）的函数，即

$$C_5 = F(X_5) \tag{7-27}$$

（6）对方违约后寻求赔偿的成本（C_6）

如果几元、几十元或几百元的小额交易出现违约，要通过司法程序打官司，其成本显然是过于昂贵的，所以有效而方便的仲裁组织是十分重要的。通过群众自治组织解决这种纠纷，也许是一种廉价的制度。因此，对方违约后寻求赔偿的

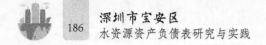
成本是是否存在有效运作的群众自治组织（以 X_6 表示）的函数，即

$$C_6=F(X_6) \tag{7-28}$$

（7）保护水权以防第三者侵权的成本（C_7）

侵权的概率取决于社会治安状况，以及对侵权者的惩罚成本的大小。如果政府提供的公共治安良好，就有利于降低保护水权的成本。如果对侵权者有足够的惩罚，就有利于保护水权。社会治安状况与对侵权者的惩罚状况是相关的。因此，保护水权以防第三者侵权的成本是社会治安状况（X_7）的函数，即

$$C_7=F(X_7) \tag{7-29}$$

因此，水资源产权交易中的总交易成本及其决定变量可用式（7-30）表示：

$$TRC=C_1+C_2+C_3+C_4+C_5+C_6+C_7=F(X_1, X_2, X_3, X_4, X_5, X_6, X_7) \tag{7-30}$$

式（7-30）意味着水资源资产产权交易中的交易成本是市场范围的大小、交易双方用水边际收益的差额、契约签订的方式、水利技术的水平、监督组织的效果、仲裁组织的效果、社会的治安状况等变量的函数。水资源资产产权交易的净收益是交易成本的反函数，水资源资产产权交易发生至少要求交易的净收益大于等于零。因此，交易成本越低，越有利于水资源资产产权交易的开展，只有交易成本足够低廉，水资源资产产权交易才会发生。

7.3.3.2 宏观调控下水资源资产产权交易市场模式建立的总体思路

宏观调控下的水资源资产产权交易市场模式就是在市场配置资源的过程中，政府应对市场进行宏观调控和监督。由于水资源资产的特殊性，水资源资产产权交易市场只能是一个不完全市场，是一个"准市场"，更需要政府的宏观管理。这种模式的市场是政府宏观调控下规范有序的市场，所有参加交易的用水户必须服从政府的有关规定，并在政府有关机构的监督和管理下进行水权交易。宏观调控下的水资源资产产权交易市场模式是由计划调控和市场调控两种手段共同发挥作用来达到合理利用与配置水资源的目的。水管理部门作为水资源资产所有权的代表者通过水政管理对水资源利用进行宏观调控，而各供水企业作为水资源的经营者通过对供水服务过程的管理实现独立自主地实施分散决策，做到政企分开，实现水资源在国家宏观调控下的市场化配置。国家对水资源的宏观调控集中体现在对水资源的统一水政管理中，水政管理不应排斥各经济主体独立自主地实施分散决策。在水市场中，经济决策是由各个经济主体自主实施的。经济主体之所以能够自主实施分散决策，是因为其拥有明确的水权或经营权，因而有自身的经济

利益和硬预算约束，要追求自身经济利益最大化，并对其决策结果承担经济责任。宏观调控下的水资源资产产权交易模式的总体思路如图7-6所示。

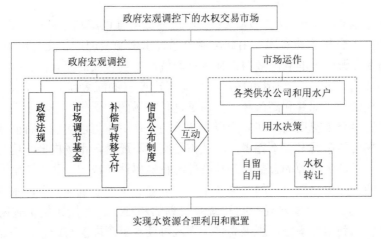

图7-6 政府宏观调控下的水资源资产产权交易市场模式的构造及运用原理

7.3.3.3 宏观调控下水资源资产产权交易市场模型的建立

通常只要政府允许水资源资产产权转让而不进行制度上的禁止和限制，水资源资产产权转让就会在市场需求和供给两种力量的作用下孕育和发生，缺水者买入，富水者卖出。新制度经济学认为，市场和政府都是配置稀缺资源的主体，其中市场处于基础性地位。科斯在《社会成本问题》中通过案例阐明：如果定价制度的运行毫无成本，最终结果（产值最大化）是不受法律状况影响的，就是说如果市场交易费用为零或在完全竞争条件下，不管权利的初始安排如何，市场均衡的结果都能使资源配置实现帕累托最优状态。和任何稀缺经济资源一样，在完全信息公开及交易费用为零的前提下，市场一定能够实现对水资源的最优配置。

市场配置效益的方法就是如果边际净效益不相等，那么在追求更大净效益的激励下，水资源将从拥有较低净边际效益的使用者手中流转到那些拥有较高净边际收益的使用者手中。通过市场交易，更加珍视边际水资源的使用者得到了更多的水资源，他们的净效益因此而增加。而拥有较低边际效益的使用者由于出卖水资源而获得的净效益的增加额超出了因水资源减少而遭受的损失，所以他们的净效益也增加了。最终在所有人的边际净效益都相等时，整个水权交易市场就实现了均衡，水资源也得到了最佳配置。由此可知水权交易有利于引导水资源流向最有效率的地区或部门，流向为社会创造更多财富的用户。水资源资产产权交易市场对水资源优化配置的模式可运用简单的数学方式进行描述。设水资源资产产权交易双方分别为A、B，设A拥有产权量为X的水资源资产，而B刚好需要产权量为X的水资源资产，A、B对产权量为X的水资源资产进行使用的效益分

别为 UA（X）与 UB（X），A、B 交换后水资源资产的使用效益变化量为

$$\Delta U = UB(X) - UA(X) \tag{7-31}$$

如果水资源资产产权交易后 $\Delta U=0$，这种交易难以成功，只有 $\Delta U > 0$，水资源资产产权交易才能实现。由此可看出通过水资源资产产权交易市场的作用，可以提高水资源资产的利用效益，使水资源资产得到有效的配置。

从以上分析可知，利用市场对水资源资产产权的配置作用，可以实现水资源资产产权的优化配置和高效利用。但是这种市场的配置作用是有条件的，即只有在水资源的交易费用为零和完全自由竞争的条件下才可以实现。目前我国水资源资产产权交易市场发育不完善，相关市场制度不配套，市场内部结构与市场间结构失衡，以及水资源的公益性和社会性的特殊属性，决定了我国在水资源管理过程中不能一味地强调市场的主导作用，而应建立国家宏观调控下的水资源资产产权交易市场。在国家宏观控制和统筹规划的基础上，利用市场机制配置水资源，使水资源利用效率进一步提高。这样既可使水资源配置与国家经济建设和社会发展的目标一致，又克服了它的强制性与僵化性，既能客观调整各产权主体之间的利益关系，使其公平竞争和发挥价格机制作用，提高水资源配置效率，又能避免产权主体单纯追求自身利益，有悖于公平原则和无法约束人们对公共资源利用的不合理行为。但是在以市场配置为主的情况下，需要明确政府在什么情况需要对市场进行干预，什么情况不需要干预，为此建立了 G-M 判断模型。

1）按计划调控多目标方法进行区域水资源资产产权优化配置，求出相应各个目标（设 K 个目标）的具体指标，并将其作为控制点，构成控制目标值向量（A_1, A_2, $\cdots$, A_k）。

2）根据市场配置方法计算各方案对应的目标值（B_1, B_2, $\cdots$, B_k）与控制目标比较，得到每个目标的"差度"γ_i。

$$\gamma_i = \begin{cases} \dfrac{A_i - B_i}{A_i} & (B_i < A_i) \\ 0 & (B_i \geq A_i) \end{cases} \tag{7-32}$$

式中，γ_i 为第 i 个目标的差度；A_i 为按计划调控多目标方法确定的第 i 个目标值；B_i 为由市场配置方法确定的第 i 个目标值。

当 $B_i \geq A_i$ 时，$\gamma_i=0$ 的定义为：若按市场配置方法计算的某目标值优于控制值时，则认为该目标完全满意，其差度为 0。

3）根据每个目标的差度 γ_i，计算市场配置方案的"综合容许度"R_i：

$$R_i = \left[\left(\sum_{i=1}^{k} r_i^2 \right) / K \right]^{\frac{1}{2}} \tag{7-33}$$

当 $R_i \leqslant C_1$ 时，方案基本满意，可不进行干预协调；

当 $C_1 < R_i \leqslant C_2$ 时，方案尚需微动调整；

当 $R_i > C_2$ 时，方案不可行，需重新调整配置方案。

其中 C_1，$C_2 > 0$，C_1，C_2 可根据政府对水资源资产产权交易市场调控的力度进行确定。

4）根据 R 的计算结果，对市场配置方案进行干预调整。重复进行第 2 步至第 4 步，直至满意为止。

从上面的模型可以看出在国家宏观调控的作用下，水资源资产产权可以利用市场调控的方式进行配置，在市场配置方式没有偏离计划调控方式太多时，可按市场配置方式进行，当市场配置方式偏离国家宏观目标太多或出现市场"失灵"，已经影响到社会目标的实现时，国家将对其进行干预。利用计划调整方式和市场分配机制互动对水资源进行配置，从而使两种调控方式取长补短，可以发挥最大的效益。

7.3.3.4　宏观调控下的水资源资产产权交易市场的职能

在社会主义市场经济条件下，要真正实现水资源资产产权合理流动，水资源资产产权交易市场一般应具有以下职能。

（1）组织职能

水资源资产产权交易市场为水资源资产产权交易的当事人提供了一个相互交易的场所，如果没有这样一个场所，卖家就不知道去哪里找买家，买家也不知道到哪里去找卖家。有了水资源资产产权交易市场后，买卖双方就会自然而然地到水资源资产产权交易市场寻找对方，达成协议，进行交易。除了提供水资源资产产权交易场所外，水资源资产产权交易市场还能为买卖双方当事人进行撮合，因为买卖双方当事人不一定在交易市场同时在场，不一定能马上找到合乎意愿的对象，在这种情况下，水资源资产产权交易市场的组织者就有必要对当事人提出的要求进行登记，对有关资料进行分析、整理，根据买卖双方的意愿，寻找合适的交易对象，促使其最后成交。水资源资产产权交易市场通过自身业务活动，有效地组织各类供水企业进行水资源资产产权交易活动，使之有序、合理、合法、健康发展。

（2）服务职能

水资源资产产权交易市场除了为买卖双方提供交易场所外，它还需要想方设法地吸引客户、留住客户、增加客户，从而扩大交易量，因此它必须为买卖双方提供优质、配套的服务，使买卖双方都感受到水资源资产产权交易市场存在的必要性。一个成功的水资源资产产权交易市场提供的主要服务如下：①为买卖双方充当投资顾问。②为水资源资产产权交易双方提供必要的法律知识和法律服务。③为水资源资产产权交易双方提供信息服务。④为交易活动提供配套服务。

（3）监督职能

水资源资产产权交易市场具有多层次的监督职能，以保证产权交易行为的合法、有序。①政策监督。其职能主要是监督水资源资产产权交易行为是否符合国家宏观经济政策的要求，是否正确反映了国家产业政策的要求。随着市场经济体制的进一步完善，水资源资产产权交易市场应该有必要对交易达成后是否会导致垄断、影响市场竞争等方面进行监督。②法律监督。其职能主要是监督水资源资产产权交易行为是否合法，通过法律监督，促进水资源资产产权交易双方依法交易。一旦发现问题，应马上终止水资源资产产权交易行为，并通过法律途径追究当事人的法律责任。③水资源资产安全监督。其职能主要是监督水资源资产营运的安全性，防止水资源资产在产权交易过程中出现流失。水资源资产只有不断流动，才能得到合理配置，才能真正实现保值增值目标。如果水资源资产处于凝固状态，就有可能造成水资源资产的亏损和低效率运行。但是，在水资源资产流动过程中隐藏着流失的风险，因此必须在水资源资产产权交易机构的监督下进行有关水资源资产产权交易。

7.3.3.5　政府对水资源资产产权交易市场的宏观调控方式

如上所述，利用水资源资产产权交易市场优化水资源配置，离不开政府的宏观调控，而政府宏观调控的效果又取决于政府能否采取相应的、足够有效的调控方式。在水资源资产产权交易市场出现"失灵"的情况下，政府不能无视不同情况而一律采用一种方式来解决。政府采用不同宏观调控方式的效果也是决定水资源资产配置效果的重要因素，为此提出了以下几种宏观调控方式。

（1）制定和实施有关维护水权市场有效运行的政策法规

水权市场的建立和健康发展，需要有完备的政策法规加以正确引导和维护，水权市场的监管和合理分配水资源需要政府部门的参与。为此，政府必须给予水权交易有力的政策支撑和法律保护。现行的法律法规如《水法》《中华人民共和国水污染防治法》等，对水资源开发利用及保护起到了积极作用。但是，只凭借它们尚不能规范水权交易市场，还必须在用水的优先顺序、取水许可的实施范围和办法、水权的调整、水权所有者的义务等方面制定相应的政策与法规，并切实加以贯彻实施。

（2）建立水权交易市场调节基金，对水权交易价格进行一些必要的调节

针对宝安区旱涝灾害多发、市场机制不健全等特点，政府应建立水权交易市场调节基金，并以指定代理人的形式积极参与水权交易，在市场里低买高卖，

以市场运用的方式来实现政府宏观调控的目标，起到市场"微调"、平衡水价的作用。受水资源年际、年内变化的影响，当水价达到价格下限，继续降低会造成水资源浪费时，水权交易市场调节基金即可入市购买，引导水价回升，并可收到部分盈利，以补偿其在灾年时低价抛售所带来的资金亏损，最终起到平衡水价的作用，避免由市场交易盲目性导致的水价过低等而产生的水资源浪费现象，以及水价过高给人们带来的心理恐慌。水权交易市场调节基金的来源，一部分靠政府财政支持，还有一部分通过社会募集方式筹措。另外，政府还可以对水权交易市场实际运行的状况进行统计和分析，使宏观调控更加科学、有效。

（3）加大财政转移支付力度，建立水权市场的利益补偿机制

水资源补偿机制是政府为完成和满足水资源勘测、评价、保护、生态恢复等公共事务方面的需要而建立的一种有效补偿机制。有效的利益补偿机制有助于缩小地区差距，调节收入再分配，是确保水权交易规范有序进行的关键。建立合理的水资源补偿机制，一要保障流域贫困人口的切身利益。对流域贫困人口和利益受损者实行用水补贴，对居民的节水投资进行补偿，如粮价补贴、实物补贴、申报补贴等，保证补贴透明、到户，逐步形成有效的节水激励制度，保障居民广泛受益。二要通过制定政策、加大财政转移支付力度、合理利用水权市场收入和国家、省、市对基础设施投资与补贴等多种措施进行利益补偿。为了保证全区生态安全，应进一步加大对流域人均财政支出低于全区人均水平地区的财政转移支付力度，使之接近或达到全区人均水平，并保证转移支付资金专用于生态环境建设和发展节水农业。三要以实现生态与经济发展双赢为目标，积极探索新时期水利建设的投融资机制。

（4）加大信息采集力度，无偿公布水文资料，促进水权市场健康有序发展

水文资料是治理水环境、合理使用水资源的基础性资料，属公共物品范畴，应由政府财政投资收集，公共机构提供，社会无偿使用。今后，应实行强制性的信息披露制度，加大用水信息采集力度，拓宽用水公报的涵盖面，定期在全区性的新闻媒体刊载和播放。广泛的信息披露不仅能够降低交易成本，有利于政策实施、提高管理效率，而且能够促进社会研究机构广泛参与，不断提高水文水资源科学研究水平，为科学决策提供详细资料和研究背景。

综上所述，水资源资产产权交易市场必须在政府宏观调控的保障下才能顺利建立。可以预见，宝安区水权交易市场的建立将是一个长期的、循序渐进的、从理论到实践逐步实施的过程。

7.3.4 运营体制搭建

水资源资产运营体制是水资源资产管理取得成效的根本保证。受传统计划

经济体制的影响，水资源资产运营体制不顺的问题已越来越突出，并已影响水资源资产优化配置和水资源可持续利用的实现，也阻碍了水资源资产管理的实施。为了保证水资源资产管理顺利实施，使得水资源资产走向市场，参与交易，实现保值增值，有必要研究探索并建立一种适合社会主义市场经济体制，满足水资源资产管理要求的水资源资产运营体制。

7.3.4.1 构建水资源资产运营体制的总体思路

水资源资产运营体制是对水资源资产运营活动进行决策、计划、组织、监管和调节的整个系统，是管理整个水资源资产的制度和方法。它既是具体经济活动的组织管理形式，又体现了参与水资源运营的各个部门、各个单位的地位及其之间的相互关系。因此，水资源资产运营体制的建立对水资源资产的有效运营非常重要。

（1）明确水资源资产所有权主体

在社会主义制度下，水资源资产由国务院代表全体人民行使所有权是不可改变的，这是法律明确规定的，也是追求制度有效性的最佳选择。必须塑造明确的水资源资产代理机构，使之对水资源资产的保值增值负责，同时应将水资源资产所有者权能及其资产受益权和产权代表管理权以明确的制度化规定赋予该机构。

（2）建立水资源资产运营主体，解决水资源资产运营过程中政企不分的问题

政企不分是自然资源运营体制的通病，水资源资产运营也不例外。政企不分是指政府的管理职能和企业的经营管理职能合而为一，水资源资产的经营部门实际上成了政府部门的附属物。由于水资源资产经营部门没有经营自主权和自身的独立利益，因此提高其积极性受到了很大限制。所以必须把水资源资产运营主体独立出来，使其成为真正的法人主体，独立从事水资源资产经营活动。

（3）加强流域水资源统一管理，严禁人为割裂水资源自然属性的做法

行政割据导致水资源资产所有权界定不清，对于一个流域来说，其水资源在多个行政区域之间进行分配就成了一个多方参与的利益冲突问题。为解决各地方利益冲突，必须成立强有力的统一管理流域水资源的机构，通过立法，强化流域管理机构的权威，摒弃多头管理、设置重叠的管理体制，利用法律约束机制调节利益冲突，实现流域水资源资产的统一优化管理。

（4）注重水资源经济、社会和环境效益的统一

当越来越多的民间资本进入水市场后，在水资源的优化配置和供水价格调控上，既要发挥水资源的社会和生态环境效益，又要兼顾开发商的利益和用水户

的合法权益，充分发挥政府在水资源优化配置上宏观调控的主导作用，防止出现为了行政目标而侵害开发商利益致使民间资本退出水市场的行为，以及过分追求经济目标而侵害用水户合理用水权利和破坏水环境的行为。

7.3.4.2　基于委托代理理论的水资源资产运营体制研究

根据上一节确定的总体思路可知，在构建水资源资产运营体制时有必要引入一种特殊的机制，这种机制应有利于实现明晰产权、有利于政企分开、有利于建立有效的激励约束机制。20 世纪 90 年代以来，委托代理理论在我国国有企业股份制改造及公司制改造中起到重要作用，为我们提供了思路，即在其他国有资源资产纷纷利用委托代理理论来构建其运营体制并取得成功的情况下，把委托代理理论引入水资源资产运营体制的构建中无疑是水资源管理体制改革的方向。下面就如何利用委托代理理论构建水资源资产运营体制进行深入研究。

1. 现代委托代理理论

现代委托代理理论是随着现代产权理论发展起来的，它充实了信息经济学、制度经济学和契约经济学的内容，因此它已超越了产权经济学的界限，成为微观经济理论的重要组成部分。

（1）委托代理理论的内涵

现代市场经济中，随着社会分工的发展，专业化程度的提高，社会成员之间的信息差别日益扩大，市场参与者越来越处于市场信息的非对称分布之中，非对称信息严重影响着经济决策的制订及其决策结果。委托代理理论就是研究非对称信息条件下市场参与者之间经济关系的理论。代理最初来源于《中华人民共和国民法通则》，本身是一项平等民事主体间的民事行为。《中华人民共和国民法通则》第 63 条中代理概念是指"代理人在代理权限内，以被代理人的名义实施民事法律行为。"随着现代西方微观经济学的发展，委托代理理论中委托代理的概念内涵得到了极度扩展。委托代理制是现代企业普遍存在的一种形式，它是伴随企业所有权和控制权的分离而产生与发展的。现代企业的公司制度实质上就是委托代理制度。委托代理的主要成果集中在对以委托代理制为基础的现代企业的经营者的激励约束问题上。经济学中委托代理的概念是广义的，它是指委托人（包括行政部门、企业单位、个人）通过契约或者授权的形式委托代理人（包括行政部门、企业单位、个人）以其名义在一定权限内进行的经济行为，它完全超越了法学上的代理概念的内涵，是纯粹的经济学含义。委托代理理论主要研究以下三个方面的问题。

A. 委托代理收益问题

委托代理关系之所以能够得以建立，是因为能为经济主体双方带来预期的净收益，并且达到双赢的目标，这是作为一种制度能够建立最关键的支持因素。一般来说委托代理收益是指由分工和专业化的发展所带来的比较收益与规模收益之和，它来自于"分工效果"和"规模效果"。分工效果是指持有不同条件禀赋（技能和偏好等）的两个或两个以上的经济主体通过分工而各自获得的超额效用，而规模效果是指经济主体获得的边际效用随参与的经济活动规模的增大而增加超过边际规模的增大，如律师和诉讼者的分工及规模效果。

B. 委托代理成本问题

委托代理成本一般是指代理人的偷懒、不负责任及机会主义行为并以种种手段从公司攫取财富而给委托人带来的损失，以及委托人为抑制这种行为所花费的费用。詹森和麦克林认为，代理成本来源于管理人不是企业的完全所有者这样一个事实。在部分所有的情况下，一方面，当管理者对工作尽了努力，他可能承担全部成本而仅获取一小部分利润；另一方面，当他消费额外收益时，他得到全部好处但只承担一小部分成本。结果，他的工作积极性不高，却热衷于追求额外消费，于是企业的价值也就小于他是企业完全所有者时的价值，这两者之间的差异即称作代理成本。

代理成本产生的根源在于行为主体的利己动机及委托人与代理人之间的信息不对称。经济主体的利己动机是客观存在的，由于利己动机的存在，经济主体各自追求效用的最大化，即委托人与代理人都以各自经济利益的最大化作为行为目标，因此二者的目标函数不一致，代理人不可能自觉地将委托人的利益作为自己的行为准则。另外，在现代社会信息不完全的情况下，代理人拥有更多的私人信息，委托人无法准确了解代理人的自然禀赋及代理行为，双方之间存在严重的信息不对称性。经济主体的利己性和信息不对称性的双重作用，导致"道德风险"和"逆向选择"。道德风险是指代理人利用自己的信息优势，通过减少自己的要素投入或机会主义行为在为自己最大限度地增进效用时，做出损害他人利益、降低组织效率的行为，如偷懒、不负责任甚至过度地在职消费等。所谓逆向选择是指如果私有信息无法为他方验证，掌握私有信息的人就有可能隐瞒或者谎报真实情况，以获取自己的经济利益。

C. 激励与约束机制问题

从管理科学角度看，激励机制是指在组织系统中，激励主体通过激励因素与激励对象之间相互作用的方式。激励机制包括五个方面的制度：①诱导因素制度，是指能满足一个人的某种需求，激发一个人的满足行为，诱导他去做出一定绩效的因素；②行为导向制度，是指对激励对象努力方向和所倡导价值观的规定；③行为幅度制度，是指由诱导因素所激发的行为强度量的控制措施；④行为控制制度，是指对诱导因素作用于激励对象在时间和空间上的规定；⑤行为规范制度，是指对激励对象行为规范的事前预防和事后处理。约束机制是指在组织系统中，约束主体通过一系列的制度安排限制约束客体的不良行为。激励与约束是一对矛盾统一体，从行为方式上看是对立的，从最终目的看则是统一的，两者相伴相生，没有无激励的约束，也没有无约束的激励。在激励的同时必然存在约束，在约束的同时也必然存在激励。

委托代理理论侧重于研究对代理人的激励和约束机制。在所有权与经营权分离的情况下，委托人和代理人之间信息不对称，两者的目标函数可能不一致，代理人的行为存在着倾向道德风险和逆向选择的可能。为了防止代理人偷懒、不负责任及其机会主义行为，委托者必须设计出更有激励意义的契约安排，对代理人进行激励与约束。从更深层面看，这种必要性来自于"非对称性"和"非确定性"两个原因。非对称性是指在代理制下委托人与代理人责任不对称，委托人承受的是资本风险，而代理人承受的只是职位丧失和收益减少风险。非确定性表现在委托人缺乏对代理人努力水平的了解与认识，委托人永远无法判断出哪一种努力程度是与委托人的利润最大化目标相对应的。另外，利润目标也是一个不确定因素，委托人与代理人之间签订的合约中的利润目标未必是一个最大的利润目标，无法反映代理人的最佳努力水平。责任不对称和不确定性因素的存在，产生了委托人对代理人行为激励和约束的内在要求。委托人希望通过建立激励约束机制激发代理人的责任心和创造性，抑制其不良的动机和行为，代理人绩效提高，在抵偿代理成本后，委托人能获得更大的收益。

（2）委托代理关系的经济学分类

A. 委托行为中的"完全委托"与"不完全委托"

"完全委托"是指委托人所委托的任务是相容的，即委托人的目标函数是一致并且是唯一的，委托人之间不存在利益冲突，并且委托人可以自由进入或退出委托代理关系。而"不完全委托"正相反，即所委托的任务是不相容的，委托人的目标函数是多重的，委托人之间存在着利益冲突，并且委托人不可以自由退出，其他人也不能自由进入委托代理关系，定义为"不完全委托"。

B. 代理行为中的"完全代理"与"不完全代理"

"完全代理"是指代理人所代理事项是相容的，即代理的目标函数是唯一的，代理人之间不存在利益冲突，并且代理人可以自由进入或退出委托代理关系的代理行为。而"不完全代理"是指代理任务是不相容的，代理人之间存在着利益冲突，并且代理人无法自由退出，其他人也无法自由进入委托代理关系的代理行为。

C. 委托代理模型的分类

1）不完全委托–完全代理：这种关系中，信息分布向着有利于代理人的方向倾斜，容易发生代理人的"隐蔽行动"现象，而不容发生委托人的"隐蔽信息"现象。

2）完全代理–完全委托：这种关系中，委托、代理均是"完全行为"，信息

"相对对称",不易发生委托人的"隐蔽信息"现象,也不易发生代理人的"隐蔽行动"现象,此委托代理关系是最理想、最稳定的。

3)完全委托-不完全代理:这种关系中,信息的分布向着有利于委托人的方向倾斜,容易发生委托人的"隐蔽信息"现象,而不容易发生代理人的"隐蔽行动"现象。

4)不完全委托-不完全代理:这种关系中,由于委托和代理均属"不完全行为",因而无论是对委托人来说还是对代理人来说,均缺乏有效方法来掌握对方的足够信息,此委托代理关系是无效的。

2. 水资源资产委托代理模式的构建

因为资产的本质是具有收益性的,所以水资源资产管理应以企业化的管理为基础,由此建立的水资源资产委托代理模型为全民-国家(国务院)-国有资产专职管理部门-国有水资源资产运营公司-子公司,此模型包括5层委托代理关系。

第一层次,全民将水资源资产委托给国家(国务院)管理,这是由我国的社会性质决定的。这层代理是由国家宪法规定的,具有强制性,其特点是国家代理制,加强和完善民主法制建设是这层委托代理关系有效实施的强有力保障。

第二层次,国家(国务院)将水资源资产委托给国有资产专职管理部门,国有资产专职管理部门取得代理权后,以国有资产出资人的身份代表国家行使资产的所有权,其管理目标主要是保证水资源资产的保值增值。

第三层次,国有资产专职管理部门将水资源资产委托给一批国有水资源资产运营公司(主要以流域为单元来设立)经营管理,实现水资源资产所有权与经营权的分离,即国有资产专职管理部门作为委托人拥有收益权,国有水资源资产运营公司作为代理人拥有国有资产的控股权,从而保证国家拥有的国有资产经营职能与管理职能相分离,使国有股权事实上分散化,淡化了国家政府部门对企业的行政干预,为企业产权独立创造必要条件。国有水资源资产运营公司的资本属国家所有,它不直接向公众发行股票,也不直接从事生产经营活动,其主要职责是经营国有股权。将国有股权授予国有控股公司、国家投资公司、国有资产经营公司、国家授权的特定经营机构持有,使这些特殊法人成为国家授权投资机构,代表政府具体行使分配资产收益、做出重大决策和选择管理者等出资者的权利。

第四层次,为充分发挥市场在水资源资产管理中的作用,实现股权的进一步分散,可在国有水资源资产运营公司下设若干子公司,这样就在国有水资源资产运营公司与子公司之间建立了水资源资产的第四层委托代理关系,水资源资产的所有权与经营权进一步分离,国有股权也具有了可转让性,公司产权独立化后,具有独立法人资格的企业拥有法人财产权,从而可为建立现代企业制度创造基本条件，代理国有资产专职管理部门行使股东职能的国有水资源资产运营公司以投入公司的资产额承担有限责任，并依法享有股东的收益权和投票权。

第五层次，子公司内部股东会与董事会、总经理之间的委托代理关系。公司产权独立化后，所有权与经营权相分离，公司法人机构在利润最大化目标的驱使下，经营法人财产，实现所有者利益。水资源资产第五层委托代理的目的在于，通过委托人为代理人设置最优化的激励和约束机制，完善公司的内部治理结构，提高资产营运效率。公司运作是指建立有限责任公司，并按照市场机制实行企业化管理，自主经营，自负盈亏，良性运行。

3. 水资源资产委托代理激励约束模式的建立

在上述介绍的关于水资源资产委托代理模型 5 个层次的委托代理关系中，只有每一层次委托代理关系都能发挥正常的作用，才能使整个水资源资产运营顺利进行，因此对于各个层次的委托人都需要对其代理人进行有效的监督。目前就我国水资源资产管理中的监督机制而言，其效果表现出先天性不足，如对监督机构的再监督问题，监督者的廉价投票权等，即作为所有者的政府官员缺乏对代理人进行监督的积极性，不能积极地对企业业绩值进行评价，难以取得理想的监督效果。因此建立有效的激励约束机制是水资源资产委托代理制度一个不可或缺的组成部分，有效的激励约束制度能促使代理人努力程度提高，从而使得企业业绩提高，达到理想的激励效果。通常如果代理人的行为可以被观察到，即委托人能完全并及时了解和掌握代理人的经营行为或市场投资机会的信息，两者之间的合同问题就比较简单。委托人可简单地规定代理人按合同完成经营目标，并因此而得到委托人支付给代理人的工资。当代理人的行为不能被观察到时，即现实市场经济信息不对称和交易成本使委托人不可能完全并及时了解和掌握市场经济中瞬息万变的信息，而代理人比委托人掌握更多的信息，更了解市场机会，此时，委托人不能证实代理人是否尽到了责任，并且委托人与代理人之间效用函数存在差异，使得委托人只能在掌握不完全信息条件下与代理人签订不完全合同。在此情形下，委托人应设计代理人的补偿方案以间接、合法地给代理人一些激励，使得代理人采取正确的行为，即为委托人的利益做出最大的努力。下面就以第四层委托代理关系——国有水资源资产运营公司与子公司（供水企业）的委托代理关系为例进行研究。

首先进行一些设定：π 记为供水企业的利润（可观察到），α 记为代理人的行为，所有可能的行为记为集合 A，$\alpha \in A$。为简化问题，将 α 视作代理人工作努力程度的一维测度，即代理人的选择或努力水平。因为管理努力的不可观察性，管理努力不能从可观察到的利润 π 中推导出来。为此，假设供水企业的利润受到代理人行为的影响，但是不能完全由他决定，还存在一个外生变量 θ，它是不受代理人和委托人控制的外生随机变量（称为"自然状态"，如市场环境等），服从正态分布。α 和 θ 共同决定一个可观测的结果 $x(\alpha, \theta)$ 与一个货币收入（"产出"）$\pi(\alpha, \theta)$，其中 $\pi(\alpha, \theta)$ 的直接所有权属于委托人。我们假定 π 是 α 的严格递增的凹函数（即给定 θ，代理人工作越努力，产出越高，但努力的边际产出率递减），π 是 θ 的严格增函数（即较高的 θ 代表较有利的自然状态）。我们假定产出 π 是唯一可观测的变量，即假定 $x = \pi$。委托人的问题是设计一个激励契约 $\omega(\pi)$，根据观测到的 π 对代理人进行奖惩。

假定委托人和代理人的效用函数分别为 $v[\pi(\alpha) - \omega(\pi)]$ 和 $u(\omega, \alpha) = \omega(\pi) - c(\alpha)$，其中 $v' > 0$，$v'' \leq 0$；$u' > 0$，$u'' \geq 0$；$c' > 0$，$c'' > 0$；$c(\alpha)$ 为代理人的努力成本，即委托人和代理人都是风险中性者，努力的边际负效用是递增的。委托人和代理人的利益冲突首先来自假设 $\partial(\pi)/\partial(\alpha) > 0$，$c' > 0$。$\partial(\pi)/\partial(\alpha) > 0$ 意味着委托人希望代理人多努力，而 $c' > 0$ 意味着代理人希望少努力。因此，除非委托人能为代理人提供足够的激励，否则代理人不会如委托人希望的那样努力工作。假设利润 π 可以在 $[\pi_1, \pi_2]$ 中取值，在努力程度为 α 时它的条件分布函数和对应的密度函数分别为 $F(\pi, \alpha)$ 和 $f(\pi, \alpha)$，对于所有的 $\alpha \in A$，$\pi \in [\pi_1, \pi_2]$，有 $f(\pi, \alpha) > 0$。因此，对于给定的代理人努力水平，各种可能的利润都可能出现。下面分别对信息对称下的激励约束模型和信息不对称下的激励约束模型进行分析，从而寻求适合我国目前情况的委托代理激励约束模型。

（1）信息对称下的激励模型

假定水资源资产运营公司提供给供水企业的管理者一个合同 $\omega(\pi)$（可观察到），规定管理者的努力水平 $\alpha \in [\alpha_L, \alpha_H]$，使水资源资产的运营达到最大增值，此时面临着来自管理者参与的限制，即代理人从接受合同中得到的期望效用不能小于不接受合同时能得到的最大期望效用。代理人"不接受合同时能得到的最大期望效用"由他面临的其他市场机会决定，可以称为保留效用，用 $\bar{u}$ 代表。参与约束又称为个人理性约束。此时，水资源资产运用公司可设计任意的"强制合同"，如果管理者选择 α^*（努力水平 $\alpha^* \in [\alpha_L, \alpha_H]$），则支付给管理者 $\omega = \omega^*$[按合同委托人支付给管理者的费用 $\omega^* \in \omega(\pi)$]，否则，将给 $\omega < \omega^*$，于是委托人问题可采用 Mirrlees 和 Holmstrom 参数化模型给出水资源资产运营公司对管理者的最优合同：

$$\max \int v[\pi - \omega(\pi)] f(\pi, \alpha) \, d\pi$$

$$\text{s.t.} \ (\text{IR}) \int u[\omega(\pi)] f[\pi, \alpha] \, d\pi - c(\alpha) \geq \bar{u} \tag{7-34}$$

式（7-34）的拉格朗日函数：

$$L[\omega(\pi)] = \int v[\pi - \omega(\pi)] f(\pi, \alpha) \, d\pi + \lambda \{ \int u[\omega(\pi)] f[\pi, \alpha] \, d\pi - c(\alpha) \} \tag{7-35}$$

最优化一阶条件：

$$\frac{v'[\pi-\omega(\pi)]}{u'[\omega(\pi)]}=\lambda \tag{7-36}$$

$v'=1$（委托人边际效用恒定）时，

$$\lambda=\frac{1}{u'[\omega(\pi)]} \tag{7-37}$$

λ 是严格正的常数（因为 $u'>0$），式（7-37）意味着管理者的收入与 π 无关。如果管理者是严格风险厌恶的 [所以 $u'[\omega(\pi)]$ 关于 $\omega(\pi)$ 严格递减]，条件的含义是最优补偿方案 $\omega(\pi)$ 是常数，也就是说委托人应该提供给管理者一个固定的工资报酬。

即最优支付为

$$u[\omega(\pi)]=\bar{u}+c(\alpha) \tag{7-38}$$

以上分析的一个基本结论是，当委托人可以观测代理人的努力水平时，风险问题和激励问题可同时解决，即帕累托最优风险分担和帕累托最优努力水平可以同时实现，最优合同可以表述为

$$\omega=\begin{cases} \omega^*(\pi)=\omega^*[\pi(\alpha^*,\theta)] & \alpha\geq\alpha^* \\ \omega & \alpha<\alpha^* \end{cases} \tag{7-39}$$

即委托人要求管理者选择 α^*。如果观测到管理者选择了 $\alpha\geq\alpha^*$，委托人根据 ω^* 支付管理者；否则管理者得到 ω，只要 ω 足够小，管理者就不会选择 $\alpha<\alpha^*$。

（2）信息不对称情况下的激励模型

在实际情况中，α 是不可观测的，即管理者的私人信息不可观测，此时"强制合同"失灵，所以只能通过重新设计激励合同 $\omega(\pi)$ 诱使管理者选择委托人希望的行动。委托人的问题是选择满足管理者参与约束和激励相容约束的激励合同 $\omega(\pi)$ 以最大化自己的期望效用函数，即

$$\max \int v[\pi-\omega(\pi)]f(\pi,\alpha)d\pi$$

$$\text{s.t. (IR)} \int u[\omega(\pi)]f[\pi,\alpha]d\pi-c(\alpha)\geq\bar{u} \tag{7-40}$$

$$\text{(IC)} \int u[\omega(\pi)]f(\pi,\alpha)d\pi-c(\alpha)\geq\int u[\omega(\pi)]f[\pi,\alpha']d\pi-c(\alpha),$$

$$\forall\alpha\in[0,1] \tag{7-41}$$

在这个契约设计中，委托人的问题是如何根据代理人的行动来决定他应该给予代理人什么样的补偿，和选择与哪些行为相一致的最低成本的激励方案。如

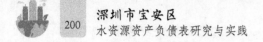
果委托人知道代理人的行为，并且委托人能够根据他所获得的信息推知代理会采取什么行为，那么即使这些行为是不能观测到的，委托人仍然可以找到最优契约解。但是委托人这样做，需要面临上述两个约束条件。

接下来技术上的问题是如何处理激励相容约束条件（IC）。因为对于任何给定的契约 $\omega(\pi)$，激励相容约束意味着代理人总是选择 α，以最大化自己的期望效用，下列一阶必须满足：

$$\int u[\omega(\pi)]f_a(\pi,\alpha)\,\mathrm{d}\pi = c'(\alpha) \tag{7-42}$$

Mirrlees 和 Holmstrom 用上述一阶条件替代原来的激励相容约束（IC），这就是所谓的"一阶条件方法"。构造拉格朗日函数：

$$L[\omega(\pi)]=\int v[\pi-\omega(\pi)]f(\pi,\alpha)\,\mathrm{d}\pi+\lambda\{\int u[\omega(\pi)]f[\pi,\alpha]\mathrm{d}\pi-c(\alpha)-\bar{u}\}+\mu\{\int u[\omega(\pi)]f_a(\pi,\alpha)\,\mathrm{d}\pi-c'(\alpha)\} \tag{7-43}$$

式中，$\lambda(>0)$ 为参与约束（IR）的拉格朗日乘数；$\mu(>0)$ 为激励相容约束（IC）的拉格朗日乘数。对于 $\omega(\pi)$ 而言，解委托人的最优化问题，得到最优激励契约的条件为

$$\frac{v'[\pi-\omega(\pi)]}{u'[\omega(\pi)]}=\lambda+\mu\frac{f_a(\pi,\alpha)}{f[\pi,\alpha]} \tag{7-44}$$

我们考虑当委托人可以观察到代理人行动时的最优契约，此时激励相容是多余的，因为委托人可以通过强制契约使代理人选择委托人所规定的行动。例如，如果委托人希望代理人选择 α^*，他可以通过以下契约做到这一点：如果你选择了 α^*，我将支付你 $\overline{w}$，否则我将支付你 $\underline{w}(<\overline{w})$。那么，只要 $\underline{w}$ 足够小，代理人就会选择 α^*，因此，当委托人可以观察 α，我们只需要考虑参与约束（IR），此时构造的拉格朗日函数为

$$L'[\omega(\pi)]=\int v[\pi-\omega(\pi)]f(\pi,\alpha)\,\mathrm{d}\pi+\lambda\{\int u[\omega(\pi)]f[\pi,\alpha]\mathrm{d}\pi-c(\alpha)\bar{u}\} \tag{7-45}$$

最优化的一阶条件为

$$\frac{v'[\pi-\omega(\pi)]}{u'[\omega(\pi)]}=\lambda \tag{7-46}$$

这就是所谓的帕累托最优风险分担条件。

$\mu\dfrac{f_a(\pi,\alpha)}{f[\pi,\alpha]}$ 代表了激励相容约束的作用，是似然率，体现了在观察结果 π 中包含的有关代理人行动 α 的信息量。只要分布密度 $f[\pi,\alpha]$ 与努力水平 α 有关，$\omega(\pi)$ 就与 π 有关。也就是说，当委托人不能观测代理人的行动时，帕累托最优

风险分担是不可能达到的；为了使代理人积极努力工作，委托人必须承担一定风险。这就是所谓的激励与保险的矛盾。需要指出的是，如果似然率 $\mu\dfrac{f_a(\pi,\alpha)}{f[\pi,\alpha]}$ 是对 π 单调递增的（即代理人越努力，高产出出现的概率越大，因而较高的产出是较高努力水平的一个信号），那么 $\omega(\pi)$ 严格随 π 增加而增加。

如果只考虑两种行动时的简单模型，α 有两种可能的努力水平：L 和 H，其中 L 代表"偷懒"，H 代表勤奋工作。对管理者的勤奋工作（$\alpha=H$）和偷懒（$\alpha=L$），π 的分布密度分别为 $f_H(\pi)$ 和 $f_L(\pi)$，且：

$$\int \pi f_H(\pi)\,\mathrm{d}\pi \geqslant \int \pi f_L(\pi)\,\mathrm{d}\pi \qquad (7\text{-}47)$$

但是管理者必须承担更大风险 $[c(\alpha_H)>c(\alpha_L)]$，这意味着水资源资产运营公司的利益和管理者的利益之间存在一个冲突。委托人总是选择激励约束合同 $\omega(\pi)$ 解下列最优化问题：

$$\max \int v[\pi-\omega(\pi)]f(\pi,\alpha)\,\mathrm{d}\pi$$

$$\text{s.t. (IR)} \int u[\omega(\pi)]f[\pi,\alpha]\mathrm{d}\pi-c(\alpha)\geqslant \bar{u} \qquad (7\text{-}48)$$

$$\text{(IC)} \int u[\omega(\pi)]f_H(\pi)\,\mathrm{d}\pi-c(H)\geqslant \int u[\omega(\pi)]f_L[\pi]\mathrm{d}\pi-c(L) \qquad (7\text{-}49)$$

设 λ 和 μ 分别为 IR 和 IC 的拉格朗日乘数，则上述最优化问题的一阶条件为

$$-v'f_H(\pi)+\lambda u'f_H(\pi)+\mu u'f_H(\pi)-\mu u'f_L(\pi)=0 \qquad (7\text{-}50)$$

即

$$\frac{v'}{u'}=\lambda+\mu\left[1-\frac{f_L}{f_H}\right] \qquad (7\text{-}51)$$

（3）关于委托代理中激励约束问题的讨论

由前面分析可知，固定工资 ω^* 满足帕累托最优风险分担和帕累托最优努力水平时有：

1）当 $f_L>f_H$，$\omega(\pi)<\omega^*$；

2）当 $f_L<f_H$，$\omega(\pi)>\omega^*$。

即对于一个给定的产出 π，如果 π 在代理人偷懒（$\alpha=L$）时出现的概率大于勤奋工作（$\alpha=H$）时出现的概率，代理人在该产出时的收入所得向下调整；如果 π 在代理人偷懒（$\alpha=L$）时出现的概率小于勤奋工作（$\alpha=H$）时出现的概率，代理人在该产出时的收入所得向上调整。于是得出下面的模型：

$$\omega[\pi(\alpha)]=u+c(\alpha) \tag{7-52}$$

即因 $c(\alpha_H) > c(\alpha_L)$，所以 $\omega[\pi(\alpha_H)] > \omega[\pi(\alpha_L)]$。为防止管理者追求委托人的短期目标 π，而损害委托人长期利益，即与水资源资产运营公司的目标（水资源资产实现良性运营）相违背，需将时间因素 t_i 以年为单位（因为水资源资产运营公司对管理者的考核以年为基准）考虑进去，即写入合同，有 $\omega[\pi(\alpha, t_i)]$，于是委托人支付给管理者的最优合同模型为

$$\omega^*[\pi(\alpha, t_i)]=u+c(\alpha)+g[\pi(\alpha, t_i)], \quad i=1, 2, \cdots, n \tag{7-53}$$

$$\text{s.t.} \int v\{\pi-\omega^*[\pi(\alpha, t_i)]\}f_H(\pi, \alpha, t_i)d\pi > \int v\{\pi-\omega[\pi(\alpha)]\}f_H(\pi, \alpha)d\pi \tag{7-54}$$

其中 g 随 π 和 t_i 严格单调递增。

（4）委托代理中激励约束模型的政策含义

根据以上理论分析，得出的结论是必须设计合理的激励约束机制，使管理者个人效用最大化目标和供水企业所有者利润最大化目标相一致，诱使追求自身利益最大化的管理者做出符合所有者水资源资产运营公司意愿的行为。对委托代理问题提出以下几点建议。

1）对管理者实行高额年薪制。管理者的年薪设计应反映其经营能力和经营业绩，只要：

$$\int \pi f_H(\pi)d\pi - \int \pi f_L(\pi)d\pi \geqslant c(H)-c(L) \tag{7-55}$$

则可给高年薪 $\omega[\pi(\alpha_H)]$，使管理者得到足够的激励，而国家的水资源资产得到良性循环，无论在经济价值还是生态环境价值上都有所提高，使水资源资产运营公司与管理者的利益高度统一。

2）加速推行股票和股票期权制度的步伐。年薪制涉及经理的短期利益，在信息不对称的情况下，经理的经营行为将趋于短期化，过分地追求年度利润水平，甚至通过操纵会计账目将亏损年度变为盈利年度。因此必须考虑时间的问题，由此提出采用股票期权的方法来解决这种问题。股票期权起源于20世纪20年代的美国，它是为解决现代企业中的代理问题而提出的。根据现代企业理论，风险与收益的对称关系在企业中表现为剩余索取权与剩余控制权的对称性分配。如果管理者的行为及激励程度无法完全预测，赋予管理者对剩余成果的索取权是使其为企业取得价值最大化而努力的最佳方式，或者至少通过参与企业剩余的分享来提高其对所有者利益的关心，这就是股权激励的基本含义。但股权本身并不能避免管理者采取损害企业长远利益的行为以获得股价的短期上升，或者放弃长期有利但对近期股价不利的发展计划。消除这种短期行为的有效办法是，在管理者的报酬结构中引入反映企业价值增长的远期因素。因此，将股票或股票期权

授予管理者是协调水资源资产运营公司与水资源资产管理者关系的最直接办法之一。

3）基于水资源资产具有国有资产及资源的双重属性与水资源资产委托代理模型的特点，要对整个委托代理制度进行有效的监督，必须设立专门的监督机构——水资源资产监督机构，负责监督全国的水资源资产经营管理。水资源资产监督机构主要是对水资源资产运营公司及经营公司进行监督，即主要是对代理人的监督，就目前水资源资产经营管理来说，可以借鉴国有资产监管的方法，即向水资源资产运营总公司派遣监事会或对各个供（配）水公司实行会计人员委派制，以财务监督为核心，对水资源资产经营公司进行监督。水资源资产监管机构还应建立一套科学的水资源资产保值增值指标评价体系及工作规章制度，以便有效地发挥其监督作用。

为了对代理人的行为进行有效监督，需要对企业内部的权利进行安排，形成科学的法人治理结构。即要对水资源运营企业进行公司制、股份制改造，在企业内设置股东会、董事会、监事会及经理等内部治理结构，所有者与经营者形成相互制衡的约束机制，降低代理成本。同时水资源资产运营公司在经营过程中由于主客观原因，会显露出企业经营陷入危机的信号，这些信号会暗示所有者的未来权益可能会受到损害。为了保全资本，相关利益者就会通过相机治理程序，要求重新分配控制权，如改组董事会、更换代理人等，达到约束代理人的目的。相机治理的核心是通过市场对企业的治理来保护委托人的权益，约束代理人的机会主义行为，主要通过三个方面来实现：第一，供（配）水市场的竞争对代理人（经理人）行为的约束。第二，经理人市场（代理人市场）的竞争对经理人行为的约束。这要求供（配）水企业摒弃传统的对经理人挑选的行政任免机制，而通过市场竞争机制，使经理人的机会主义行为受到市场的惩罚，正因如此即使没有任何直接监督，经理人为顾及长远利益也可能努力工作。第三，资本市场上的竞争对经理人行为的约束。资本市场上的竞争的实质是对企业控制权的争夺，它的主要形式是接管，对供（配）水企业的接管将会对现任经理人产生撤职的压力，因而其会努力工作。

7.4　政策及建议

本研究所提到的水资源资产管理方式是对原有的水资源管理方式的一种创新，因此必然涉及社会经济活动的各个方面。为了保障水资源资产管理能够发挥有效的作用，要求其他有关方面的改革协调配套进行，即围绕水资源资产管理目标，探讨如何为水资源资产管理的顺利进行提供一个健全、稳定的环境支持体系。为此，提出了如下的水资源资产管理政策及建议。

7.4.1 全面推行水资源资产使用权的初始分配制度

7.4.1.1 确立水资源资产使用权初始分配的依据

通过确立一种合适的水权制度使水资源公平、合理地得以永续利用，保障经济社会持续发展，具有重要的现实意义。以前在河流上建设各种水资源设施，如水库、取水泵站、水闸等，都是将水资源作为一种"共有资源"，没有限制地使用。为了减少"共有资源"的损失，即较大限度地避免水资源浪费和污染，要约束这些既得取用水权人，限制或控制水资源的过度利用，必须使水权法定化。对新开发利用水资源的活动，必须按新的水权制度规则实现水权初始分配。水权不清晰、水权主体界定不明确，结果将造成潜在交易成本高昂，水权流动困难重重，又缺乏约束力，开发利用水资源的宏观、微观效益都很差。同时，不仅取用水人没有内在的积极性，而且谁也不会对滥用水、浪费水、污染水负责。所以，建立现代水权制度，首先要从清晰水权入手，建立合理的水资源资产使用权的初始分配机制，并对水资源资产使用权人的合法利益以法律的手段加以保护。政府初始分配水权宜侧重公平原则，关注人的生存权，向缺水地区调剂水量，首先满足居民的基本需求，其次要尽量满足生态环境需水，最终使缺水地区人均的符合水质要求的水资源占有量达到一个起码的数量。配置初始水权就是通过水资源总体规划和水资源配置方案，在不同地区之间初步实现水资源的合理配置。水权初始分配主要依据如下步骤。

1）开展水资源资产（包括实物量、质量）的监测、调查评价，水资源开发利用现状分析评价。查清宝安区水资源现状，分析水资源承载能力，确定水资源功能区划，特别要注意确定江河湖库的最低水位或最低流量，以及区域内取水许可的总量。

2）进行水资源需求分析。水资源需求分析是对宝安区不同水平年、不同保证率可利用水资源与需求之间的关系所进行的分析研究。根据人生存的基本需要进行此项工作，用以维持经济活动和生态与环境的正向发展，基于流域或区域水资源储备存量情况，预测宝安区未来需水趋势，为水权的初始分配和再分配提供科学依据。

3）根据水资源合理配置总体方案分配初始水权。按照国家实施可持续发展战略的要求，协调社会发展进程中人-水-生态关系，统筹考虑经济社会发展与生态环境保护的要求，处理好当前与长远、局部与全局的关系。既要考虑宝安区内部需水要求，又要考虑相邻流域或地区对水资源数量和质量的要求，同时还要充分考虑市场经济条件下水价对需水的调节作用，建立合理的水价形成机制，通过实施节水措施，抑制需水的过度增长，使经济社会发展与水资源承载能力相适应。在实现水资源的总供给和总需求的动态平衡中力求开发与保护、开源与节流、供水与治污的有机结合，寻求经济合理、技术可行、环境改善的水资源可持续利用方式，从而确定水资源合理配置的总体方案。在保障饮水安全、粮食安全、经济用水安全及生态和环境安全的前提下，考虑时间优先、地域优先及公平与效率兼顾、公平优先的原则，通过水资源综合规划及水资源合理配置总体方案，确定初始水权的合理分配。

4）控制取水许可证发放总量，保留适当的水权额度，以备调剂之用。以流域或行政区域为单元确定宝安区水资源可利用量及初始水权的分配方案后，对取水许可证数量实行总量控制，要考虑不能超额发证，必须充分留有余量。由于不同地区上下游、左右岸、相邻流域或地区经济发展不平衡，需水发生时段不同，人口增长、经济发展、环境改善均会产生新的需水要求，同时界定水权过程中也会出现由于不平均所提出的补偿要求，可以通过"单方支付"调整水权和分配额度。所以水权配置要留有余地，政府必须保留这部分预留资源的水权。

7.4.1.2 明确涉水各部门的权利责任

宝安区可以利用的水资源资产可分为可市场化交易的水资源资产和不可市场化交易的水资源资产，分别由不同的部门经营，只有明确这些部门的权利责任才能更好地保证水资源资产管理的顺利进行。

对于可市场化交易的水资源资产的运营部门可以分为管理部门和经营部门。政府应在国有资产管理机构中设立一个区别于其他国有资产管理部门的、专门对可市场化交易的水资源资产行使管理权职能的政府部门或机构。该部门或机构具有高度权威性，独立于政府行政部门，以水资源资产保值增值为宗旨，专职代表政府对水资源资产进行全权的宏观管理，其主要职能应包括水资源资产宏观管理权、监督权、投资权、收益权。可市场化交易的水资源资产运营中观主体为水资源资产经营公司，它是从宏观层面对水资源资产行使经营权的主体。水资源资产经营公司是以新制度经济学的交易成本理论为依据设立的。交易成本理论认为，使组织结构和组织行为产生与变化的决定因素是交易成本，并表明科层组织和市场组织是两类最基本的经济体制组织形态。科层组织包括企业组织、国家与政府组织及这两类组织与市场组织之间的某些过渡形态的中间性体制组织。在对资源配置的功能上，各类组织能够相互替代，但需支付成本。各类组织的边界取决于使实现资源配置的成本最小化的优化过程或适应过程。组建水资源资产经营公司应依据交易成本理论，通过设置具有法人或特殊法人地位的国有控股公司，在产权结构上做出适合于市场经济发展的制度安排，替代部分市场机制，最有效地发挥出配置国有资源及社会资源的功能，以实现一定量的国有资本能够在更大范围内有效地支配更多的社会资本，以支付尽可能小的交易成本，实现水资源资产的保值增值。水资源资产运营的微观经营主体是负责承担可资产化的水资源资产的具体经营任务的各种类型的国有资本经营实体。它们作为相对独立的法人单位，在政府和国有资产管理机构的宏观政策、计划与战略的指导及约束下，具体组织实施各方面水资源资产经营活动。它们接受水资源资产经营总公司或公司对自己行使股东权利，但不接受其行政命令。通过微观经营主体，实现了出资人权利与企业法人财产权利的分离。

不可市场化交易的水资源资产运营主要是指为了公众利益的、不以盈利为目的的水资源运营。不可市场化交易的水资源资产宏观运营主体为水利部珠江水利委员会、深圳市水务局与宝安区环境保护和水务局，具体职能是制定不可市场化交易的水资源资产经营中长期发展规划，制定相关管理的法律法规，负责对大型工程和公益性工程进行投资，负责不可市场化交易的水资源资产运营的考核、监督和管理。

7.4.2　建立合理的水资源资产价值形成机制

7.4.2.1　征收水资源资产价值费用的依据和标准

水资源费为《水法》规定的一项行政性收费，因各地实际情况不同，国务院没有定制统一的收费管理规定。宝安区是我国较早实行阶梯式水价的城市之一，虽对促进节水起到了一定作用，但在收费标准上远远没有达到水资源资产价值标准，没有真正体现出水资源资产价值。在市场机制下，由于利益主体的多元化，国家已经确立了建立资源有偿使用制度的方针。水资源作为资源虽有一定的特殊性，但它在使用中的收益性是不容置疑的，这种收益性随着水资源的利用量和利用方式的不同而有极大的差别。宝安区现在正处于多种所有制并存的局面，特别是一些外资企业和民营企业有很大发展，如果不实行水资源的有偿使用制度，势必造成国有资产的流失，并同时影响社会的公平性。天然水资源是大自然的产物，属全民所有，所有权由国家掌握，国家通过转让使用权，向许多开发经营单位征收的一定费用就是水资源费，它既体现了天然水资源的价值，也为实施可持续发展所必需。现在世界上许多国家，包括西方发达国家，均普遍实行取水登记和取水许可制度，而且开发、使用、经营水资源者也普遍向产权所有者即国家或者其代理部门缴纳水资源费。这表明世界各国对水资源的价值是肯定的，也是接受的。

虽然我国在法律上已经确定了水资源具有价值，宝安区也对一部分水资源资产征收了水资源费，但并没有制定对所有水资源资产征收水资源费的法律法规和合适的水资源费征收标准。因此在这个问题上我们还有很多工作需要完善，主要有以下工作要做：①关于名称。建议将名称改为水资源使用费或水资源使用税，至于是费还是税，则由其用途来决定。②关于征收对象。征收对象是水资源的使用者。水资源的使用包括水库内用水和水库外用水，河道内用水和河道外用水，以及地下水的使用。目前宝安区水资源费的征收对象主要是水库外用水，我们认为应该增加航运、渔业养殖等河道内用水，以及地下水使用的收费。③关于费率或税率的确定。不同用途的用水其收益是有差别的，应对不同用水进行收益评估以确定水资源使用费的费率或税率。

7.4.2.2　加强理论研究，制定切实可行的水资源资产价值确定方法

水资源资产价值的确定是水资源费征收的基础。确定合理的水资源价格，对水资源利用和可持续发展起着重要作用。

1）合理的水资源价格是实施可持续发展战略的客观需求。可持续发展理论要求开发利用水资源要与人口、其他资源、环境和经济相协调，并持续发展。开发生产的水资源资产，通过交换与供应，应收回生产过程中的劳动消耗和补偿开发利用对生态环境产生的负面影响的费用，且能获得一定的利润。否则无法维持水工程的正常经营与运转，也不可能调动生产者的积极性、扩大再生产与保护环境与资源。因此，制定合理的水资源价格，是发展经济、保护环境、实施可持续发展战略的必要条件之一。

2）合理的水资源价格是提高管理水平、技术水平、经营水平及促进合理消费、节约用水的重要手段。通过价格手段，促进企业加强管理、提高技术、集约经营、降低成本，促进人们在生产过程中精心设计、合理利用资源、优化资源配置，也促进合理消费、节约水资源。反之，若水资源的价格严重背离价值，价格定得偏低，就会造成水资源的浪费，加重水资源的短缺与紧张。

3）合理的价格，有利于正确处理国家与地方、企业与个人的利益关系，增加政府收入，促进环境保护与有计划地开发利用水资源。自然资源属公共资源，谁占有与使用，谁就应向国家和集体交纳资源使用费税。这种税费由产权所有者向使用者收取，或把它记入价格中，作为补偿开发支出的绝对收入。收取资源费是保护环境、发展经济不可缺少的。

4）合理的水资源价格是调节国民收入的一种杠杆，确认水资源有价值、有价格，是将水资源纳入国民经济核算体系的前提。目前，国际上通行的两种国民经济核算体系都没能将水资源等自然资源包括在内，正如有关专家指出的现行国民经济核算体系的缺陷：①没有考虑自然资源存量的消耗与折旧；②没有真实反映或根本不考虑环境预防费用；③没有体现环境退化的损失费用。这与可持续发

展的理论相违背，必须改革和建立新型的国民经济核算体系。

5）在确定水资源资产价值的过程中，我们必须充分考虑宝安区的经济状况和人们对水资源资产价值的承受能力，这样才能制定出切实可行的水资源价格。对于心理承受能力，目前尚不能准确地用数量加以描述，但是在水资源价格的确定中绝对不能忽略。从某种程度上来说，它通过经济的影响直接表现在对事物的评价与效果上，它关系到人的情绪与生产的积极性。心理因素受社会风气、思想觉悟、知识水平等因素的影响，它不是经济承受能力简单机械的反映，它反映了经济运动情况，而且更细微、复杂，并且存在着层次上的差异。在社会承受能力范围之内进行水资源价格的改革，是水资源价格体系改革成功的首要条件，只有这样，才能保证安定团结的政治局面，才能使人民群众的生活水平稳步提高，才能得到广大人民群众的理解和支持。

7.4.3 推进水资源资产产权交易市场的形成

7.4.3.1 促进水资源资产产权交易机制的形成

（1）确定水权转让准则

交易秩序制度建设的核心是确立交易规则，具体包括定价规则和竞争规则。市场竞争的有序，首先表现为价格有序，即价格竞争切实反映供求规律，切实具有调节水资源配置，实现供求均衡的功能；而市场的无序，首先表现为价格竞争的混乱。交易秩序制度的建设要处理好两个方面的问题，其一，必须在制度上坚决杜绝"第三方付款"的普遍发生。所谓"第三方付款"，是指在市场交易中买卖双方均不付代价，价格由买卖双方以外的第三方支付，如额外的水价由政府补贴。如果存在普遍的额外的水价由政府补贴，便不能使水权交易者接受市场价格的硬约束，也不可能使其成本和预算纳入市场制约，而且可能产生买卖双方合谋坑害政府的行为，使价格水平不仅不能反映真实的供求，甚至直逼政府可"补贴"的标准，进而导致整个市场水价的扭曲，对市场交易秩序产生严重破坏。其二，必须加强市场管理，严肃市场管理制度。维护市场交易秩序必须依法管理市场，对于投机倒把、欺行霸市、哄抬水价、强买强卖等不法行为必须严肃整治，这样才能保证市场秩序的尊严。依法对市场交易秩序管理，不仅需要健全法规，加强管理力度，更重要的是要在水权交易主体的界定上为法制有效实施创造基础。

（2）水权交易法规建设

水权市场的主体制度和交易秩序制度建设必须得到相关法律的支持。在水权市场的运行过程中，难免会发生侵权行为和扰乱市场秩序的行为，为确保水权市场的正常运行，应以法律、法规、条例等形式对水权交易主体、水权分配制度、交易制度、价格制度加以保证。水资源资产使用权的转让是指水资源使用人将水资源资产使用权全部或部分转移的行为。其实质是水资源使用人依照法律规定，将自己合法取得的水资源资产使用权通过买卖或其他合法方式转让给他人的法律行为。水资源使用人依法取得的水权是一项可以独立存在的财产权，其在法律规定的范围内可以依照自己的意见充分行使该权利，并由此获得经济利益，任何单位和个人不得侵犯。只有这样，人们才有动机和信心加大对水利的投入，并为水权的转让提供便利和保障，水资源才能从低效益利用流向高效益利用。

进行水权交易必须要具备的前提条件，法律要加以明确规定：必须是合法取得的水资源资产使用权，如取水许可证批准的耗水量指标。水权交易的客体应限制在通过节约用水和水资源保护措施而节余下来的用来交易的水量。市场主体的法律规制主要是规定哪些主体可以进入水权市场参与水权交易。对水权交易双方权利义务和主管部门的权力与职责要有明确法律规定。水权交易的权利义务必须一并转移。水资源资产使用权转移的同时，治污、控污的责任及节水的义务也相应转移。水权交易的买方未经批准不允许将水资源从原审批通过的一种用途转到另一种用途。同时法律不仅要规定管理者的管理权力，更要完善管理者的管理责任。此外，应对水权交易外部性问题进行法律规制，对第三方利益依法加以保护。水权交易不应对第三方产生负面影响，交易双方获得的利益，不能是建立在损害他人合法权益的基础上。交易不得对河流、环境和可持续发展产生破坏。

（3）规定水权转让合同文本

水权交易市场是政府设立的产权交易市场的组成成分，应具有其固定的交易程序和交易规则，通过买卖双方签订的合约来完成水权交易。水权交易合约包括年度内的短期水权交易合约和年际间的长期水权交易合约两种形式，它是指在水权交易市场内达成的标准的、受法律约束的并规定在未来某一时间、某一地点内交收一定数量及质量的水资源资产的合约。水权交易合约的内容一般包括交易单位、成交价格、交易时间、交易日内价格波动限度、最后交易日、交割方式、合约到期日、交割地点等。其中，成交价格也称敲定价格，它是水权供需双方在交易市场上通过公开讨价还价的激烈竞争产生的，这种水权交易合约是一个标准化的合约，除了水权交易的成交价格是买卖双方协定的以外，水资源资产的水量、水质、成交方式、结算方式、对冲及交货期等都在水权交易合约中有严格规定，而且一切都要以服从法律、法规为前提。

（4）建立水权转让第三方利益补偿机制

利益补偿可以通过多种途径实现，包括政府财政转移支付、水权交易市场收入利用和国家对水利设施的投资与补贴。在宝安区水资源配置过程中，如果上下游、不同区域经济发展水平差异大，那么不同用水者之间的水资源利用机会成本就会差异大，就会缺乏签订合约的积极性。因此，除了市场补偿机制外，还应该建立政府补偿机制，对相对落后区域和利益受损群体进行补偿，加大中上游财政转移支付的力度。把政府水价全民补贴制度改为目标补贴，对低收入阶层实行补贴，以鼓励节约用水。

7.4.3.2　加强水资源资产管理服务体系的建设

1. 完善水资源资产信息发布及公开查询制度

对水资源信息有足够了解是进行水资源资产管理的首要前提。由于水体是一个动态系统，水资源信息最主要的特征就是具有动态性，它不断地随年份、季节而发生变化，在整个流域中各处的信息是不同的。因此，有关水资源的数据几乎总是带有估计性质的。由于水资源资产管理所使用的信息数据资料非常广泛，包括水文、工程、经济和管理等各个方面，其来源也并非仅限于水资源资产管理各部门，还涉及人口、经济发展等相关机构，因此常常导致有关跨区域的、前后一致的、可靠的数据很难获得。然而，及时有效的数据信息对于水资源资产管理，特别是水权交易的具体实施是具有决定作用的，并将直接影响生产和生活。

宝安区目前已拥有了大量的基础水资源信息资料，但由于各种原因，这些资料的利用率很低，政府管理水平也落后，造成了信息资源的大量浪费和重复性工作。同时由于水资源数据信息涉及多个单位，任何一个单位都不可能对所有的信息进行收集和处理，因此有必要利用现代科技手段，加强对水资源信息的统一管理。

按照信息化管理的思路发展，将有利于强化宝安区茅洲河流域和珠江口水系的水资源资产统一管理，有效提升水资源资产管理水平。具体说来，应着重从以下两个方面入手。

一是建立水资源信息共享网络系统，提高水资源资产管理水平和效率。信息共享是社会发展的需要和必然趋势，也是一种节约成本的有效途径。信息的共享促进了社会的发展，反过来社会的迅速发展又要求信息的进一步共享。随着计算机技术、信息技术、通信技术的发展，信息共享变得越来越容易。为了尽快充分利用现有的信息数据资源及节约大量人力、物力资源，建立计算机化的全区水资源信息共享网络成为有效管理水资源的必然趋势。应该尽快利用计算机技术建立起全区信息资源共享系统，从而提高管理水平和效率，使其成为动态的、科学的、形象化和直观化的、实用性强的信息决策支持系统。

二是建设实时监控管理系统，使水资源资产管理更加科学化、规范化。对水资源资产实施动态管理的前提是要获取和掌握大量的、动态的水资源及相关信息，因此有必要利用当代高新技术，特别是信息技术、数字化技术等，建设水资源资产实时监控管理系统。即以信息技术为基础，运用各种高新科技手段，对宝安区的水资源及相关的大量信息进行采集、传输和管理、分析；以现代水资源资产管理理论为基础，以计算机技术为依托对宝安区的水资源进行优化配置和调度；以远程控制及自动化技术为依托对宝安区的骨干工程设施进行程控操作；对宝安区水资源合理配置、优化调度及节水等一些关键技术问题进行重点攻关研究，为水资源的合理配置提供有力的科技支撑；开展水资源的评价，建立科学的水资源评价指标体系，摸清家底，加强监测和水文测验，为水资源资产管理提供可靠的数据支撑。

建立水资源资产信息发布及公开查询制度，对加速宝安区水资源资产信息的积累，及时分析和掌握水资源的数量与质量、开发利用与供需状况等动态变化，加强水资源资产管理决策的科学性与及时性，提高水资源资产管理水平，实现水资源的可持续开发与利用，具有重大的科学意义和实用价值。

2. 设立用水户协会

用水户协会是由用水户自愿组成的、民主选举产生的管水用水的组织，属于民间社会团体性质。用水户协会具有法人资格，有独立的法律地位，实行自我管理、独立核算、经济自立，是一个非营利性组织。虽然用水户协会也是水管理机构，但它与流域管理机构不同，它的主要目的不是管理水资源。它实际上属于一种合作性的组织，主要是对各用水户之间的互利合作及有关水事活动进行协调，它们可以行使管理权和履行义务。政府在获取供水资料上是有比较优势的，但用水户比任何人都更了解自己的需求，因此用水户协会在传递信息上可以起重要的作用。用水户协会可由用水户按行业、部门等组成。用水户协会的主要职责是：第一，在协会内部建立一套完善的规章制度，代表各用水户的意愿制定用水计划和灌溉制度，负责与供水公司签订合同和协议；第二，在和协会成员充分协商的基础上，负责本协会内水权分配方案的初始界定；第三，水权分配完成后，负责制定各用水户进行水权交易的规则，提供有关水资源信息，组织用水户之间水权转让的谈判和交易，并监督交易的执行；第四，在水利工程的维修、水费的收取和水事冲突的解决中发挥协调作用。广泛的用户参与能够降低交易成本和管理成本，这是打破供水方垄断性和促进降低供水成本的途径。基层民间组织能够促使广大用户的民主参与，减少基层供水方腐败，保障用户权益。基层用水组织的建立有利于反映用户愿望和观点，促使供水单位改善服务，促进政府与用户的沟通，有利于政策的制订、管理的改进、工程的规划建设和维护，各项改革措施也更宜于为用户和公众接受。基层组织的建立还能够大大降低对个体补偿的成本，使对用户进行补贴具有现实可操作性。因此，政府部门应积极鼓励更多的用户、团体、私人部门及整个社会参与到水资源资产管理中来，成立各种形式的基层用水组织。在此基础之上，逐步建立各级流域用户委员会，参与到更大范围甚至整个流域的水管理当中来。

3. 开展水资源资产评估

水资源资产评估工作是一项政策性、技术性和业务性很强的工作，承担着为水资源资产提供价值尺度的职能，直接关系到水资源资产业务有关各方的权益，因此加强对水资源资产评估的管理，是确保水资源资产评估健康发展的重要条件。

（1）建立水资源资产评估机构

水资源资产评估机构是指接受委托单位的水资源资产评估委托，承担民事义务，客观、公正地向社会各界提供评估服务，收取评估费用，并对委托方承担法律责任的具有独立法人地位的单位。水资源资产评估机构有三种，即兼营性水资源资产评估机构、专业性水资源资产评估机构和综合性水资源资产评估机构。其职责是：接受委托，依法从事评估，享有评估委托协议书规定的权力；承担规定义务，向委托方按时提供评估结果，并担负资产评估结果报告书的真实性和合法性法律责任。凡从事水资源资产评估业务的单位，必须按隶属关系向国有资产行政主管部门申请水资源资产评估资格，在取得水资源资产评估资格证书或临时评估资格证书后才能从事水资源资产评估业务。

（2）加强水资源资产评估管理

水资源资产评估管理是指政府通过制定法律、法规、制度，利用行政、经济等手段对水资源资产评估的体系、机构、资格、程度等进行组织、监督、指导和协调的一系列活动的总称。加强水资源资产评估管理的目的，概括地说，就在于使水资源资产评估工作在统一、科学的规范下顺利进行，使评估结果公平准确，进而保障水资源资产评估有关各方的合法权益。根据水资产资产评估管理的目的，管理的主要工作内容包括：第一，根据国家方针政策和社会主义市场经济的实际情况，制定水资源资产评估的法律、法规、制度和政策，使国有资产评估有法可依，评估结果符合法律规范，具有公正性和权威性。第二，对水资源资产评估机构实行资格管理，实行资格年检制，对年检不合格的评估机构，视具体情况给予通报批评，限期改正或停业整顿，甚至吊销评估资格的处理。第三，审核批准资产评估立项，并对评估结果报告进行验证和确认。第四，处理、仲裁评估纠纷。第五，对评估专业人员进行资格管理及培训教育。第六，对资产评估工作进行指导、监督检查和组织协调。第七，组织交流评估工作经验，不断提高资产评估业务水平。

4. 建立听证制度和预警制度

（1）听证制度

在水资源资产管理的过程中引入听证制度对于充分发扬民主，提高水资源资产管理效率具有很大的推动作用。听证制度是世界上大多数国家行政程序法中确立的一项基本制度，对充分发扬民主，保证公民民主权利实现起着非常重要的作用。《中华人民共和国行政处罚法》（以下简称《行政处罚法》）首次确立了行政听证制度，近年来，许多地方在城市规划、价格改革中也采用了公民听证制度，取得了良好的效果，充分发扬了民主，调动了广大人民群众参政议政的积极性，保证了行政决策的科学性。《行政处罚法》第五章"行政处罚的决定"第三节"听证程序"中第四十二条规定：行政机关做出责令停产停业、吊销许可证或者执照、较大数额罚款等行政处罚决定之前，应当告知当事人有要求举行听证的权利；当事人要求听证的，行政机关应组织听证。严重污染企业停业、取水许可证吊销、对污染企业进行法规规定以外的大数额罚款和水价调整前，都可以举行听证会。听证会代表的选择不应仅局限于当事人，如水价提高还应考虑各方面和各阶层，主要是选择不同收入阶层，尤其是低收入阶层的代表，代表中一定要注意有足够数量的妇女代表，听取她们的意见。

（2）预警制度

预警制度是指政府制定的与公民权利和利益息息相关的政策、法规，自其发布之日起，应当经过一段时期的公告、宣传后才能生效。它是保障公民知情权，促进公众参与和实现政府信息公开的重要途径。2002 年 1 月 1 日生效的《行政法规制定程序条例》第二十九条规定"行政法规应当自公布之日起 30 日后施行。"在水权分配、水价变动等重大举措实行之前应进行预先警示，做到"勿谓言之不预也"，使广大群众对新举措做出心理、思想和经济上的准备，以水价的提高为例，可以预警本年度、两年之内和三年之内的可能提高幅度。因此实行预警制度，有利于提高人民群众对各种改革措施的心理承受能力。

7.4.4　完善水资源资产运营体制

7.4.4.1　构建水资源资产授权经营模式

水资源资产授权经营是指在政府水资源资产经济管理职能与水资源资产所有权职能分开的条件下，水资源资产所有权代表部门将水资源资产使用权授权给水资源资产经营机构，对一定范围内的水资源资产行使投资主体的职能。授权后，水资源资产经营机构成为产权经营部门，依法经营授权范围内的水资源资产，并以水资源资产的保值增值为目标开展经营活动。水资源资产授权经营可以强化供（配）水企业和水资源资产经营公司内部的产权纽带关系。授权经营机构成为政府与企业之间的"隔离层"，在一定程度上有利于政企分开；在被授权企业和其子公司的关系上，明确了被授权企业完全行使出资人权利，即分配资产收益、做出重大决策和选择管理者的权利，有利于实现子公司层面上的政资分开和出资人到位；明确了被授权企业为政府授权投资的机构，有利于被授权企业灵活地转投资，实现其经营发展战略，同时通过资本运作，盘活存量资产，优化资源配置，形成规模效益，促进集约化经营。

7.4.4.2　建立现代企业制度

完善企业的法人制度，使企业成为真正独立的法人实体和市场竞争主体；确定企业水资源资产投资主体，使其履行水资源资产出资者职能；规范企业的组织形式，即将企业改组为有限责任公司或股份有限公司；建立企业法人治理结构，设立股东会、董事会、监事会和经理层，有效行使决策、监督和执行权；改革企业劳动人事工资制度，实行全员劳动合同制，企业可自主决定工资水平及分配方式；健全企业财务会计制度等。

现代企业制度的基本特征是：产权清晰、权责明确、政企分开、管理科学。产权清晰即按照谁投资、谁受益的原则确定水资源资产产权的归属。这样既能解决所有者缺位问题，也利于实现投资主体多元化及发挥地方政府的积极性。权责明确是指合理区分和确定企业所有者、经营者和劳动者各自的权利与责任。所有者按其出资额，享有分配资产收益、做出重大决策和选择管理者的权利，企业破产时承担相应的有限责任；经营者按照与所有者签订的合约行使经营权及相应的收益权，承担合约规定的责任；劳动者按照与企业的合约拥有就业和获取相应收益的权利，承担合约规定的责任。权利和责任应是对等的，否则可能导致滥用权利或不负责任。政企分开是国有企业建立现代企业制度的前提，包括两层含义：一是政府的水资源社会经济管理职能与水资源资产所有者职能分开；二是水资源资产的所有者职能与经营职能分开。即政府作为社会经济管理者不能直接干预企业的生产经营活动，而企业作为经济主体按照市场需求组织生产经营，参与市场竞争，自负盈亏。管理科学是指企业作为独立的法人，必须建立一整套适应市场经济的科学规范的组织管理体系和企业内部的科学管理制度，这套组织管理体系也就是法人治理结构，即股东会、董事会、监事会、经理层4个层次。建立起具有制衡关系的公司法人治理结构，是现代公司制度的核心。

7.4.4.3　完善水资源资产监管的监督机制

在水资源资产管理的过程中依据产权关系，形成了国有资产监督管理机构与授权经营公司之间授权与被授权的关系，以及授权公司与出资组建企业之间出资与受资的关系。此种水资源资产产权链的形成，对于构筑现代企业制度，确立水资源资产经营责任，形成水资源资产经营责任人格化，具有十分重要的意义。与此同时，产权链的形成对水资源资产运行的监督也提出了更为紧迫、更为艰巨的新任务和新课题。这是因为：第一，委托代理关系会出现信息不对称问题；第二，在计划经济体制向市场经济体制转轨过程中，原有的监督制约制度已不适应，而新的监督制约机制尚在逐步建立过程中，出现监督的"空缺"；第三，由于适应新体制的监督制约机制的不完善而缺乏有效的资产运行监督。因此建立与水资源资产管理、运营体系相配套的水资源资产监督体制，不仅是供（配）水企业改革的重大措施，也是水资源资产管理改革实践的必然要求。水资源资产运行监督的目标就是要构建有效的水资源资产监督机制，进一步健全监督组织体系，强化监督职能；建立必要的工作制度，规范监督行为；确定监督工作的权威性，把责任落到实处。对于授权公司主要监控措施有：①审批或备案。对重大投资决策、重大水资源资产产权转让进行审批或备案。②考核。对水资源资产产权代表进行年度水资源资产保值增值指标考核。③监督。有关方面向授权公司派出监事会，监控水资源资产运行。④报告备案。对重大情况和重大损失要向国有资产管理办公室报告备案。国务院国有资产监督管理委员会作为国有资产出资方，将政府有关监督部门对企业的监督有机结合起来，以利充分利用监督资源，整合监督力量，降低监管成本，提高监管效率。

1. 强化水资源资产出资者的监督职能

出资者监督是代表出资者的意志，出资者可以对资本和财产的安全性、增值性进行监督、检查与督导。出资者监督体系是依据产权关系，由出资者对其出资的资本和财产实施监督而形成的体系。其应包括政府出资者监督、授权公司出资者监督和企业出资者监督多个层面。国有资产出资者监督的实质是对水资源资产的监督，以促进水资源资产的保值增值，防范水资源资产的流失。

政府对供（配）水企业的监督主要表现为两个方面：第一，依据国有资本所有者权力，以资产所有者身份对供（配）水企业实施资产监管；第二，政府依据国家权力，对供（配）水企业实施财政、税务、统计、工商等方面的监督。这是两种依据不同权力的监督。应逐步形成以国有资产出资者监督为主体，辅以公共管理监督的体系，使国有资产监督落到实处。

通常对于供（配）水企业来说，有内部和外部两方面监督。从供（配）水企业内部而言，有党组织监督、纪检监督，内审监督，职工监督；从外部而言，有政府各部门监督，如财政、税务、审计、工商、统计、监察等，以及社会各方面监督。这些监督都是必要的，都是从各个方面对供（配）水企业监督。

水资源资产出资者监督体系是依据产权关系形成的监督体系，其特点是出资者对受资方进行监督，是出资者利用有效监督载体，吸收各方监督信息，达到有效监督的目的。例如，政府出资方通过派出监事会等监督机构对授权公司进行监督的同时，还应融入财政监督、税务监督、审计监督、统计监督、监察监督等各方面监督信息和手段，从而形成针对国资授权公司资产运作的监督合力。同样授权公司也需依据产权关系，对出资企业实施监督，并形成内部监督合力，实施有效监督。

2. 加强企业监事会、财务总监、审计三位一体监督

（1）企业监事会监督

企业监事会监督的主要做法应包含以下几点。

第一，监事会主要职责是对水资源资产运行过程监督。监事会对授权公司水资源资产运行的决策、执行行为及水资源资产保值增值进行全过程监督，并定期给出监督评价意见；审核财务账目及有关会计资料，对财务报告是否真实反映财务情况进行监督，对资产质量进行重点监控；监督董事会、经理层成员经营行为。

第二，监事会组织结构是"外派为主，内外结合"。授权公司监事会是国有资产出资方派出的监督机构，其成员大部分是公司外部人员，主要是水资源资产管理部门和政府监督部门有关领导及有关专家；其内部人员一般是公司党委、纪委和有关监督部门的负责人，内部人员由国有资产出资方委任。监事会设立办事机构和监事会秘书。办事机构可单独设立，亦可与授权公司内部监督部门合署办公。

第三，监事会工作方式是在监督中发现问题，并对上级报告和提出建议，而对董事会、经理层的经营决策和经营活动不加干预。监事会对已经或者可能造成水资源资产严重受损的事件和违法违规行为进行重点监督，一经发现问题，及时向国有资产出资方报告。监事会通过对董事会年度水资源资产经营状况进行监督评价，对董事会和经营者提出建议、指出问题。

（2）财务总监监督

对供（配）水企业还应推行财务总监监督，主要做法包括以下几点。

第一，实行"谁出资、谁委派"的原则。具体采取两种方式：一是聘任制，即由企业董事会聘用财务总监；二是委派制，即由出资方委派财务总监。无论采用哪种方式，都体现对出资方负责，特别是委派制的财务总监由委派方直接管理。

第二，财务总监监督方式是在参与中进行监督。财务总监与总会计师的功能不同，前者侧重于监督，后者侧重于执行。而财务总监的主要功能是在参与企业生产经营活动、了解掌握决策和执行情况的基础上，进行财务监督，主要监督执行财经制度的合规性和会计活动的真实性。

第三，联签制是财务总监监督的有效方式。即凡涉及公司重大资金调度、财务运作，以及对水资源资产保值增值状况产生重大影响的经济活动，在一定金额范围内，必须经总经理和财务总监联合签署方有效。其作用在于对企业执行财经纪律和风险控制把关。

（3）审计监督

通过实行内、外审相结合制度，发挥审计监督作用。供（配）水企业在经营活动中实施三方面的审计：一是经济责任审计，二是经营者离任审计，三是专项审计。同时企业还需设立内部审计机构，实施内部审计。

第一，外审采取政府审计和社会中介机构审计的方式。对授权公司一般采取政府审计方式，审计结果作为对领导干部工作业绩考核的依据。而授权公司下属企业一般每年由会计师事务所、审计事务所进行年度财务报告审计。通过外审，揭示企业存在盈亏不实问题，帮助企业规范财务会计行为。特别是政府审计，对纠正和处理侵犯水资源资产所有者权益，造成水资源资产流失，舞弊腐败等问题有较大权威性。

第二，内审主要是建章立制，定期审计。供（配）水企业内部应设有内审机构，同时应做到以下几点：①企业领导要有较强的审计监督意识，给予内审机构必要的工作地位和权力，重视内审机构的意见。②建立资产经营预算体系，实行预算审计、监督。③企业有一套内部控制制度，特别是符合市场经济规律，能防范风险的内控制度。④定期进行内部审计。每季或半年对公司内审一次，或者将内审与聘用中介机构审计结合起来。

3. 构筑水资源资产监督法律制度体系

对水资源资产管理和营运要依法监督，已有的法律法规要加大执行力度，同时要针对水资源资产流失问题，制定必要的法律、法规。加大查处国有资产流失行为的执法力度。制定水资源资产损失责任人的行政处理办法。针对水资源资产流失、水资源资产损失中不涉及刑事责任的，应从水资源资产管理和干部管理的角度，制定水资源资产流失或损失责任人的行政处理办法。对于那些违反规定，滥用职权，因故意或过失等主观原因造成水资源资产严重损失的行为人，给予必要的行政处分、经济处分，有的则应实行不准其继续经营管理水资源资产的处理。对水资源资产流失或损失责任人要给予司法追究、行政处罚和行政处理，产生震慑和警诫作用。

第 8 章

宝安区水资源资产保护工作
实绩考核

8.1 工作基础

8.1.1 生态文明建设考核

8.1.1.1 考核方案

（1）市考核方案

为贯彻落实十八大和十八届三中全会关于加快推进生态文明建设的精神，2013 年深圳市将实施 6 年的环保实绩考核全面升级为生态文明建设考核。为逐年推进深圳市生态文明建设，打造生态文明建设的深圳标准，深圳市生态文明建设考核领导小组办公室（以下简称考核办）不断改进每年印发的生态文明建设考核实施方案，下面以《深圳市 2016 年度生态文明建设考核实施方案》为例进行简要介绍。

1）考核对象：各区、市直部门及重点企业。

2）考核机构：市生态文明建设考核领导小组。

3）考核方式：采取现场检查与定期通报的方式。由市考核办对各指标单位提供的数据资料进行汇总，组织专家对被考核单位提交的材料进行资料审查和评分，对工作实绩报告采取现场评审的方式进行评审。

4）考核内容：根据考核对象的不同设置不同考核内容。针对各区中水资源的考核内容主要包括河流和近岸海域达标及改善、饮用水源保护及改善、黑臭水体改善、城市内涝治理、实行最严格水资源管理制度工作完成情况、城市生态水土保持成效等。

5）考核工作安排：2016 年 8 月召开工作部署会；2017 年 3 月进行资料审查和评分；2017 年 4 月进行生态文明建设工作实绩现场评审，汇总考核结果。

6）考核结果：分为优秀、合格和不合格三种，设有优秀单位和进度单位奖项，并对排名靠后单位进行末位警示及诫勉。

（2）区考核方案

为贯彻落实党中央和深圳市有关加快推进生态文明建设的要求，自 2013 年宝安区也开始实施生态文明建设考核。为跟市考核方案保持高度一致，同时切实提升辖区生态文明建设水平，宝安区每年的生态文明建设考核实施方案也在不断调整和完善，下面以《宝安区 2016 年度生态文明建设考核实施方案》为例进行简要介绍。

1）考核对象：各街道、区政府工作部门。

2）考核机构：区生态文明建设考核工作领导小组。

3）考核方式：将区政府工作部门分为 A 类和 B 类，B 类区政府工作部门不参与打分，只评定合格或不合格。

4）考核内容：包括组织落实情况得分、生态文明建设考核量化任务完成情况得分、特色指标得分、专项指标考核得分、实绩报告得分、加分项得分，另外还需进行公众满意率调查，将其结果作为调整系数。

5）考核工作安排：2016 年全年开展督查督办工作，在 12 月底前完成现场核定，并成立考核专家组；2017 年 1 月，各责任单位需提交工作实绩报告及佐证材料，组织专家对年终考核材料进行初评打分；2017 年 2 月，统计各专项考核得分，并公布最终考核结果。

6）考核结果：设有优秀单位、进步单位和单项奖，对排名靠后的单位进行末位警示及诫勉。

8.1.1.2　往年考核结果

1. 2013～2016 年市考核结果

2013 年宝安区生态文明建设考核总得分 89.32 分，全市排名第六。2014 年宝安区生态文明建设考核总得分 86.62 分，全市排名第六，与 2013 年相比得分下降 2.7 分。2015 年宝安区生态文明建设考核总得分 87.72 分，全市排名第六，比 2014 年提高 1.1 分。2016 年宝安区生态文明建设考核总得分 87.36 分，比 2015 年下降 0.36 分。2013～2016 年，生态文明建设考核中有关水资源考核指标的得分情况如表 8-1 所示，其中河流和近岸海域达标及改善、饮用水源保护及改善指标已成为宝安区的主要失分项。

表 8-1　2013～2016 年宝安区水资源考核指标得分情况统计表

年份	指标名称	满分	得分	失分率	全市排名
2013 年	河流和近岸海域达标及改善	7	6.29	8.77%	第九
	饮用水源保护及改善	3	3	0	并列第一
	节水综合工作完成情况	3	3	0	并列第一
	排水达标单位（小区）创建	2	2	0	并列第一
	水土流失治理	2	2	0	并列第一
2014 年	河流和近岸海域达标及改善	7	4.85	30.71%	第十
	饮用水源保护及改善	3	2.58	14.0%	第八
	实行最严格水资源管理制度工作完成情况	3	2.98	0.67%	第三
	开发建设项目水土保持监督落实情况	2	2	0	并列第一
	内涝治理	2	2	0	并列第一
2015 年	城市内涝治理	2	2	0	并列第一
	城市生态水土保持成效	2	1.98	1.0%	第一
	河流和近岸海域达标及改善	7	6.44	8.0%	第七

续表

年份	指标名称	满分	得分	失分率	全市排名
2015 年	实行最严格水资源管理制度工作完成情况	3	2.99	0.67%	第二
	饮用水源保护及改善	3	2.70	10.0%	第十
2016 年	河流和近岸海域达标及改善	12	7.528	37.27%	预估第十
	饮用水源保护及改善	3	2.77	7.67%	预估第十
	黑臭水体改善	4	2.0	50.0%	预估第十
	城市内涝治理	2	2.0	0	预估第一
	实行最严格水资源管理制度工作完成情况	2	2.0	0	预估第一
	城市生态水土保持成效	2	2.0	0	预估第一

2. 2013 ~ 2016 年区考核结果

（1）2013 年考核结果

该年度考核结果只分合格与不合格，参与考核的 6 个街道和 9 个职能机构考核结果均为合格，其中新安街道和西乡街道在此次街道考核排名中分别排在第一和第二，区城市管理局与市规划和国土资源委员会宝安管理局在此次职能机构考核排名中分别排在第一和第二。

（2）2014 年考核结果

优秀奖：松岗街道、石岩街道、区住房和建设局、区城市管理局、市规划和国土资源委员会宝安管理局。

进步奖：区经济促进局、区土地规划监察局。

合格：其他 4 个街道和参与考核的 15 个职能机构。

（3）2015 年考核结果

优秀奖：西乡街道、松岗街道、区住房和建设局、区城市管理局。

进步奖：沙井街道、区发展和改革局、宝安交通运输局、宝安交警大队。

合格：其他 3 个街道和参与考核的 14 个职能机构。

（4）2016 年考核结果

优秀奖：新安街道、西乡街道、区环境保护和水务局、市规划和国土资源委员会宝安管理局、区土地规划监察局。

进步奖：福永街道、区发展和改革局、区土地整备局。

合格：其他 3 个街道和参与考核的 10 个职能机构。

8.1.2 最严格水资源管理考核

8.1.2.1 考核方案

（1）市考核方案

为贯彻落实国务院《关于实行最严格水资源管理制度的意见》（国发〔2012〕3号），水利部《关于确定深圳市、泉州市为加快实施最严格水资源管理制度试点的通知》（水资源〔2011〕628号）、《关于加快实施最严格水资源管理制度试点的通知》（水资源〔2012〕186号）精神和《广东省最严格水资源管理制度实施方案的通知》（粤府办〔2011〕89号）、《中共深圳市委 深圳市人民政府关于加快我市水务改革发展的若干意见》（深发〔2012〕1号）要求，加快建立和实行最严格水资源管理制度，明确工作措施，细化工作任务，加强监督考核，落实工作责任，2013年深圳市政府印发了《深圳市实行最严格水资源管理制度的意见》（以下简称《意见》）；同年，还印发了《深圳市实行最严格水资源管理制度考核细则》，明晰了考核实施办法。

考核对象：分两类，一是《意见》中任务分工表所列工作内容的牵头单位及配合单位；二是各区政府、新区管理委员会。

考核机构：市水务局。

考核方式：定量考核与定性考核相结合；年度考核与期末总评相结合。

考核内容：市直相关部门按照《意见》任务分工表，考核各自负责任务完成情况；各区政府、新区管理委员会根据《广东省实行最严格水资源管理制度考核细则（修订）》的要求，对照任务分工表，按"控制指标""工作测评""公众评价"三类，对各自负责任务进行综合考核。

考核工作安排：按年进行，2013～2016年年末评分。考核开始前，由市水务局发文通知，被考核对象提供佐证材料，市水务局根据考核对象报送的佐证材料进行评分，于每年1月完成评分，并公布考核结果。

考核结果：市直机关部门考核结果报送市绩效管理委员会办公室，纳入当年政府绩效管理"专项工作"评价指标；各区政府、新区管理委员会考核结果纳入当年政府绩效管理"水务建设与管理"评价指标，并报送市绩效管理委员会办公室，同时报送市组织人事部门，作为对被考核单位相关领导干部进行综合考核评价的重要依据。

（2）区考核方案

2013年宝安区先后印发了《宝安区实行最严格水资源管理制度实施方案》（深宝府〔2013〕77号）（以下简称《制度实施方案》）和《宝安区实行最严格水资源管理制度考核暂行办法》（深宝环水〔2013〕331号）（以下简称《考核办法》），

其中《制度实施方案》确立了最严格水资源管理制度的主要目标、三条红线管理并进行了任务分工，标志着宝安区最严格水资源管理制度的建立；《考核办法》明确了考核组织、考核对象、考核标准及评分方法等，标志着宝安区最严格水资源管理制度的落地实施。

考核对象：《制度实施方案》所列工作内容涉及相关单位，包括区发展和改革局、区经济促进局、区财政局、区住房和建设局、区应急管理办公室、区建筑工务局、区市场监督管理局宝安分局、市规划和国土资源委员会宝安管理局、各街道办公室、各供水企业。

考核机构：区环境保护和水务局负责牵头组织实行最严格水资源管理制度考核工作，区节约用水办公室负责考核工作的综合协调情况和日常事务。

考核方式：年度考核与期末总评相结合，期末总评不单独进行，计算各年考核得分的算术平均分作为期末总得分。

考核内容：《制度实施方案》所列的"三条红线"各项工作及具体阶段性指标完成情况，重点考核用水总量控制指标、用水效率控制指标、水功能区限制纳污指标"三条红线"重要指标完成情况，以及用水总量控制管理、用水效率控制管理、水资源保护和相关保障措施等工作的完成情况。

考核工作安排：考核工作按年度进行，年末评分。考核工作开始前，由区节水办公室发文通知考核对象，被考核对象根据通知要求提供相关佐证材料，区节水办公室根据考核对象报送的佐证材料进行评分，于每年 2 月完成评分，并公布考核结果。

考核结果：考核得分 90 分（含）以上的，评为优秀；得分 80 分（含）以上的，评为良好；得分 60 分（含）以上的，评为合格；得分 60 分以下的，评为不合格。

8.1.2.2　往年考核结果

（1）2013 ~ 2016 年市考核结果

2013 年宝安区实行最严格水资源管理制度市考核得分 98.22 分，2014 年考核得分 99.40 分，2015 年考核得分 99.60 分，2016 年考核得分 100 分，2013 ~ 2016 年宝安区市考核指标得分结果见表 8-2。

（2）2013 ~ 2016 年区考核结果

2013 ~ 2016 年区节水办公室主要收集辖区内开展最严格水资源管理制度相关工作的佐证材料参与市考核，并未开展区内部考核，因此没有区内部考核结果。

8.1.3 河长制考核

8.1.3.1 考核方案

为贯彻落实区委、区政府实施河流治理大会战的决定，大力提升河流水环境质量，加快创建国家生态区步伐，推进落实"十二五"环保水务规划目标，2012年宝安区人民政府印发了《宝安区实行河流河长制工作方案》，明确了工作目标、工作任务、工作重点、河长职责等关键内容。2013年，宝安区河长制工作领导小组办公室印发了《宝安区河长制2013年工作考核实施细则》。

表 8-2　2013～2016 年宝安区市考核结果统计表

年份	指标名称	得分
2013 年	用水总量	90.52
	地下水用水量	100.00
	工业生活用水量	100.00
	万元 GDP 用水量	80.00
	万元工业增加值用水量	98.47
	重要饮用水源地水质达标率	100.0
	工作测评得分	100.0
	公众满意度得分	100.0
	总得分	98.22
2014 年	用水总量	100.00
	地下水用水量	100.00
	工业生活用水量	100.00
	万元 GDP 用水量	100.00
	万元工业增加值用水量	100.00
	重要饮用水源地水质达标率	100.00
	工作测评得分	98.50
	总得分	99.40
2015 年	用水总量	100.00
	地下水用水量	100.00
	工业生活用水量	100.00
	万元 GDP 用水量	100.00
	万元工业增加值用水量	100.00
	重要饮用水源地水质达标率	100.00
	工作测评得分	99.00
	总得分	99.60
2016 年	总得分	100.00

考核对象：①66 条河流；②区环境保护和水务局、区发展和改革局、区财政局、区住房和建设局、区经济促进局、区城市管理局、市规划和国土资源委员会宝安管理局；③新安街道办事处、西乡街道办事处、福永街道办事处、沙井街道办事处、松岗街道办事处、石岩街道办事处。

考核人员组成：1 名组长（区监察委员会主任）、2 名副组长（区委区政府督查室主任、区监察委员会政令检查室主任）、5 名组员（区监察委员会 1 人、区委区政府督查室 1 人、区环境保护和水务局 3 人）、11 名特邀组员（党代表、人大代表、政协委员 3 人、专家 2 人、市民代表 3 人、新闻媒体 3 人）。

考核内容：包括八大类工作任务，河流综合治理项目推进、防洪达标、污染防控、水质改善、日常管养、执法监督、违建控制、景观提升等。

考核方式：①月抽查：每月末最后一周确定下月抽查时间及对象，由区环境保护和水务局组织抽查；②季度考核：每季度末最后一周组织考核，由区监察局组织考核；③半年、年度考核：6 月和 12 月中旬组织考核，由全体组员及特邀组员考核。

结果运用：①当月抽查结果在下月河长制调研会议上通报，抽查不达标河道责令限期整改，并且下月继续作为被抽查对象，连续 3 月不达标对其相关责任人进行约谈。②季度考核结果在每季度河长制工作进展情况通报会上通报。对责任单位工作进行点评，进度滞后单位应说明原因并提出整改意见。③半年及年度评议结果在河长制大会上通报，河长制工作作为绩效面谈重要内容，列入各级领导干部绩效考评指标体系。

8.1.3.2　往年考核结果

根据宝安区环境保护和水务局提供的资料，2013 年针对河长制考核进行了初评分，但并未正式印发结果；2014 ～ 2016 年将河长制中的考核任务分别列入区生态文明建设考核量化任务，作为区生态文明建设考核的一部分，未单独开展考核工作。

8.2　考核指标体系研究

8.2.1　指标体系构建原则

构建一套科学合理的水资源资产保护工作实绩考核指标体系，是有效考核水资源资产管理工作真实水平的重要依据和前提条件。由于水资源资产管理工作评价问题比较复杂，涉及资源、社会、经济、环境等各个领域，以及水资源资产开发利用、设施建设、工程投入、监督管理、治理保护、宣传教育等各个方面，且每个领域和方面都相互联系、相互影响，仅采用一个或者几个指标难以对水资源资产管理工作做出客观、全面的评价。为此，构建水资源资产保护工作实绩考核指标体系，在筛选指标时主要遵循以下几个原则。

1）科学性与目的性兼备的原则。所选指标应概念清晰，意义明确，并且符合水资源资产保护工作实绩考核的目的和要求。从指标反映的内涵来看，所选指标应能反映出水资源资产保护工作中某一方面的相关内容，而不能将与考核内容无关或关联性不强的指标筛选进来，所以指标选取的科学性和目的性是非常重要的。

2）全面性和代表性相结合的原则。在选择指标时，要尽可能覆盖考核对象的各个方面，尽量反映出水资源资产保护工作的全部内容；但又不能为了追求指标体系的全面性设置过多的指标，使考核工作过于烦琐复杂。因此，应在考虑全面性的基础上选择具有代表性的指标来反映考核内容。

3）可操作性与实用性兼备的原则。选取的指标应尽可能地通过可靠的计算方法或手段来获取，尽量减少难以量化的指标数量，在量化时易于操作。同时，所建立的指标体系要与水资源资产保护工作实际相结合，可真正用于水资源资产保护工作的考核和评价。

4）定性与定量相结合的原则。在构建水资源资产保护工作实绩考核指标体系时，应尽量选择可量化的指标，以便能够比较客观地反映区域的水资源资产保护工作现状。然而，对有些反映重要评价内容而难以量化的指标，只能通过定性分析进行描述。因此，需采用定性分析和定量分析相结合的方式，以求能够全面、客观地反映水资源资产保护工作的考核内容。

5）整体性与针对性相结合的原则。指标体系是一个不可分割的整体，用来反映区域水资源资产保护工作的整体水平。但不同地区的水资源资产保护工作目标和要求不同，因此，在选取指标时还要与地区实际情况相结合，要有针对性，不能一概而论，以反映水资源资产保护工作的区域特色。

8.2.2　指标筛选方法

选取的考核指标是否合理将直接影响最终考核结果计算的合理性，因此，在构建水资源资产保护工作实绩考核指标体系时，考核指标在应尽可能全面反映水资源资产保护工作内容的同时，数量也要适中。考核指标太多，虽然能更全面地表征水资源资产保护工作的内容，但指标之间相似关系较大，出现重复，且计算烦琐，实用性和可操作性不强；而指标太少，则缺乏足够代表性，不能完全表征所需考核的内容。

当前，宝安区有关水资源考核的主要有生态文明建设考核、最严格水资源管理考核和河流河长制考核，每一个考核方案都是一套成熟独立的体系，涉及资源、社会、经济、环境等各个领域，且已实施多年。在搭建宝安区水资源资产保护工作实绩考核指标体系时，应在避免行政资源浪费和有效保护水资源资产的前提下，确保编制的实绩考核方案不脱离水资源资产负债表，且能与当前已开展的水资源考核工作相互补充，综合考虑水资源资产管理需求，以水资源资产负债表中的指标统筹全区水资源资产保护工作。

　　一般情况下，为了更全面地描述考核对象，初步建立的考核指标体系中的指标间可能存在一定程度的相互关系，反映的内容会有重复或重叠。如果指标体系中存在高度相关的指标，将会影响考核的客观性和合理性。因此，需要对初步构建的考核指标体系进行进一步筛选，删除具有明显相关性的次要指标，使构建的指标体系兼具完备性和独立性。指标在进行筛选时，应在遵循指标科学性、目标性、全面性、代表性、可操作性、可执行性等原则的基础上，统筹全局，理清指标间的层次和隶属关系。在具体构建水资源资产保护工作实绩考核指标体系时，主要遵循以下步骤。

　　1）根据水资源资产保护工作实绩考核的目的和内容，分模块、分层级构建水资源资产保护工作实绩考核指标体系框架。一般根据实际情况，将其分为 3 个或 4 个层级。

　　2）对每个模块、每个层级进行全方位定位，尽可能多地选择指标，防止由于漏选指标而无法全面反映考核的对象或内容。该步骤是对最终确立的指标体系进行指标筛选和分析的前提。

　　3）对初步选取的指标进行科学性和合理性分析，删除明显不合适或重复的指标，实现对所构建的水资源资产保护工作实绩考核指标体系中指标初步的筛选。

　　4）根据评价指标的定义和内容，对指标进行进一步的独立性和相关性分析，删除密切相关的指标，选取一些具有一定代表性、能包含足够多信息的指标来反映水资源资产保护工作实际情况。基本思路是：首先计算指标之间的相关系数，然后根据实际情况确定相关系数的临界值，如果两个或多个指标的相关系数大于临界值，则保留较能体现水资源资产保护工作实绩考核内容及目的的指标，删除其他相关系数较大的指标；若指标的相关系数小于确定的临界值，则所有指标均保留。

　　5）在以上基础上，进一步征求水资源研究领域的专家和政府部门管理者的意见，对指标进行微调，最终确立水资源资产保护工作实绩考核指标体系。

8.2.3　水资源资产保护工作实绩考核指标体系框架

综合考虑宝安区水资源资产负债表体系中的实物量、质量和价值指标，以及水资源资产管理需求,通过咨询专家、部门研讨等,并充分考虑数据资料的可获得性,编制一个综合性水资源资产保护工作实绩考核指标体系,最终确定宝安区水资源资产保护工作实绩考核指标体系由 4 项一级指标、16 项二级指标和 24 项三级指标组成,主要从水资源资产的实物量、质量、价值及资产管理四个方面(表 8-3)开展水资源资产保护工作实绩考核。

表 8-3　宝安区水资源资产保护工作实绩考核指标体系

一级指标	二级指标	序号	三级指标	指标性质
水资源资产实物量	饮用水源水库	1	正常库容	定量指标
	9 座小(2)型以上水库	2	正常库容	定量指标
	河流	3	河长	定量指标
	西部近岸海域	4	海岸线长度	定量指标
	水面动态	5	全区水域面积	定量指标
		6	水面覆盖率	定量指标
水资源资产质量	饮用水源水库	7	水质达标率	定量指标
	9 座小(2)型以上水库	8	水质达标率	定量指标
	河流	9	水环境质量状况	定量指标
		10	水环境质量改善	定量指标
	西部近岸海域	11	水环境质量状况	定量指标
		12	水环境质量改善	定量指标
	地下水	13	水质达标率	定量指标
水资源资产价值	饮用水源水库	14	实物资产	定量指标
		15	生态系统服务功能价值	定量指标
	9 座小(2)型以上水库	16	实物资产	定量指标
		17	生态系统服务功能价值	定量指标
	河流	18	实物资产	定量指标
		19	生态系统服务功能价值	定量指标
	西部近岸海域	20	实物资产	定量指标
		21	生态系统服务功能价值	定量指标
	地下水	22	实物资产	定量指标
		23	生态系统服务功能价值	定量指标
水资源资产管理	工作实绩	24	水资源资产管理工作实绩	定性指标

8.3　实绩考核方案

为贯彻落实十八届三中全会精神,进一步推进宝安区自然资源资产管理改革,加强全区水资源资产保护工作,根据《中共中央　国务院关于印发生态文明

体制改革总体方案的通知》（中发〔2015〕25 号）、《国务院办公厅关于印发编制
自然资源资产负债表试点方案的通知》（国办发〔2015〕82 号）、《关于全民所有
自然资源资产有偿使用制度改革的指导意见》（国发〔2016〕82 号）、《中共深圳
市委　深圳市人民政府关于推进生态文明、建设美丽深圳的决定》（深发〔2014〕
4 号）、《关于推进生态文明、建设美丽深圳的实施方案》（深办发〔2014〕9 号）
和《中共深圳市委　深圳市人民政府关于印发〈深圳市 2016 年改革计划〉的通知》
（深办发〔2016〕6 号）的要求，制定本方案。

8.3.1　考核对象

水资源资产保护工作实绩考核对象为各个街道和区相关职能机构，具体
如下。

（1）各街道

新安街道、西乡街道、航城街道、福永街道、福海街道、沙井街道、新桥
街道、松岗街道、燕罗街道和石岩街道。

（2）区相关职能机构

主要是区环境保护和水务局、区城市管理局。

8.3.2　考核内容和方式

1. 考核内容

1）各街道考核内容：小（2）型以上水库与河流的实物量、质量和价值等
指标，如表 8-4 所示。

2）职能机构考核内容：区环境保护和水务局主要考核饮用水源水库、西部
近岸海域、地下水等的相关指标（表 8-5）；区城市管理局主要考核老虎坑水库
的实物量、质量和价值等指标（表 8-6）。

表 8-4　各街道水资源资产保护工作实绩考核内容

一级指标	二级指标	序号	三级指标	分值	指标来源
水资源资产实物量	小（2）型以上水库	1	正常库容	2	区环境保护和水务局
	河流	2	河长	5	第三方机构
	西部近岸海域	3	海岸线长度	3	第三方机构
水资源资产质量	小（2）型以上水库	4	水质达标率	10	第三方机构
	河流	5	水环境质量状况	15	区环境保护和水务局
		6	水环境质量改善	10	区环境保护和水务局

续表

一级指标	二级指标	序号	三级指标	分值	指标来源
水资源资产价值	小（2）型以上水库	7	实物资产	2	第三方机构
		8	生态系统服务价值	8	第三方机构
	河流	9	实物资产	5	第三方机构
		10	生态系统服务功能价值	20	第三方机构
水资源资产管理	工作实绩	11	水资源资产管理工作实绩	20	水资源资产保护工作实绩考核评审团

表 8-5　宝安区城市管理局水资源资产保护工作实绩考核内容

一级指标	二级指标	序号	三级指标	分值	指标来源
水资源资产实物量	小（2）型以上水库	1	老虎坑水库正常库容	10	区环境保护和水务局
水资源资产质量	小（2）型以上水库	2	老虎坑水库水质达标率	30	第三方机构
水资源资产价值	小（2）型以上水库	3	老虎坑水库实物资产	35	第三方机构
		4	老虎坑水库生态系统服务功能价值	25	第三方机构

表 8-6　宝安区环境保护和水务局水资源资产保护工作实绩考核内容

一级指标	二级指标	序号	三级指标	分值	指标来源
水资源资产实物量	饮用水源水库	1	正常库容	2	市水务局
	水面动态	2	全区水域面积	4	第三方机构
		3	水面覆盖率	4	第三方机构
水资源资产质量	饮用水源水库	4	水质达标率	15	市环境监测中心站
	西部近岸海域	5	水环境质量状况	5	市环境监测中心站
		6	水环境质量改善	5	市环境监测中心站
	地下水	7	水质达标率	10	第三方机构
水资源资产价值	饮用水源水库	8	实物资产	12	第三方机构
		9	生态系统服务功能价值	6	第三方机构
	西部近岸海域	10	实物资产	5	第三方机构
		11	生态系统服务功能价值	7	第三方机构
	地下水	12	实物资产	3	第三方机构
		13	生态系统服务功能价值	2	第三方机构
水资源资产管理	工作实绩	14	水资源资产管理工作实绩	20	水资源资产保护工作实绩考核评审团

2.考核方式

（1）考核指标数据采集和计分

由各指标数据来源单位提供数据及单项指标计分，考核办进行汇总。

各指标提供单位必须按照考核制度要求及时无误报送相关指标数据，并对指标数据的客观性、真实性和准确性负责。

（2）通报

考核办定期对全区水环境质量状况进行通报，以促进相关工作的开展。

（3）资料审查和评分

水资源资产管理工作实绩的资料由考核办组织专家组集中评审打分。

8.3.3 考核结果评定

（1）奖项设置

1）优秀单位：10 个街道和区环境保护和水务局一起参与评选，优秀名额为 2 名，按得分高低进行评选。

若有因水环境污染或者水生态破坏引发群体性事件的，当年考核不能评为优秀。

2）进步单位：与上年度相比，进步幅度最大的前两名且考核结果为合格的街道或区环境保护和水务局，评为进步奖。已获评优秀单位的不再参与进步单位评选。

3）区城市管理局按合格与不合格两个类别进行评定。

（2）末位警示及诫勉

1）考核得分低于 75 分的被考核单位，由考核领导小组组长对其单位主要负责人和分管负责人进行约谈。

2）有下列情形之一的，当年考核评定为不合格：①考核材料弄虚作假的；②年度考核得分低于 60 分的；③发生水生态环境违法事件并造成严重影响，或因管理不善造成重大、特大水环境污染和生态破坏事故的；④因水环境污染或生态破坏受到市级以上部门通报批评的；⑤被上级或区政府挂牌督办的水环境污染或生态破坏问题未在规定期限内解决的。

3）对考核结果为不合格、在考核过程中发现问题较多的单位，由区生态文明建设考核办发出整改通知书，责成考核对象限期整改。限期整改完成后，由区生态文明建设考核办组织验收，并将验收结果上报区生态文明建设考核工作领导小组。

8.3.4 考核工作安排

由于水资源资产保护工作实绩考核涉及大量的数据采集和计算工作，因此，上一年的考核主要在下一年度上半年开展。

（1）数据采集、计分和复核（下一年度 4 月前）

除"工作实绩"外，所有指标来源单位需在 4 月中旬前向考核办提交各指标上年度得分情况，考核办需将各指标得分告知各考核对象。

考核对象如有异议，应在接到指标得分结果后 7 个工作日内向指标提供单位提出书面复核申请，同时抄报区考核办。指标提供单位在接到复核申请后的 7 个工作日内进行研究核实，将复核结果书面报送区考核办。

（2）专家考评（下一年度 5 月前）

考核办组织专家评审团，对水资源资产管理工作实绩进行现场评审和打分。

（3）公布考核结果（下一年度 5 月前）

考核办对各责任单位考核得分进行复核及汇总，提出考核意见，并提请领导小组审核后公布考核结果。

8.3.5　考核机构

考虑到生态文明建设考核是宝安区全区范围内连续实施多年的考核，且部分指标与水资源资产保护工作实绩考核相关，已有成熟经验，因此，建议宝安区水资源资产保护工作实绩考核由区生态文明建设考核工作领导小组组织实施。

8.3.6　考核实施细则

8.3.6.1　各街道考核实施细则

1. 水资源资产实物量（10 分）

（1）小（2）型以上水库（2 分）

各街道辖区内单个水库起评分 C_i 计算：

$$C_i=2/n \tag{8-1}$$

式中，n 为辖区内小（2）型以上水库总个数。

单个水库正常库容得分 U_i 计算，以 2016 年水库正常库容为基准（2016 年为满分）：

$$\Delta = \frac{V_{当年}-V_{2016}}{V_{当年}} \tag{8-2}$$

式中，$V_{当年}$ 为该水库当年正常库容；V_{2016} 为 2016 年该水库正常库容。

当 $\Delta \geqslant 0$ 时，得满分，即 $U_i=C_i$；

当 $-5\% \leqslant \Delta < 0$ 时，$U_i=C_i\times\dfrac{5-|\Delta|}{5}\%$；

当 $\Delta < -5\%$ 时，$U_i=0$。

各街道得分 U 为辖区内所有考核水库得分的加和：

$$U=\sum_{i=1}^n U_i \tag{8-3}$$

数据来源：区环境保护和水务局（表 8-7）。

表 8-7　宝安区各街道小（2）型以上水库基本情况

序号	水库名称	管理单位
1	五指耙水库	松岗街道
2	立新水库	福永街道
3	七沥水库	福永街道
4	屋山水库	福永街道
5	九龙坑水库	西乡街道
6	担水河水库	西乡街道
7	牛牯斗水库	石岩街道
8	石陂头水库	石岩街道

（2）河流（5 分）

各街道辖区内每条河流起评分 C_i 计算：

$$C_i=5/n \tag{8-4}$$

式中，n 为辖区内河流的总数。

单条河流河长得分 U_i 计算，以 2016 年该河流河长为基准（2016 年为满分）：

$$\Delta=\frac{V_{当年}-V_{2016}}{V_{当年}} \tag{8-5}$$

式中，$V_{当年}$ 为该河流当年河长；V_{2016} 为 2016 年该河流河长。

当 $\Delta \geqslant 0$ 时，得满分，即 $U_i=C_i$；

当 $-5\% \leqslant \Delta < 0$ 时，$U_i=C_i\times\dfrac{5-|\Delta|}{5}\%$；

当 $\Delta < -5\%$ 时，$U_i=0$。

各街道得分 U 为辖区内所有考核河流得分的加和：

$$U=\sum_{i=1}^n U_i \tag{8-6}$$

数据来源：第三方机构。

（3）西部近岸海域（3分）

宝安区 10 个街道中有海岸线的有 6 个，分别为新安、西乡、航城、福永、福海和沙井，这 6 个街道参与该项指标考核，其余 4 个街道直接获得满分。

以 2016 年海岸线长度为基准（2016 年为满分），按照式（8-7）计分：

$$\Delta = \frac{V_{当年} - V_{2016}}{V_{当年}} \tag{8-7}$$

式中，$V_{当年}$ 为当年海岸线长度；V_{2016} 为 2016 年海岸线长度。

当 $\Delta \geqslant 0$ 时，得满分，即 $U_i = 3$；

当 $-5\% \leqslant \Delta < 0$ 时，$U_i = 3 \times \frac{5 - |\Delta|}{5} \%$；

当 $\Delta < -5\%$ 时，$U_i = 0$。

数据来源：第三方机构。

2. 水资源资产质量（35分）

（1）小（2）型以上水库（10分）

各街道辖区内单个水库起评分 C_i 计算：

$$C_i = 10/n \tag{8-8}$$

式中，n 为辖区内小（2）型以上水库总个数。

选取《地表水环境质量标准》（GB 3838—2002）表 1 中除水温、总氮和粪大肠菌群 3 项外的 21 项指标评价小（2）型以上水库水质达标情况，各项指标年均值达到控制目标得 C_i 分，一项指标超标扣 $0.25C_i$ 分，扣完 C_i 分止。

数据来源：第三方机构。

（2）河流（25分）

A. 水环境质量状况（15分）

各街道辖区内每条河流起评分 C_i 计算：

$$C_i = 15/n \tag{8-9}$$

式中，n 为辖区内河流的总数。

选取《地表水环境质量标准》（GB3838—2002）表 1 中除水温、总氮和粪大肠菌群 3 项外的 21 项指标评价河流水质达标情况，各项指标年均值达到控制目标得 C_i 分，一项指标超标扣 $0.25C_i$ 分，扣完 C_i 分止。

数据来源：区环境保护和水务局。

B. 水环境质量改善（10 分）

各街道辖区内每条河流起评分 B_i 计算：

$$B_i=10/n \tag{8-10}$$

式中，n 为辖区内河流的总数。

选取化学需氧量（COD）、氨氮（NH₃-N）和总磷（TP）三项指标进行计算：

$$U_i=B_i\times\left(\frac{1}{3}V_{COD}+\frac{1}{3}V_{NH_3-N}+\frac{1}{3}V_{TP}\right) \tag{8-11}$$

式中，V_{COD}、V_{NH_3-N}、V_{TP} 分别为该河流化学需氧量、氨氮、总磷得分。

某条河流某一污染物当年监测年均值达到相应的环境标准或者省考核目标，则该污染物得 1 分，即 V_{COD}、V_{NH_3-N}、V_{TP}=1。

当某条河流某一污染物当年监测年均值未达到相应的环境标准或者省考核目标，则按照式（8-12）计分：

$$\Delta=\frac{V_{上年}-V_{当年}}{V_{上年}} \tag{8-12}$$

式中，$V_{上年}$ 为该污染物上年监测年均值；$V_{当年}$ 为该污染物当年监测年均值。

当 Δ_{NH_3-N}、$\Delta_{TP}\geqslant25\%$ 时，V_{NH_3-N}、V_{TP}=1；

当 $0<\Delta_{NH_3-N}$、$\Delta_{TP}<25\%$ 时，V_{NH_3-N}、$V_{TP}=\Delta/25\%$；

当 $\Delta_{COD}\geqslant10\%$ 时，V_{COD}=1；

当 $0<\Delta_{COD}<10\%$ 时，$V_{COD}=\Delta/10\%$；

当 $\Delta\leqslant0$ 时，V_{COD}、V_{NH_3-N}、V_{TP}=0。

数据来源：区环境保护和水务局。

3. 水资源资产价值（35 分）

（1）小（2）型以上水库（10 分）

A. 实物资产（2 分）

各街道辖区内单个水库起评分 C_i 计算：

$$C_i=2/n \tag{8-13}$$

式中，n 为辖区内小（2）型以上水库总个数。

单个水库实物资产得分 U_i 计算，以 2016 年水库实物资产为基准（2016 年为满分）：

$$\Delta=\frac{V_{当年}-V_{2016}}{V_{当年}} \tag{8-14}$$

式中，$V_{当年}$ 为该水库当年实物资产；V_{2016} 为 2016 年该水库实物资产。

当 $\Delta \geqslant 0$ 时，得满分，即 $U_i = C_i$；

当 $-10\% \leqslant \Delta < 0$ 时，$U_i = C_i \times \dfrac{10-|\Delta|}{10}\%$；

当 $\Delta < -10\%$ 时，$U_i = 0$。

各街道得分 U 为辖区内所有考核水库得分的加和：

$$U = \sum_{i=1}^{n} U_i \qquad (8\text{-}15)$$

数据来源：第三方机构。

B. 生态系统服务功能价值（8 分）

各街道辖区内单个水库起评分 B_i 计算：

$$B_i = 8/n \qquad (8\text{-}16)$$

式中，n 为辖区内小（2）型以上水库总个数。

单个水库生态系统服务功能价值得分 U_i 计算，以 2016 年水库生态系统服务功能价值为基准（2016 年为满分）：

$$\Delta = \frac{V_{当年} - V_{2016}}{V_{当年}} \qquad (8\text{-}17)$$

式中，$V_{当年}$ 为该水库当年生态系统服务功能价值；V_{2016} 为 2016 年该水库生态系统服务功能价值。

当 $\Delta \geqslant 0$ 时，得满分，即 $U_i = B_i$；

当 $-10\% \leqslant \Delta < 0$ 时，$U_i = B_i \times \dfrac{10-|\Delta|}{10}\%$；

当 $\Delta < -10\%$ 时，$U_i = 0$。

各街道得分 U 为辖区内所有考核水库得分的加和：

$$U = \sum_{i=1}^{n} U_i \qquad (8\text{-}18)$$

数据来源：第三方机构。

（2）河流（25 分）

A. 实物资产（5 分）

各街道辖区内每条河流起评分 C_i 计算：

$$C_i = 5/n \qquad (8\text{-}19)$$

式中，n 为辖区内被考核河流总数。

每条河流实物资产得分 U_i 计算，以 2016 年河流实物资产为基准（2016 年为满分），计算公式见式（8-14）。各街道得分 U 见式（8-15）。

数据来源：第三方机构。

B. 生态系统服务功能价值（20 分）

各街道辖区内每条河流起评分 B_i 计算：

$$B_i=20/n \qquad\qquad (8-20)$$

式中，n 为辖区内被考核河流总数。

每条河流生态系统服务功能价值得分 U_i 计算，以 2016 年河流生态系统服务功能价值为基准（2016 年为满分），计算公式见式（8-17）。各街道得分 U 见式式（8-18）。

数据来源：第三方机构。

4. 水资源资产管理（20 分）

水资源资产管理指各街道提交水资源资产管理工作实绩报告，由考核办组织专家评审团进行评议打分。

（1）本年度水资源资产管理工作完成情况（6 分）

按照国家、省、市关于水资源资产保护工作要求，针对本区域水资源资产保护方面存在的主要问题，明确本年度的工作方向和目标。以考核指标体系为指引，推进和落实相关配套工作措施。

（2）本年度重点、亮点工作（10 分）

为提升水资源质量和价值，本年度所开展的重点工作，以及初始水权分配、水资源市场定价、水权交易市场和运营体制等有助于促进水资源资产管理制度及措施的建立与实施情况。

（3）主要问题分析及下年度工作计划（4 分）

分析辖区当年指标失分原因和存在的主要问题，并根据问题提出下年度水资源资产保护工作目标、工作思路、主要措施和实施保障。

8.3.6.2 区城市管理局考核实施细则

（1）水资源资产实物量（10 分）

以 2016 年水库正常库容为基准（2016 年为满分），计算公式见式（8-2）。

数据来源：区环境保护和水务局。

（2）水资源资产质量（30分）

选取《地表水环境质量标准》（GB 3838—2002）表1中除水温、总氮和粪大肠菌群3项外的21项指标评价老虎坑水库水质达标情况，各项指标年均值达到控制目标得30分，一项指标超标扣7.5分，扣完30分止。

数据来源：第三方机构。

（3）水资源资产价值（60分）

A. 实物资产（35分）

以2016年水库实物资产为基准（2016年为满分），计算公式见式（8-14）。

数据来源：第三方机构。

B. 生态系统服务功能价值（25分）

以2016年水库生态系统服务功能价值为基准（2016年为满分），计算公式见式（8-17）。

数据来源：第三方机构。

8.3.6.3　区环境保护和水务局考核实施细则

1. 水资源资产实物量（10分）

（1）饮用水源水库（2分）

目前，宝安区饮用水源水库共有4座，因此，单个水库起评分为0.5分。单个饮用水源水库正常库容得分 U_i 计算，以2016年水库正常库容为基准（2016年为满分），计算公式见式（8-2）。区环境保护和水务局得分 U 见式（8-3）。

数据来源：市水务局。

（2）水面动态（8分）

A. 全区水域面积（4分）

以2016年全区水域面积为基准（2016年为满分），按照式（8-21）计分：

$$\Delta = \frac{V_{当年} - V_{2016}}{V_{当年}} \tag{8-21}$$

式中，$V_{当年}$ 为当年全区水域面积；V_{2016} 为2016年全区水域面积。

当 $\Delta \geqslant 0$ 时，得满分，即 $U = 4$；

当 $-10\% \leqslant \Delta < 0$ 时，$U = 4 \times \dfrac{10 - |\Delta|}{10}\%$；

当 $\Delta < -10\%$ 时，$U = 0$。

数据来源：第三方机构。

B. 水面覆盖率（4 分）

以 2016 年水面覆盖率为基准（2016 年为满分），按照式（8-22）计分：

$$\Delta=\frac{V_{当年}-V_{2016}}{V_{当年}} \qquad (8\text{-}22)$$

式中，$V_{当年}$ 为当年水面覆盖率；V_{2016} 为 2016 年水面覆盖率。

当 $\Delta \geqslant 0$ 时，得满分，即 $U=4$；

当 $-10\% \leqslant \Delta < 0$ 时，$U=4\times\dfrac{10-|\Delta|}{10}\%$

当 $\Delta < -10\%$ 时，$U=0$。

数据来源：第三方机构。

2. 水资源资产质量（35 分）

（1）饮用水源水库（15 分）

$$集中式饮用水源地水质达标状况得分 =15\times 辖区内集中式饮用水源地水质达标率 \qquad (8\text{-}23)$$

式中，水质达标率为监测次数达标率平均值。

数据来源：市环境监测中心站。

（2）西部近岸海域（10 分）

A. 水环境质量状况（5 分）

按照近岸海域环境功能区划分，以《海水水质标准》（GB 3097—1997）为标准，选取《近岸海域环境监测规范》（HJ 442—2008）"9.1.7.1 评价项目"中推荐的 13 项评价指标评价近岸海域海水水质达标情况。

各项指标年均值达到控制目标得 5 分，一项指标超标扣 2.5 分，扣完为止。

B. 水环境质量改善（5 分）

选取化学需氧量（COD）和无机氮（DIN）两项指标进行计算：

$$U_i=5\times\left(\frac{1}{2}V_{COD}+\frac{1}{2}V_{DIN}\right) \qquad (8\text{-}24)$$

式中，V_{COD}、V_{DIN} 分别为化学需氧量、无机氮得分。

某一污染物当年监测年均值达到相应的环境标准，则该污染物得 1 分，即 V_{COD}、$V_{DIN}=1$。

某一污染物当年监测年均值达不到相应的环境标准，则按照式（8-25）计分：

$$\Delta = \frac{V_{上年} - V_{当年}}{V_{上年}} \qquad (8\text{-}25)$$

式中，$V_{上年}$为该污染物上年监测年均值；$V_{当年}$为该污染物当年监测年均值。

当 $\Delta_{DIN} \geqslant 15\%$ 时，$V_{DIN}=1$；

当 $0 < \Delta_{DIN} < 15\%$ 时，$V_{DIN} = \Delta/15\%$；

当 $\Delta_{COD} \geqslant 10\%$ 时，$V_{COD}=1$；

当 $0 < \Delta_{COD} < 10\%$ 时，$V_{COD} = \Delta/10\%$；

当 $\Delta \leqslant 0$ 时，V_{COD}、$V_{DIN} = 0$。

数据来源：市环境监测中心站。

（3）地下水（10分）

按照水环境功能区划分，选取《地下水质量标准》（GB/T 14848—1993）中的 39 项指标评价地下水质达标情况。

各项指标年均值达到控制目标得 10 分，一项指标超标扣 2.5 分，扣完为止。

3. 水资源资产价值（35分）

（1）饮用水源水库（18分）

A. 实物资产（12分）

宝安区有 4 座饮用水源水库，各饮用水源水库起评分为 3 分。

以 2016 年水库实物资产为基准（2016 年为满分），单个水库实物资产 U_i 得分见式（8-14）区环境保护和水务区得分 U 见式（8-15）。

数据来源：第三方机构。

B. 生态系统服务功能价值（6分）

宝安区有 4 座饮用水源水库，各饮用水源水库起评分为 1.5 分。

以 2016 年水库生态系统服务功能价值为基准（2016 年为满分），单个水库生态系统服务功能得价值 U_i 得分见式（8-17）区环境保护和水务区得分 U 见式（8-18）。

数据来源：第三方机构。

（2）西部近岸海域（12分）

A. 实物资产（5分）

以 2016 年西部近岸海域实物资产为基准（2016 年为满分），计算公式见式（8-14）。

数据来源：第三方机构。

B. 生态系统服务功能价值（7分）

以 2016 年西部近岸海域生态系统服务功能价值为基准（2016 年为满分），计算公式见式（8-17）。

数据来源：第三方机构。

（3）地下水（5分）

A. 实物资产（3分）

以 2016 年地下水实物资产为基准（2016 年为满分），计算公式见式（8-14）。

数据来源：第三方机构。

B. 生态系统服务功能价值（2分）

以 2016 年地下水生态系统服务功能价值为基准（2016 年为满分），计算公式见式（8-17）。

数据来源：第三方机构。

4. 水资源资产管理（20分）

水资源资产化管理指环境保护和水务局提交水资源资产管理工作实绩报告，由考核办组织专家评审团进行评议打分。实绩报告计分方式参见各街道考核实施细则中的实绩报告计分方式。

参 考 文 献

操建华，孙若梅．2015. 自然资源资产负债表的编制框架研究 [J]. 生态经济，31（10）：25-28, 40.

曹东平，王凯军，李升，等．2009. 黄河下游河南段地下水环境健康预警诊断 [J]. 东北水利水电，（3）：48-50.

曹璐，陈健，刘小勇．2016. 我国水资源资产管理制度建设的探讨 [J]. 人民长江，47（8）：113-116.

曹生奎，曹广超，陈克龙，等．2013. 青海湖湖泊水生态系统服务功能的使用价值评估 [J]. 生态经济，（9）：163-167, 180.

陈超．2012. 基于 GIS 的第四系地下水资源价值研究——以北京市为例 [D]. 北京：中国地质大学（北京）博士学位论文．

陈吉斌，刘胜祥，黄家文，等．2008. 金沙江攀枝花河段生态系统服务功能价值计算 [J]. 亚热带水土保持，20（2）：5-7, 19.

陈建明，周校培，袁汝华，等．2009. 水资源资产管理体制研究 [J]. 水利经济，34（5）：18-22.

陈龙，叶有华，孙芳芳，等．2017. 深圳市宝安区自然资源资产负债表框架构建 [J]. 生态经济，33（12）：203-207.

陈明涛，成洁．2006. 我国水资源资产管理现状与对策研究 [J]. 中国农村水利水电，（1）：52-53, 55.

陈艳利，弓锐，赵红云．2015. 自然资源资产负债表编制：基础理论、关键概念、框架设计 [J]. 会计研究，（9）：18-26.

陈玥，杨艳昭，闫慧敏，等．2015. 自然资源核算进展及其对自然资源资产负债表编制的启示 [J]. 资源科学，37（9）：1716-1724.

崔丽娟．2004. 鄱阳湖湿地生态系统服务功能价值评估研究 [J]. 生态学报，23（4）：47-51.

丁建民，余文学，赵敏．1993. 完善和强化水资源资产管理有关问题探讨 [J]. 西北水资源与水工程，4（3）：28-33.

丁珂，张诚，王徽，等．2007. 采用 GIS 无缝集成技术实现区域地下水环境质量评价系统 [J]. 科学技术与工程，7（4）：513-516.

杜晓宁．2014. 伊吾县阿腊通盖水库水库服务功能的经济价值评估分析 [J]. 中国水运，14（2）：73-74.

段锦，康慕谊，江源．2012. 东江流域生态系统服务价值变化研究 [J]. 自然资源学报，27（1）：90-103.

封瑛 . 2012. 梁子湖生态系统服务功能价值评估 [D]. 武汉：湖北大学硕士学位论文 .

封志明，杨艳昭，陈玥 . 2015. 国家资产负债表研究进展及其对自然资源资产负债表编制的启示 [J]. 资源科学，37（9）：1685-1690.

封志明，杨艳昭，李鹏 . 2014. 从自然资源核算到自然资源资产负债表编制 [J]. 中国科学院院刊，29（4）：449-456.

冯建江，胡媛娟，李根华，等 . 2010. 东塘水库水域水资源价值模糊评价研究 [J]. 安徽农业科学，38（13）：7156-7157, 7159.

冯世友，刘国全 . 1997. 水资源持续利用的框架 [J]. 水科学进展，8（4）：301-307.

冯文娟，李见 . 2002. 抚州市城区水资源价值模糊综合评价 [J]. 江西水利科技，28（1）：56-57, 62.

高吉喜 . 2016. 自然资源资产负债表编制的几点思考 [J]. 中国生态文明，（1）：30-32.

高敏雪 . 2016. 扩展的自然资源核算——以自然资源资产负债表为重点 [J]. 统计研究，33（1）：4-12.

葛颜祥，胡继连，解秀兰 . 2002. 水权的分配模式与黄河水权的分配研究 [J]. 山东社会科学，（4）：35-39.

耿建新，胡天雨，刘祝君 . 2015. 我国国家资产负债表与自然资源资产负债表的编制与运用初探——以 SNA2008 和 SEEA2012 为线索的分析 [J]. 会计研究，（1）：1-16.

巩杰，降同昌，谢余初，等 . 2012. 民勤红崖山水库生态系统服务功能的经济价值 [J]. 水资源保护，28（4）：82-86.

谷树忠 . 2016. 自然资源资产及其负债表编制与审计 [J]. 中国环境管理，（1）：30-33.

顾圣平，林汝颜，刘红亮 . 2002. 水资源模糊定价模型 [J]. 水利发展研究，2（2）：9-12.

关锋 . 2010. 地下水资源管理工作评价体系研究 [D]. 郑州：郑州大学硕士学位论文 .

关锋，左其亭，赵辉，等 . 2011. 地下水资源管理工作评价关键问题讨论 [J]. 南水北调与水利科技，9（1）：130-133.

国家海洋局 . 2011. 海洋生态资本评估技术导则（GB/T 28058—2011）[S].

国家环境保护局 . 1993. 地下水质量标准（GB/T 14848—1993）[S].

国家环境保护局 . 1997. 海水水质标准（GB 3097—1997）[S].

国家林业局 . 2008. 森林生态系统服务功能评估规范（LY/T 1721—2008）[S].

国家统计局 . 2016. 自然资源资产负债表试编制度（编制指南）[Z].

国务院办公厅 . 2015. 编制自然资源资产负债表试点方案 [Z].

韩慧丽，靖元孝，杨丹箐，等 . 2008. 水库生态系统调节小气候及净化空气细菌的服务功能——以深圳梅林水库和西丽水库为例 [J]. 生态学报，28（8）：3553-3562.

郝彩莲 . 2011. 基于生态水文相互作用的流域水的生态服务功能评价——以武烈河流域为例 [D]. 邯郸：河北工程大学硕士学位论文 .

郝弟，张淑荣，丁爱中，等 . 2012. 河流生态系统服务功能研究进展 [J]. 南水北调与水利科技，10（1）：106-111.

郝亚平 . 2016. 陕西省自然资源资产负债表编制 [D]. 西安：西安石油大学硕士学位论文 .

胡金杰 . 2009. 太湖生态系统服务价值评估 [D]. 扬州：扬州大学硕士学位论文 .

胡文龙，史丹．2015. 中国自然资源资产负债表框架体系研究——以 SEEA2012、SNA2008 和国家资产负债表为基础的一种思路 [J]. 中国人口·资源与环境，25（8）：1-9.

胡艳霞，周连第，严茂超，等．2007. 北京密云水库生态经济系统特征、资产基础及功能效益评估 [J]. 自然资源学报，22（4）：497-506.

黄润，王升堂，倪建华，等．2014. 皖西大别山五大水库生态系统服务功能价值评估 [J]. 地理科学，34（10）：1270-1274.

黄智晖，谷树忠．2002. 水资源定价方法的比较研究 [J]. 资源科学，24（3）：14-18.

贾军梅，罗维，杜婷婷，等．2015. 近十年太湖生态系统服务功能价值变化评估 [J]. 资源科学，35（7）：2255-2264.

姜爱华，王旭东．2004. 水资源使用权有关问题研究 [J]. 水利发展研究，（2）：27-29, 35.

姜昊，程磊磊，尹昌斌．2008. 洪泽湖湿地生态系统服务功能价值评估研究 [J]. 农业现代化研究，29（3）：331-334.

姜纪沂．2007. 地下水环境健康理论与评价体系的研究及应用 [D]. 长春：吉林大学博士学位论文．

蒋洪强，王金南，吴文俊．2014. 我国生态环境资产负债表编制框架研究 [J]. 中国环境管理，6（6）：1-9.

蒋水心．2001. 水资源价值量的实用计算方法 [J]. 水利经济，（5）：43-49.

接玉梅，葛颜祥，李颖．2012. 大汶河河流生态系统服务功能价值评估 [J]. 农业科技管理，（2）：4-7.

金艺冉．2016. 自然资源资产负债表编制探索——以矿产资源为例 [J]. 商，（13）：134.

靳润芳．2015. 最严格水资源管理绩效评估及保障措施体系研究 [D]. 郑州：郑州大学硕士学位论文．

景佩佩．2016. 产权视角下的自然资源资产负债表初探 [J]. 经济研究导刊，（21）：100-103, 181.

康建明．2005. 地下水开发利用与生态环境保护 [J]. 科技情报开发与经济，15（15）：294-295.

孔琼菊，方国华，马秀峰．2008. 柘林水库的生态服务功能与价值评估 [J]. 人民长江，39（6）：85-87.

李朝霞，范毅，尼玛次仁，等．2011. 巴河水电梯级开发对生态环境的影响 [J]. 人民黄河，33（5）：63-65, 68.

李海丽，赵善伦．2005. 白云湖湿地生态系统服务功能价值评估 [J]. 山东师范大学学报（自然科学版），20（4）：51-53.

李慧娟．2006. 中国水资源资产化管理研究 [D]. 南京：河海大学博士学位论文．

李慧娟，张元教，唐德善．2005. 水资源资产化管理研究 [J]. 水利经济，（7）：91-93, 97.

李金华．2016. 论中国自然资源资产负债表编制的方法 [J]. 财经问题研究，（7）：3-11.

李景保，代勇，殷日新，等．2013. 三峡水库蓄水对洞庭湖湿地生态系统服务价值的影响 [J]. 应用生态学报，24（3）：809-817.

李景保，刘春平，王克林，等．2005. 湖南省大型水库服务功能的经济价值评估 [J]. 水土保持学报，19（2）：163-166.

李苏杰,徐照彪.2001.水资源资产化管理与可持续发展 [J].中国农村水利水电,（7）:138-139.

李伟,陈珂,胡玉可.2015.对自然资源资产负债表的若干思考 [J].农村经济,（6）:29-33.

李亚男.2014.湖库生态安全综合评估——以浙江省六大重点水库为例 [D].杭州:浙江大学硕士学位论文.

李瑜,雷明堂,蒋小珍,等.2009.覆盖型岩溶平原区岩溶塌陷脆弱性和开发岩溶地下水安全性评价——以广西黎塘镇为例 [J].中国岩溶,28（1）:11-16.

李玉英,李益民,高宛莉,等.2007.丹江口水库湿地生态系统服务功能研究 [J].南阳师范学院学报,6（3）:46-50.

李月臣,杨杨,何志明,等.2013.三峡库区湿地研究进展 [J].重庆师范大学学报（自然科学版）,30（4）:26-34.

刘斌杨,国华,王磊.2001.水权制度与中国水管理 [J].中国水利,4（3）:39-41.

刘桂环,文一惠,孟蕊,等.2011.官厅5水库流域生态补偿机制研究:生态系统服务视角 [J].中国人口·资源与环境,21（12）:61-64.

刘文革.1998.资源配置效率与产权制度选择的一般理论学习与探索 [J].学习与探索,（5）:31-36.

刘玉春,潘增辉,杨路华,等.2002.水资源费问题分析 [J].河北农业大学学报,25（4）:201-204.

刘志仁.2013.最严格水资源管理制度在西北内陆河流域的践行研究——水资源管理责任和考核制度的视角 [J].西安交通大学学报（社会科学版）,33（5）:50-55,61.

栾建国,陈文祥.2004.河流生态系统的典型特征和服务功能 [J].人民长江,35（9）:41-43.

罗定贵.2003.模糊数学在水资源价值评价中的应用 [J].地下水,25（3）:181-182.

吕雁琴.2004.干旱区水资源资产化管理研究——以塔里木河流域为例 [D].乌鲁木齐:新疆大学博士学位论文.

马成有.2009.地下水环境质量评价方法研究 [D].长春:吉林大学博士学位论文.

马璐璐.2013.中国省级地区水资源资产效率评价研究 [D].太原:山西财经大学硕士学位论文.

马占东,高航,杨俊,等.2014.基于多源数据融合的南四湖湿地生态系统服务功能价值评估 [J].资源科学,36（4）:840-847.

门苗苗.2006.大连市水生态价值评价及水循环经济应用研究 [D].大连:大连理工大学硕士学位论文.

苗慧英,杨志娟.2003.区域水资源价值模糊综合评价 [J].南水北调与水利科技,1（5）:17-19.

牛宝昌.2011.石佛寺水库生态系统服务功能分析 [J].能源与环境,（3）:32-33.

欧阳志云,赵同谦,王效科,等.2004.水生态服务功能分析及其间接价值评价 [J].生态学报,24（10）:2091-2099.

齐静,袁兴中,刘红,等.2015.重庆市三峡库区水源涵养重要功能区生态系统服务功能时空演变特征 [J].水土保持通报,35（3）:256-260,266.

戚晓明,张可芝,金菊良,等.2016.新常态下落实最严格水资源管理制度考核研究——以蚌埠市为例 [J].华北水利水电大学学报（自然科学版）,37（4）:34-40,77.

乔旭宁,杨永菊,杨德刚.2011.生态服务功能价值空间转移评价——以渭干河流域为例 [J].中

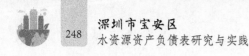
国沙漠, 31（4）: 1008-1014.

秦建明. 2010. 黄河的河流生态资产评估框架研究 [J]. 生态环境,（9）: 166-171.

邱德华, 沈菊琴. 1992. 水资源资产价值评估的收益现值法研究 [J]. 河海大学学报, 29（2）: 26-29.

任海军, 宋伟伟. 2014. 地表水生态系统服务价值评估方法研究——以兰州市为例 [J]. 开发研究,（1）: 148-153.

商思争. 2016. 海洋自然资源资产负债表编制探微 [J]. 财会月刊,（20）: 32-37.

尚钊仪, 车越, 张勇, 等. 2014. 实施最严格水资源管理考核制度的实践与思考 [J]. 净水技术, 33（6）: 1-7.

深圳市宝安区环境保护和水务局. 2013a. 深圳市 2013 年度生态文明建设考核实施方案 [R].

深圳市宝安区环境保护和水务局. 2013b. 宝安区河长制 2013 年工作考核实施细则 [R].

深圳市宝安区环境保护和水务局. 2014. 深圳市 2014 年度生态文明建设考核实施方案 [R].

深圳市宝安区环境保护和水务局. 2015. 深圳市 2015 年度生态文明建设考核实施方案 [R].

深圳市宝安区环境保护和水务局. 2016. 深圳市 2016 年度生态文明建设考核实施方案 [R].

深圳市宝安区人民政府. 2016. 宝安区 2015 年国民经济和社会发展公报 [R].

深圳市宝安区人民政府. 2017. 宝安区 2016 年国民经济和社会发展公报 [R].

深圳市宝安区政府. 2012. 宝安区实行河流河长制工作方案 [R].

深圳市宝安区政府. 2013a. 宝安区实行最严格水资源管理制度实施方案 [R].

深圳市宝安区政府. 2013b. 宝安区实行最严格水资源管理制度考核暂行办法 [R].

深圳市宝安区政府. 2013c. 宝安区河长制 2013 年工作考核实施细则 [R].

深圳市环保科技有限公司. 2017. 宝安区水资源资产负债表水质监测项目 [R].

深圳市环境科学研究院. 2014. 基于大鹏新区区级行政单元的资源环境承载力核算 [R].

深圳市人居环境委员会. 2012a. 2011 年度深圳市环境质量公报 [R].

深圳市人居环境委员会. 2012b. 2011 年度宝安区生态资源状况分析 [R].

深圳市人居环境委员会. 2013a. 2012 年度深圳市环境质量公报 [R].

深圳市人居环境委员会. 2013b. 2012 年度宝安区生态资源状况分析 [R].

深圳市人居环境委员会. 2013c. 深圳市 2013 年度生态文明建设考核实施方案 [R].

深圳市人居环境委员会. 2014a. 2013 年度深圳市环境质量公报 [R].

深圳市人居环境委员会. 2014b. 2013 年度宝安区生态资源状况分析 [R].

深圳市人居环境委员会. 2014c. 深圳市 2014 年度生态文明建设考核实施方案 [R].

深圳市人居环境委员会. 2015a. 2014 年度深圳市环境质量公报 [R].

深圳市人居环境委员会. 2015b. 2014 年度宝安区生态资源状况分析 [R].

深圳市人居环境委员会. 2015c. 深圳市 2015 年度生态文明建设考核实施方案 [R].

深圳市人居环境委员会. 2016a. 2015 年度深圳市环境质量公报 [R].

深圳市人居环境委员会. 2016b. 2015 年度宝安区生态资源状况分析 [R].

深圳市人居环境委员会. 2016c. 深圳市 2016 年度生态文明建设考核实施方案 [R].

深圳市人居环境委员会. 2017a. 2016 年度深圳市环境质量公报 [R].

深圳市人居环境委员会 . 2017b. 2016 年度宝安区生态资源状况分析 [R].

深圳市水务规划设计院 . 2014. 宝安区河流自然功能现状分析及调整研究报告 [R].

深圳市水务局 . 2012. 2011 年深圳市水资源公报 [R].

深圳市水务局 . 2013. 2012 年深圳市水资源公报 [R].

深圳市水务局 . 2014. 2013 年深圳市水资源公报 [R].

深圳市水务局 . 2015. 2014 年深圳市水资源公报 [R].

深圳市水务局 . 2016. 2015 年深圳市水资源公报 [R].

深圳市水务局 . 2017. 2016 年深圳市水资源公报 [R].

深圳市政府 . 2013a. 深圳市实行最严格水资源管理制度的意见 [R].

深圳市政府 . 2013b. 深圳市实行最严格水资源管理制度考核细则 [R].

沈大军 , 梁瑞驹 , 王浩 , 等 . 1998. 水资源价值 [J]. 水利学报 , （5）: 54-59.

盛代林 , 陆菊春 . 2007. 水资源资产经营管理绩效评价及实证分析 [J]. 科技进步与对策 , 24（5）: 158-160.

盛明泉 , 姚智毅 . 2017. 基于政府视角的自然资源资产负债表编制探讨 [J]. 审计与经济研究 , （1）: 59-67.

水利部水利水电规划设计总院 , 全国水资源综合规划技术工作组 . 2003. 全国水资源综合规划——地表水资源保护补充技术细则 [R].

宋伟伟 . 2014. 兰州市地表水生态系统服务价值评估 [D]. 兰州 : 兰州大学硕士学位论文 .

苏文利 . 2004. 天津市城市供水预测与水资源资产化管理研究 [D]. 天津 : 天津大学博士学位论文 .

孙玉芳 , 刘维忠 . 2008. 新疆博斯腾湖湿地生态系统服务功能价值评估 [J]. 干旱区研究 , 25（5）: 741-744.

孙玥瑶 , 徐灿宇 . 2006. 生态系统服务 : 自然资源资产核算从实物量到价值量的桥梁 [J]. 财务与会计 , （12）: 74-76.

孙作雷 , 李亚男 , 俞洁 , 等 . 2015. 浙江省 6 大重点水库生态服务功能价值评估 [J]. 浙江大学学报（理学版）, 42（3）: 353-358, 364.

王凤珍 , 周志翔 , 郑忠明 . 2010. 武汉市典型城市湖泊湿地资源非使用价值评价 [J]. 生态学报 , 30（12）: 3261-3269.

王海宁 , 薛惠锋 . 2012. 地下水生态环境与社会经济协调发展定量分析 [J]. 环境科学与技术 , 35（12）: 234-237.

王欢 , 韩霜 , 邓红兵 , 等 . 2006. 香溪河河流生态系统服务功能评价 [J]. 生态学报 , 26（9）: 2971-2978.

王金龙 . 2013. 辽河流域水生态功能三级区水生态服务功能评价 [D]. 沈阳 : 辽宁大学硕士学位论文 .

王凯军 . 2009. 地下水环境健康预测研究与应用 [D]. 长春 : 吉林大学博士学位论文 .

王玲慧 , 张代青 , 李凯娟 . 2015. 河流生态系统服务价值评价综述 [J]. 中国人口·资源与环境 , 25（5）: 10-14.

王姝娥 , 程文琪 . 2014. 自然资源资产负债表探讨 [J]. 现代工业经济和信息化 , （5）: 15-17, 29.

王嵩, 冯平, 李建柱. 2005. 地下水生态环境控制指标问题的研究现状 [J]. 干旱区资源与环境, 19（4）：98-103.

王彤, 王留锁, 姜曼. 2010. 大伙房水库上游地区生态系统服务功能价值评估 [J]. 环境保护科学, 36（6）：49-52.

王喜峰. 2016. 基于二元水循环理论的水资源资产化管理框架构建 [J]. 中国人口·资源与环境, 26（1）：83-88.

王原, 陆林, 赵丽侠. 2014. 1976-2007 年纳木错流域生态系统服务价值动态变化 [J]. 中国人口·资源与环境, 24（11）：154-159.

王战. 2015. 鱼卡 - 大柴旦盆地地下水生态环境效应与生态环境质量评价 [D]. 北京：中国地质科学院硕士学位论文.

温善章, 石春先, 安增美, 等. 1993. 河流可供水资源影子价格研究 [J]. 人民黄河,（7）：10-13.

吴迎霞. 2013. 海河流域生态服务功能空间格局及其驱动机制 [D]. 武汉：武汉理工大学硕士学位论文.

吴玉萍. 2006. 基于可持续利用的水资源资产化管理体制研究 [D]. 长春：吉林大学硕士学位论文.

夏士钧, 王庆莹. 1999. 地下水资源价值评估方法探讨 [J]. 贵州地质, 17（2）：64-65.

肖飞鹏, 李晖, 尹辉, 等. 2014. 基于生态系统服务的青狮潭水库生态补偿研究 [J]. 广西师范大学学报（自然科学版）, 32（2）：162-167.

肖建红. 2007. 水坝对河流生态系统服务功能影响及其评价研究 [D]. 南京：河海大学博士学位论文.

肖建红, 施国庆, 毛春梅, 等. 2008. 河流生态系统服务功能经济价值评价 [J]. 水利经济, 26(1)：9-11, 25.

肖丽英. 2004. 海河流域地下水生态环境问题的研究 [D]. 天津：天津大学硕士学位论文.

肖序, 王玉, 周志方. 2015. 自然资源资产负债表编制框架研究 [J]. 政府会计,（19）：21-29.

解睿. 2012. 我国城市水资源循环利用的法律思考 [D]. 杭州：浙江农林大学硕士学位论文.

谢放尖, 吴长年, 黄戟, 等. 2009. 苏州太湖国家旅游度假区人工湿地生态服务功能价值评估研究 [J]. 生态环境,（1）：368-371, 393.

谢高地, 张彩霞, 张雷明, 等. 2015. 基于单位面积价值当量因子的生态系统服务价值化方法改进 [J]. 资源科学, 37（9）：1716-1724.

谢高地, 甄霖, 鲁春霞, 等. 2008. 一个基于专家知识的生态系统服务价值化方法 [J]. 自然资源学报, 23（5）：911-919.

谢乐云. 2000. 模糊数学在水资源价值研究中的应用 [J]. 华东地质学院学报, 23（1）：43-44, 86.

谢正宇, 李文华, 谢正君, 等. 2011. 艾比湖湿地自然保护区生态系统服务功能价值评估 [J]. 干旱地理, 34（3）：532-540.

辛长爽, 金锐. 2002. 水资源价值及其确定方法研究 [J]. 西北水资源与水工程, 13（4）：15-17, 23.

熊雁晖. 2004. 海河流域水资源承载能力及水生态系统服务功能的研究 [D]. 北京：清华大学硕士学位论文.

徐琳瑜，杨志峰，帅磊，等．2006. 基于生态服务功能价值的水库工程生态补偿研究 [J]. 中国人口•资源与环境，16（4）：125-127.

闫人华，高俊峰，黄琪，等．2015. 太湖流域圩区水生态系统服务功能价值 [J]. 生态学报，35（15）：5197-5206.

杨宜勇，邱天朝．1992. 资源、环境管理与经济发展——发展中国家的资源环境管理与经济政策 [J]. 中国人口•资源与环境，2（1）：78-84.

姚霖．2016. 自然资源资产负债表的功能、基础及其热点管窥 [J]. 南京林业大学学报（人文社会科学版），（3）：115-125.

叶延琼，章家恩，陈丽丽，等．2013. 广州市水生态系统服务价值 [J]. 生态学杂志，32（5）：1303-1310.

叶有华，张原，孙芳芳，等．2017. 深圳市自然资源资产核算技术研究 [M]. 北京：科学出版社．

于璐，王偲，窦明，等．2016. 最严格水资源管理考核指标体系研究 [J]. 人民黄河，38（8）：38-42.

于晓川．2001. 水资源资产化管理初论 [J]. 海河水利，（1）：62-63.

袁俊平．2013. 基于公众满意度的河流生态服务功能评价研究 [D]. 武汉：中国地质大学硕士学位论文．

袁永强．2014. 辽河流域环境管理绩效及相关制度研究 [D]. 沈阳：沈阳大学硕士学位论文．

曾映鹃．1997. 增强国有资源性资产的产权意识 [J]. 中国水利，（1）：18-19.

战楠，刘操，税朋勃，等．2014. 中小河流水体考核思路及其指标体系构建研究 [J]. 北京水务，（1）：18-21.

张大鹏．2010. 石羊河流域河流生态系统服务功能及农业节水的生态价值评估 [D]. 杨凌：西北农林科技大学硕士学位论文．

张光辉，申建梅，聂振龙，等．2006. 区域地下水功能及可持续利用性评价理论与方法 [J]. 水文地质工程地质，（4）：62-66，71.

张国平．2006. 基于生态系统服务功能的龙河流域生态系统健康研究 [D]. 重庆：重庆大学硕士学位论文．

张进标．2007. 广东河流生态系统服务价值评估 [D]. 广州：华南师范大学硕士学位论文．

张敬松，王捷，王洪禄．2008. 白石水库生态系统服务价值评价 [J]. 安徽农业科学，36（9）：3860-3862.

张敬尧，刘爱萍．2015. 基于 AHP 确定水资源管理制度考核体系指标权重 [J]. 地下水，37（5）：166-169.

张瑞妯．2015. 平原水库健康评价指标与评价方法研究 [D]. 泰安：山东农业大学硕士学位论文．

张修峰，刘正文，谢贻发，等．2007. 城市湖泊退化过程中水生态系统服务功能价值演变评估——以肇庆仙女湖为例 [J]. 生态学报，27（6）：2349-2354.

张屹山．1990. 影子价格的经济含义及应用 [J]. 吉林大学社会科学学报，（5）：78-83.

张友棠，刘帅，卢楠．2014. 自然资源资产负债表创建研究 [J]. 财会通讯，（4）：6-9.

张振明，刘俊国，申碧峰，等．2011. 永定河（北京段）河流生态系统服务价值评估 [J]. 环境科学学报,31（9）：1851-1857.

赵基尊.2019.甘肃省最严格水资源管理制度考核体系研究[J].中国水利,（9）：39-41.

赵军,杨凯.2006.自然资源与环境价值评估：条件估值法及应用原则探讨[J].自然资源学报,21（5）：834-843.

赵良斗,张烈,黄尤优,等.2015.青竹江河流生态系统服务价值初探[J].中国人口•资源与环境,25（5）：123-125.

赵秋艳.2007.东昌湖生态系统服务功能价值评估研究[D].济南：山东大学硕士学位论文.

赵润,董云仙,谭志卫.2014.水生态系统服务功能价值评估研究综述[J].环境科学导刊,33（5）：33-39.

赵银军,魏开湄,丁爱中.2013.大汶河河流生态系统服务功能价值评估[J].水电能源科学,31（1）：72-75.

中国共产党第十八届中央委员会第三次全体会议.2013.中共中央关于全面深化改革若干重大问题的决定[Z].

周葆华,操璟璟,朱超平,等.2011.安庆沿江湖泊湿地生态系统服务功能价值评估[J].地理研究,30（12）：2296-2304.

周德成,罗格平,许文强,等.2010.1960-2008年阿克苏河流域生态系统服务价值动态[J].应用生态学报,21（2）：399-408.

朱晓博,高甲荣,李诗阳,等.2015.北京市永定河生态系统服务价值评价与研究[J].北京林业大学学报,37（4）：90-97.

Boulton A J, Fenwick G D, Hancock P J, et al. 2008. Biodiversity, functional roles and ecosystem services of groundwater invertebrates[J]. Invertebrate Systematics, 22（2）：103-116.

Griebler C, Kellermann C, Schreglmann K, et al. 2014. Effects of temperature changes on groundwater ecosystems[J]. EGU General Assembly Conference,（16）：23-35.

United Nations, European Commission, International Monetary Fund, Organisation for Economic Co-operation and Development, World Bank. 2003. Integrated Environmental and Economic Accounting 2003[EB/OL]. https://unstats.un.org/[2017-02-17].

United Nations, European Commission, Organisation for Economic Co-operation and Development, International Monetary Fund, World Bank. 2008. System of National Accounts 2008[EB/OL]. https://unstats.un.org/[2017-02-17].

后　记

感谢宝安区环境保护和水务局的各位领导对本书的顺利出版所付出的努力。感谢科学技术部国家重点研发计划项目（2016YFC0503500）、生态环境部环境经济核算（绿色 GDP2.0）项目、仲恺青年学者科研启动基金项目（KAI180581302）的资助，感谢深圳市人居环境委员会、宝安区环境保护和水务局对自然资源资产负债表系列科研项目的经费资助。感谢 2016 年 7 月 22 日在北京召开的"自然资源资产负债表研究"咨询会上提出宝贵意见和建议的专家，感谢深圳市自然资源资产评估与审计咨询中心的专家，感谢科学出版社各位编辑为本书的编辑出版所付出的艰辛劳动和所做的杰出工作。

编　者

2018 年 4 月